新能源材料合成与制备

项宏发　编著

科学出版社

北　京

内 容 简 介

本书系统介绍了无机功能材料（尤其是新能源材料）的合成与制备方法，共分为9章。第1章概述新能源材料的分类、应用及发展前景；第2章重点讨论锂离子电池关键材料（正极、负极、电解质）的设计与合成策略；第3～9章详细解析六大核心制备技术——固相反应法、溶胶-凝胶法、水热与溶剂热法、电解合成、气相沉积及其他新兴方法（如微波烧结、放电等离子体烧结等），涵盖基本原理、工艺流程、工艺影响因素以及典型材料案例，并对材料未来发展技术做了总结。

本书通过大量研究实例与数据图表，帮助读者掌握材料可控制备的关键技术，培养解决实际科学问题的能力。本书面向材料科学、化学、新能源等专业的高年级本科生及研究生，兼顾理论基础与实践指导，可作为材料合成化学、先进材料制备等课程的教材，也可供科研人员与工程技术人员参考。

图书在版编目(CIP)数据

新能源材料合成与制备／项宏发编著. -- 北京：科学出版社，2025. 8.
ISBN 978-7-03-083018-0

Ⅰ. TK01

中国国家版本馆 CIP 数据核字第 2025LL8344 号

责任编辑：霍志国／责任校对：杜子昂
责任印制：徐晓晨／封面设计：东方人华

科学出版社出版
北京东黄城根北街16号
邮政编码：100717
http://www.sciencep.com
三河市骏杰印刷有限公司印刷
科学出版社发行　各地新华书店经销
*
2025年8月第　一　版　开本：720×1000　1/16
2026年1月第二次印刷　印张：17 1/2
字数：349 000
定价：108.00 元
（如有印装质量问题，我社负责调换）

前　　言

在全球能源结构转型与“双碳”目标驱动下，新能源材料已成为推动技术创新、产业升级和国家竞争力的核心领域。作为能源革命的前沿阵地，新能源材料的合成与制备技术不仅关乎能源利用效率的提升，更直接决定了新能源汽车、光伏发电、储能系统等战略性新兴产业的发展高度。值此《新能源材料合成与制备》著作编纂之际，我们立足于合肥工业大学新能源材料与器件专业的深厚积淀，结合安徽省区域经济与战略性新兴产业的蓬勃态势，探讨本书的出版意义与时代价值。

当前，全球能源格局加速重构，我国明确提出“双碳”目标，并将新能源材料列为战略性新兴产业的核心领域。安徽省作为长三角一体化的重要成员，正全力打造“新材料、新一代信息技术”等万亿级产业集群，力争2025年新材料产业迈上万亿元台阶，并在新能源汽车、先进光伏等领域形成国际竞争力。数据显示，安徽省新能源汽车产量已居全国第二，光伏组件产能占全球17%，动力电池产业链覆盖从矿产资源到终端产品的全链条。然而，高端新能源材料如固态电池电解质材料等仍面临“卡脖子”问题，亟需通过技术创新实现国产化突破。

合肥工业大学新能源材料与器件专业始建于2010年，是国家首批设立的新能源材料领域本科专业，2020年入选国家一流本科专业建设点。专业依托国家“111计划”引智基地、先进功能材料与器件安徽省重点实验室等平台，构建了“工程基础厚、创新能力强”的人才培养体系，形成了以锂离子电池、太阳能电池、燃料电池为核心的特色研究方向。近年来，专业团队在*Nature Communications*、*Advanced Materials*等国际期刊发表高水平论文150余篇，获授权发明专利50余项，并深度参与国家与地方重大项目，为新能源材料的合成与制备技术积累了丰富的理论与实践经验。

本书的编纂紧密围绕两大核心需求：①服务国家战略与产业需求：安徽省提出“打造新兴产业聚集地”的目标，亟需将科研优势转化为产业动能。本书系统梳理新能源材料的合成原理、制备工艺及器件设计方法，覆盖锂电材料、光伏材料等关键领域，旨在为产业链上下游企业提供技术参考，助力解决“高安全性电解质”“高性能硅碳负极”等共性难题。②支撑学科建设与人才培养：合肥工业大学新能源材料专业已形成“材料物理化学基础—器件设计与应用—工程实践创新”三位一体的课程体系。本书结合《材料合成与制备技术》等国家级规划教材的编写经验，融入案例教学与前沿技术进展，可有效填补新能源材料领域系统性教材的空白，为培养“懂理论、精技术、能创新”的复合型人才提供支撑。

本书的出版，既是合肥工业大学学科优势与区域产业需求的深度融合，也是响应国家“新工科”建设、服务长三角一体化战略的重要实践。我们期待本书能为高校师生、科研工作者及产业界人士提供兼具学术深度与应用价值的参考，助力我国新能源材料领域突破技术壁垒、实现高质量发展。

谨此感谢合肥工业大学、安徽省科技厅等单位及产业界合作伙伴的鼎力支持，他们的前沿探索与实践经验为本书注入了鲜活的生命力。未来，我们将继续以“创新驱动、产教融合”为使命，推动新能源材料领域的持续突破与协同发展。

编著者

2025 年 5 月

目　录

第 1 章　新能源材料概述

1.1　新能源技术的发展历史

能源、材料与信息并称为现代社会发展的三大支柱。能源是人类赖以生存和发展的能量资源，是国民经济的重要物质基础。在《能源百科全书》中，“能源是可以直接或经转换提供人类所需的光、热、动力等任一形式能量的载能体资源”；在《中华人民共和国节约能源法》中，能源是指煤炭、石油、天然气、生物质能和电力、热力以及其他直接或者通过加工、转换而取得有用能的各种资源。尽管表述略有不同，通常能源是指能够直接取得或者通过加工、转换而取得有用能的各种资源。常见的能源包括煤炭、原油、天然气、煤层气、水能、核能、风能、太阳能、地热能、生物质能等一次能源和电力、热力、成品油等二次能源，以及其他新能源和可再生能源。简言之，能源是自然界中能为人类提供某种形式能量的物质资源（如化石能源），也包括一切能量比较集中的含能体和提供能量的物质运动形式（如太阳能、风能、电力和热力）。

能源的开发利用程度及人均消费量是衡量生产技术和生活水平的重要标志。约 8 万年前，智人掌握了“钻木取火”的技术，标志着人类初步实现了对火这种自然力的可控利用。随着社会的进步，火被广泛应用于煅烧矿石、冶炼金属和制造工具等领域，极大地改善了人类的生存条件。17 世纪中叶，煤炭时代的到来伴随着蒸汽机的发明，低热值的木材已无法满足日益增长的能源需求，高热值、分布广泛且易于开采的煤炭成为全球最主要的能源。19 世纪，世界从“蒸汽时代”迈入“电气时代”，煤炭被转化为更便于输送和利用的二次能源——电能。1859 年，美国塞尼卡石油公司在宾夕法尼亚钻出第一口油井，开启了石油时代的序幕。1960 年，石油正式取代煤炭成为世界第一能源[1]。以煤炭、石油和天然气为主的化石燃料能源体系推动了全球经济的快速发展，显著提高了人们的生活水平，并极大地促进了人类社会的进步。

第二次工业革命后，人类在大量使用化石燃料推动经济和科技快速发展的同时，也导致了严重的环境污染和生态系统破坏。二氧化碳（CO_2）作为一种温室气体，是全球变暖和海洋酸化的主要成因。据统计，全球每年燃烧化石燃料产生的 CO_2 约为 350 亿吨，而自然界只能吸收其中一部分，导致每年净增数十亿吨 CO_2 排放。随着大气中 CO_2 浓度的持续上升，全球气候变暖、冰川融化、海平面上升、海洋酸化等问题日益严重，对地球环境和人类生存已造成严重威胁。2007年1月29日，联合国政府间气候变化专门委员会在巴黎召开会议，经过五天的讨论发布了一份全球气候变化评估报告。报告预测，到2100年，全球气温将升高2～4.5℃，全球海平面将比2007年上升0.13m到0.58m，其后果将是人类难以承受的。为了守护人类赖以生存的地球家园，实现社会的可持续发展，全球必须采取行动，严格控制CO_2的排放。

在这种严峻的形势下，“碳中和”与“碳达峰”的概念应运而生。碳中和，简单来说，是指通过多种方式抵消人为活动产生的二氧化碳（CO_2）排放，实现CO_2的“净零排放”。而碳达峰则是指在某一时间点，CO_2排放量达到峰值后不再增长，并逐步下降。碳达峰标志着CO_2排放量由增转降的历史拐点，其内容包括达峰年份和峰值。碳达峰的主体可以是国家、地区、行业，甚至是全球范围。碳达峰与碳中和共同构成了“双碳”目标。气候变化和“双碳”目标已成为影响全球政治经济秩序和能源发展的重要因素。

节能减排、提高能源利用效率以及植树造林等是实现碳中和的可行且必要的手段。然而，要高质量实现“双碳”目标，还必须从能源的生产源头入手。表1-1按不同的分类标准对能源的分类进行了总结。

表1-1　能源的分类

分类标准		类型	实例
产生方式	一次能源	以天然形式存在，没有经过加工和转换的能源资源	化石能源（煤、石油、天然气等）、核能、地热能、生物质能等
	二次能源	经由加工转换装置所生产的能源产品	电力、焦炭、蒸汽及各种石油制品等
可再生性	不可再生能源	随人类使用而逐渐减少的能源	化石能源（煤、石油、天然气等）、核能等
	可再生能源	不随人类使用而减少，可以得到源源不断补充的能源	太阳能、风能、地热能、海洋能、生物质能、氢能等
开发顺序	常规能源	又称传统能源，开发利用较早，已经大规模生产且已经广泛利用的能源	化石能源（煤、石油、天然气等）、水能等
	新能源	常规能源之外的各种能源形式，刚开始开发利用或者正在积极研究，有待推广的能源	太阳能、风能、地热能、海洋能、生物质能、氢能、核能等
环保性	清洁能源	没有污染或者污染很小	水能、太阳能、风能、地热能、海洋能、生物质能、氢能、核能等

能源可分为不可再生能源和可再生能源。不可再生能源是指随着人类的使用而逐渐减少的能源，以传统的煤炭、石油、天然气等化石能源为代表。可再生能源则是指能够持续补充、不会因使用而减少的能源，如太阳能、水能、风能、氢能、地热能、海洋能、生物质能等。此外，能源还可划分为常规能源和新能源。常规能源是指已被人类长期广泛利用且技术成熟的能源，例如传统化石能源和水能等。新能源则是指虽已开发并少量使用，但由于技术尚未完全成熟而未被广泛应用的能源，如太阳能、氢能、核能、风能、地热能、海洋能和生物质能等。可以看出，新能源与可再生能源的范围高度重合，均具有绿色低碳的特点，同属于清洁能源。随着经济规模的扩大和快速发展，化石燃料等不可再生能源的消耗速度加快，面临资源枯竭的严峻局面。因此，在能源结构向低碳转型的过程中，大力发展新能源和可再生能源对于优化能源结构、保护生态环境、应对气候变化以及实现经济社会可持续发展具有重要意义。包括太阳能、氢能、核能、风能和地热能在内的新能源技术已经经历了几十年甚至上百年的发展，尽管尚未完全成熟，但已展现出巨大的潜力，并在多个领域得到应用，未来必将迎来更广阔的发展前景。由于篇幅限制，这里将重点阐述几种备受关注的新能源技术的发展历史及其应用现状：

(1) 太阳能

太阳能作为当今世界上最清洁的可再生能源之一，其利用方式主要包括太阳能与热能、化学能以及电能之间的转换。最早得到广泛应用的是太阳能的热利用，其中最具代表性的便是太阳能热水器。该技术已相当成熟，并已融入千家万户的日常生活。太阳能与化学能转换的典型应用是太阳能制氢技术。氢能作为一种新型的二次清洁能源，其传统制氢方法依赖大量常规能源，限制了其推广。而利用太阳能分解水制氢，不仅环保节能，还具有重要的战略发展意义。

目前，最受瞩目的当属太阳能与电能之间的转换。太阳能电池，亦称光伏电池，其工作原理如图 1-1 所示，是一种应用“光生伏特效应（光伏效应）”进行发电的装置。所谓光伏效应，是指物体在受到光照时，内部的电荷分布状态发生变化而产生电动势和电流的现象。太阳能电池有效改善了传统燃料发电对环境的影响，其发电过程安全、零排放、清洁卫生，完全符合低碳环保的要求。1839 年，法国科学家贝克勒尔首次发现了光伏效应。1877 年，第一片硒太阳能电池问世，尽管其光电转化效率仅为 1%，但它证实了光伏效应在实际技术中的应用潜力。经过不懈的探索与研发，美国贝尔研究所在 1954 年成功研制出单晶硅太阳能电池，其转化效率达到了 6%，使太阳能光伏发电技术迈出了重要的一步。1959 年 Hoffman 电子实现首个可商业化单晶硅电池，效率提升至 10%。1960 年太阳能电池首次实现并网运行，同时 Hoffman 电子将单晶硅电池效率提升到 14%。1977 年 Carlson 和 Wronski 制成世界上第一个非晶硅（a-Si）太阳能电池。

1985 年澳大利亚新南威尔士大学的 Green 研制的单晶硅太阳能电池效率达到 20%。1998 年世界太阳能电池年产量超过 151.7MW，同时多晶硅太阳能电池产量首次超过单晶硅太阳能电池[2]。

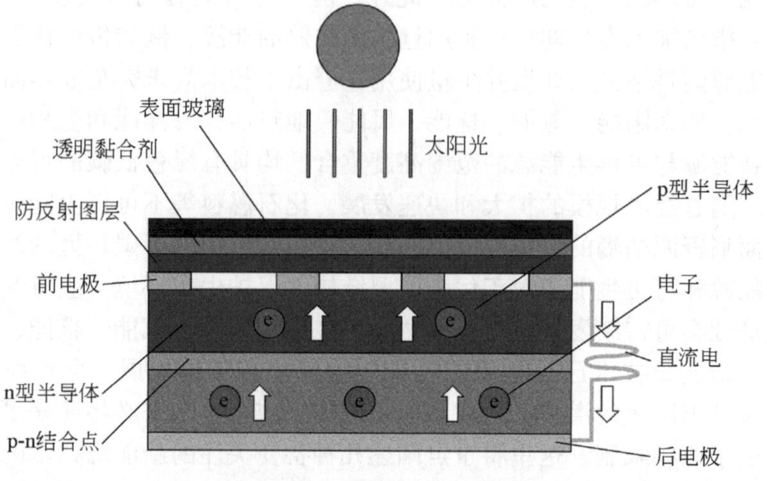

图 1-1 太阳能电池工作原理

我国的太阳能电池研究开展于 20 世纪 50 年代。1958 年，我国开始重点发展太阳能光伏技术，并成功将其应用于东方红二号卫星上。20 世纪 80 年代后期，我国开始全面支持光伏产业发展，在政策和资金的推动下，光伏技术逐渐推广到众多应用领域，如通信系统、中继站、农村小型供电系统等。“十五”期间，我国光伏产业进一步发展，计划并实施了“屋顶光伏”项目，为后来开展沙漠光伏电站项目积攒了丰富经验。与此同时，国内光伏市场逐步产业化，光伏电池的生产能力极大增强。进入 21 世纪后，在世界光伏市场强大需求的拉动下，我国光伏产业开始爆发式增长，形成了以长三角、珠三角等地为主的技术中心，以西部地区为主的安装基地。2012 年底国务院下发五条措施，从产业结构调整、产业发展秩序、应用市场、支持政策、市场机制多方面扶植光伏产业发展，到 2018 年中国光伏组件出口国家（地区）已达 200 多个。截至 2021 年，中国光伏装机规模达到 306GW，超过欧盟和美国的总和，全球光伏产业 20 强企业中有 15 个来自中国光伏供应链，各环节上中国的全球占比均超过 65%，世界光伏产业已进入中国时代[3]。

(2) 氢能

氢能是氢在物理与化学变化过程中释放的能量，本质上是氢的化学能。氢在地球上主要以化合态的形式出现，是宇宙中分布最广泛的物质，构成了宇宙质量的 75%。氢燃烧的唯一产物是水，不会产生其他污染物，同时释放热能，可广泛应用于能量转换和利用过程。水可以再次用于制取氢气，而氢气反应又能生成水，从而形成一个绿色循环体系。氢能源具有资源丰富、安全、清洁、高效和可持续等众多优点，被认为极有可能替代传统化石燃料，是 21 世纪最具发展潜力的新能源之一。

燃料电池是一种将氢气和氧气通过电化学反应直接转化为电能的装置。在工作时，氢气或其他燃料被输入阳极，在电极与电解质的界面上发生氧化反应，同时氧气在阴极发生还原反应，从而产生电流并输出电能。燃料电池的反应过程不受卡诺效率限制，具有能量转化率高、环境友好等特点。随着制氢和储氢技术的进步，燃料电池近年来受到越来越多的关注，被认为是 21 世纪最理想的直接、高效、清洁的发电技术。

燃料电池的研究历史最早可追溯至 19 世纪初期，德国化学家 Schoenbein 在 1838 年发现了燃料电池效应，打开了研究燃料电池的大门。随后，英国物理学家 Grove 于 1843 年公开发表并提出“气体电池”的原始模型，被称为“燃料电池之父”，为燃料电池的诞生奠定了理论基础。1900 年，Nernst 用“能斯特物质”氧化钇稳定氧化锆作为电解质制作了一个燃料电池，标志着固体氧化物燃料电池的诞生。1933 年 Baur 设计了一种以氢为燃料的碱性电解质燃料电池。直到 1959 年，英国剑桥大学的 Bacon 发明了双孔烧结 Ni 气体扩散电极，并向世界展示了第一个真正能工作的燃料电池，即一个 5kW 的燃料电池堆，才使燃料电池真正地走出实验室，应用于人们的生产活动。这个电池也称为“培根电池”。后来普惠公司被其所吸引，通过对该系统的改进而开发出的碱性燃料电池，成功取代了美国通用电气公司研制的已成功用于“双子星座飞行”的质子交换膜燃料电池，成为阿波罗登月飞船的主力系统。20 世纪 60 年代以后，空间计划的开展促使燃料电池逐渐成为各国的研究热点。低催化剂载量的多孔碳基材料的研制成功，大大降低了成本，引发了车用燃料电池的研发热潮。到了 20 世纪 70 年代中期，磷酸型燃料电池开始取代碱性燃料电池而成为发电的主要形式[4]。20 世纪末，膜和催化剂方面取得突破性进展，质子交换膜燃料电池获得广泛研究和发展，成为最有希望的汽车电源之一。

我国研究燃料电池的历史最早可追溯到 20 世纪 50 年代。由于航天飞行在 20 世纪 70 年代异常火热，中国燃料电池的探索借此机会也出现了第一次发展高潮，主要用于航天航空领域的碱性燃料电池，如肼/空气、氨/空气、乙二醇/空气燃料电池等。到 1995 年左右，“九五”科技攻关时期，中国科学院联合科技部将燃料电池技术列入攻关项目。借此东风，燃料电池迅速发展。专家对燃料电池的基础技术进行了改进，并且在单项技术上取得了较大突破。2000 年科技部的“973”基础项目研究投入了 3000 万元用于氢能的规模制备、存储和相关燃料电池的研究。2014 年，在国务院印发的《能源发展战略行动计划（2014—2020

年)》中提出了优化能源结构，加快清洁能源供应的目标，并将氢能与燃料电池定为能源科技创新战略的20个重点创新方向之一。企业界也纷纷斥以巨资，用于燃料电池技术的研究与开发，在民用、国防等领域，燃料电池发展迅速。随着对燃料电池成本的控制和氢能技术的不断发展，其应用领域也正不断拓宽，燃料电池商业化进程中的问题也将会逐步得到解决。此外，随着我国政府对燃料电池技术的高度关注，研究单位越来越多，且具有多年的人才储备和科研积累，产业部门的兴趣也不断增加等，这些都将为我国燃料电池技术的高速发展带来无限的生机。燃料电池原理如图1-2所示。

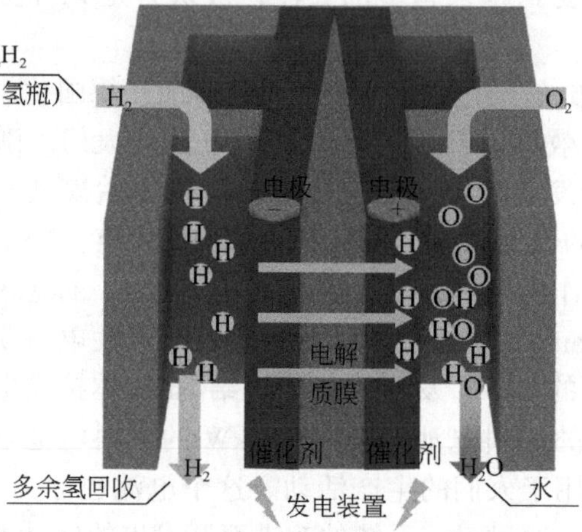

图1-2　燃料电池工作原理

(3) 核能

核能是原子核结构发生变化过程中释放出来的能量。核能作为重要清洁能源之一，无论从经济角度还是环保角度都是一种极具吸引力的能源，对于保证能源的稳定供给、增加未来能源系统的灵活性和高效性是不可或缺的。目前人类利用核能主要有三种——重元素的原子核发生裂变释放出的核能、轻元素的原子核发生聚变反应释放出的核能以及原子核自发射出某种粒子而变为另一种核的过程，它们分别为核裂变能、核聚变能和核衰变能。迄今能达到工业应用规模的核能只有核裂变能。

1938年，德国科学家奥托·哈恩及其助手斯特拉斯曼用中子轰击铀原子核，发现了核裂变现象。当中子撞击铀原子核时，一个铀核吸收了一个中子而分裂成两个较轻的原子核，同时发生质能转换，放出很大的能量，并产生两个或三个中子，这就是核裂变反应。在一定的条件下，新产生的中子会继续引起更多的铀原子核裂变，这一代代传下去，像链条一样环环相扣，所以科学家将其命名为链式裂变反应。1946年，在法国居里实验室工作的我国科学家钱三强、何泽慧夫妇发现了铀原子核的“三裂变”“四裂变”现象。链式裂变反应释放出巨大的核能，1kg铀235裂变释放出的能量，相当于2500t标准煤燃烧产生的能量。只有铀233、铀235和钚239这三种核素可以由能量为0.025eV的热中子引起核裂变，因此这三种核素都是核燃料，但是其中只有铀235是天然存在的，但其在天然铀中的含量仅为0.7%，而铀233、钚239则是在反应堆中人工生产出来的。核电是利用核能发电的一种发电方式，具有供应能力强、能大规模应用等特点。在全世界范围内，核电由于资源消耗少、环境影响小和供应能力强等优点，成为与火电、水电并称的世界三大电力供应支柱。1954年，苏联建成了世界上第一座商用核电厂——奥布灵斯克核电厂，开启了核能应用于能源、工业、航天等广泛领域的先行示范。1993年12月15日，浙江秦山核电站的建成与并网发电，标志着中国的核能开始了新的纪元。截至2022年，我国已建成22座核电站，位居世界第五位[5]。当今世界，核能已经成为越来越重要的清洁能源。但是由日本大地震引发的“核电站危机”，持续牵动着全世界的神经。仅有清洁是不够的，还必须是安全的。要在安全第一的前提下，进一步提升安全水平的同时提高核电的社会经济竞争力。

(4) 风能

风能是由空气流动产生的可利用能量。作为一种自然资源，它是新能源的重要组成部分。风能的利用已有数千年的历史。在蒸汽机发明之前，风能曾是重要的动力来源，广泛应用于船舶航行、提水饮用与灌溉、排水造田、磨面和锯木等领域。12世纪，风车从中东传入欧洲。16世纪，荷兰人利用风车排水、围海造田，在低洼的海滩上建立国家，并逐渐发展为一个经济发达的国家。在蒸汽机出现之前，风力机械是动力机械的重要支柱。然而，随着煤、石油和天然气的大规模开采以及廉价电力的普及，风力机械因成本高、效率低、使用不便等缺点，逐渐被蒸汽机、内燃机和电动机所取代。19世纪末，丹麦率先研制出风力发电机。1891年，丹麦建成了世界上第一座风力发电站。风力发电在解决发展中国家无电农牧区的用电问题方面发挥了重要作用，尤其是在20世纪70年代以后，风力发电进入了蓬勃发展的阶段。全球各地相继建立了许多大中型的风电场，推动了风能技术的进一步应用与普及[6]。

中国是世界上最早利用风能的国家之一。早在尧舜时代，古代先民就已认识到扇动生风的原理，并将人造风应用于生产和生活；春秋战国时期，人们进一步认识到风是由空气流动产生的，并开始利用自然风。中国沿海和沿江地区的帆船以及利用风力提水灌溉或制盐的做法，一直延续到20世纪50年代。仅在江苏沿海，利用风力提水的设备就曾达到20万台。20世纪70年代中期以后，风能开发利用被列入“六五”国家重点项目，得到了迅速发展。进入80年代中期，中国先后从丹麦、比利时、瑞典、美国和德国引进了一批中大型风力发电机组，并在新疆、内蒙古的风口地区以及山东、浙江、福建、广东的岛屿上建立了8座示范性风电场。自20世纪80年代中期引进55kW容量等级的风电机组并投入商业化运行以来，经过二十多年的发展，中国的风电市场取得了显著进步。截至2009年底，中国风电总装机容量达到26.01GW，位居世界第二。2009年新增装机容量13GW，占全球新增装机容量的36%，居世界首位。2011年11月13日，新华社宣布，中国已超越美国，成为全球风力发电能力基础设施最强大的国家。国家能源局数据显示，2020年中国风力发电并网装机容量达到70GW，新增风电装机容量连续多年位居全球第一。未来，中国风力发电行业仍具有巨大的增长潜力。

我国风能资源极为丰富，无论是陆地还是海洋，可开发的风能资源量十分庞大，这为发展风力发电奠定了坚实基础。在当前市场应用中，风力发电技术展现出显著的经济性优势。随着风力发电的推广，电价下降速度加快，且风力发电效率高、成本消耗相对较低，再加上风能资源的充足性，其经济优势将愈发明显。作为清洁能源，风能不会对自然环境造成污染。特别是随着我国风力发电工程建设水平的提升，设施成本大幅下降，部分地区的风力发电成本已低于传统发电方式。此外，大规模利用风能还能有效控制CO_2排放，对生态环境保护具有积极意义。

(5) 地热能

地热能大部分来自地球深处的可再生性热能，它起于地球的熔融岩浆和放射性物质的衰变。地热资源具有储量大、分布广、稳定性好、利用系数高的特点，是无污染的清洁能源。地热能的开发利用包括发电和非发电利用两个方面。世界各国利用地热能的经验表明，高温地热资源（150℃以上）主要用于发电，发电后排出的热水可进行逐级多用途利用，中温（150℃以下、90℃以上）和低温（90℃以下）的地热资源则以直接利用为主，多用于采暖、干燥、工业、农林牧副渔业、医疗、旅游及人民的日常生活等方面。

目前，全球已有70多个国家直接利用地热资源。冰岛是地热开发利用程度最高、经验最丰富的国家，全国分布有26个高温蒸汽田、约250个低温地热田以及800多处天然温泉。冰岛87%的家庭使用地热取暖，每年因此节约燃料开支上亿美元。冰岛还直接利用地热资源进行海藻生产、鱼产品烘干以及宠物食品烘干等行业。美国是全球地热发电装机容量最大的国家，同时也是热泵技术应用于供暖和制冷领域的领先国家之一。2000年，美国地热装机容量为2228MW，占全国总装机容量的0.25%，地热发电量约占全国能源供应量的0.4%。美国地热直接利用主要集中在水产品养殖、洗浴和游泳、供暖以及温室等领域。得益于热泵技术的成熟，热泵在全国范围内得到广泛应用。日本地热资源丰富，因其位于太平洋火山带，拥有245座火山、65座活火山、2200处温泉和22000口热水井。

地热资源在日本被广泛应用于农业栽培、农产品加工、动物饲养和农业灌溉等领域[7]。

我国地热资源丰富，浅层地热资源分布广泛，中深层地热资源以中低温为主，高温为辅，依据构造成因可分为隆起山地型和沉积盆地型两种。深层地热能资源在地球内部普遍存在，但有开发潜力的深层地热能资源主要分布在新生代火山活动区、地壳较薄地区等板块或构造体边缘。在我国的地热资源开发中，经过多年的技术积累，地热发电效益显著提升。除地热发电外，直接利用地热水进行建筑供暖、发展温室农业和温泉旅游等利用途径也得到较快发展。全国已经基本形成以西藏羊八井为代表的地热发电、以天津和西安为代表的地热供暖、以东南沿海为代表的疗养与旅游和以华北平原为代表的种植和养殖的开发利用格局[8]。

(6) 储能技术

太阳能、氢能、核能、风能和地热能等新能源的利用与发展，在低碳转型过程中为人类提供了清洁可持续的能源来源。光伏发电、风力发电的普及以及燃料电池等技术的崛起，加速了对煤炭、石油等传统化石燃料的替代。根据全球能源互联网合作组织的测算，到 2025 年，中国发电结构中煤炭占比将从 2018 年的 66.4% 下降至 48.8%，而光伏和风力发电占比将上升至约 20.2%；到 2050 年，煤炭发电占比将大幅下降至 5.7%，光伏和风力发电将成为主力能源。然而，新能源发电具有波动性和间歇性的特点，这对电网频率控制提出了更高的要求。随着新能源发电占比的提高，整个电力系统的电力电量平衡模式也需要重新构建。因此，储能行业受到了前所未有的重视，储能技术成为解决这些问题的关键。近年来，国内外在液流电池、锂离子电池、钠离子电池、压缩空气储能等新型储能技术的基础研发和工程化方面取得了重大进展。其中，锂离子电池技术发展最快，目前占据最大的市场份额。

锂离子电池是一种二次电池（充电电池），通常以含锂化合物作为正极，碳材料作为负极，依靠锂离子在正负极之间的来回移动实现充放电，因此被形象地称为“摇椅电池”。在充电过程中，正极生成锂离子，这些锂离子通过电解液迁移到负极。负极的碳材料具有层状结构，锂离子嵌入碳层间隙中，嵌入的锂离子越多，电池的充电容量越高。在放电过程中，嵌入负极碳层中的锂离子脱出，通过电解液返回正极，同时电子通过外电路从负极流向正极。图 1-3 展示了锂离子电池的充放电原理。

1970 年，埃克森美孚公司的 Whittingham 采用硫化钛作为正极材料，金属锂作为负极材料，制成首个锂电池。然而以金属锂作为负极的锂电池因为锂枝晶生长的问题，存在严重的安全隐患。1982 年伊利诺伊理工大学的 Agarwal 和 Selman 发现锂离子具有嵌入石墨的特性，此过程快速且可逆。首个可商用的锂离子石墨电极由贝尔实验室试制成功。能够提供锂源的正极材料由 Goodenough 等在 20 世

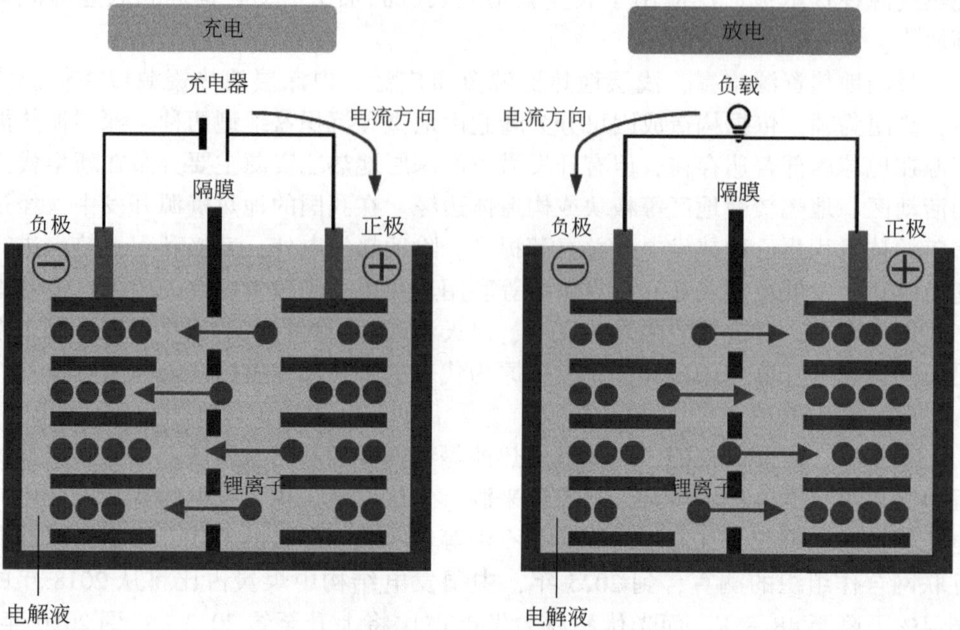

图 1-3　锂离子电池充放电原理

纪 80 年代提出，他们发现了层状结构的钴酸锂（$LiCoO_2$）、镍酸锂（$LiNiO_2$）和尖晶石结构的锰酸锂（$LiMn_2O_4$），这些材料仍然是目前重要的正极材料。1992 年日本索尼公司推出了以钴酸锂为正极、碳材料为负极的锂离子电池，至今仍为便携式电子器件的主要电源。1996 年，Goodenough 等发现了具有橄榄石结构的磷酸铁锂（$LiFePO_4$），安全性优异，尤其耐高温，耐过充电性能远超过传统锂离子电池材料，已成为当前主流的正极材料。由于具有高电压、高功率、工作温度范围宽、能量密度高、长寿命等优点，适应微电子设备的发展和日益增长的环保要求，锂离子电池一经推出迅速席卷整个电池市场，立即激发了全球范围内研发二次锂离子电池的狂潮[9]。可以说，在过去 30 年中，电池领域内最重要的事件就是锂离子电池的产生以及商品化。2019 年，“锂电池之父” Goodenough、美国宾汉顿大学的 Whittingham 和索尼公司的 Yoshino 共同获得诺贝尔奖化学奖，以表彰他们对锂离子电池发展做出的卓越贡献。目前，人们还在不断研发新的电池材料，改善设计和制造工艺，不断提高锂离子电池的能量密度、使用寿命等性能。

在经历了“十五”规划锰酸锂电池的研发、“十一五”规划磷酸铁锂电池的推进以及“十二五”规划三元电池的提升后，我国锂离子电池产业规模迅速扩大。2015 年，我国锂离子电池产业规模已超越日本和韩国，跃居全球首位，并于 2016 年进一步扩大了领先优势。近五年来，电池单体能量密度提升了一倍，电池系统单位成本降至 15 元水平。据统计，2021 年中国储能市场中，储能锂离子电池出货量达到 32GWh，同比增长 146%，在新型储能产品中占据主导地位。随着政策对新型储能支持力度的加大、电力市场商业化机制的建立、储能商业模式的明晰以及锂离子电池成本的持续下降，储能锂离子电池市场正式进入加速发展期。我国已形成了从锂电池材料、电芯、模组到系统集成的完整产业链。特别是近年来，电动汽车产业的快速发展带动了锂离子电池成本的快速下降，极大地推动了其在电力储能领域的应用[10]。随着锂离子电池储能技术成本的进一步降低、性能的不断完善以及可靠性的逐步提高，其在电力能源行业中的应用将越来越广泛，为电力能源的安全和高效利用提供更强有力的保障。

1.2　新能源材料的分类

能源行业的发展进步不仅依靠新原理的提出、新技术的发展，同样也离不开新材料的开发与应用。材料的性质、组成与结构、制备与加工工艺和材料的性能之间密切相关，材料影响能源系统的性能、效率、寿命、安全性、成本等方方面面。

新能源材料是指实现新能源的转化和利用以及发展新能源技术中所要用到的关键材料，它是发展新能源技术的核心和新能源应用的基础。从材料学的本质和能源发展的观点看，能量转换、储存以及能够更高效利用现有传统能源的新型材料均属于新能源材料，因此新能源材料涵盖了：①直接利用和转换太阳能、氢能、风能、地热能、潮汐能等新能源所使用的材料，如太阳能电池材料、燃料电池材料等；②发展各种新型高效能量转换与储能装置的关键材料，如锂离子电池材料、超级电容器材料、储氢材料、相变储能材料等；③能够提高能源利用效率的各种新型节能技术所使用的材料，包括超导材料、建筑节能材料等。其中，太阳能电池材料、燃料电池材料、锂离子电池材料及储氢材料等是目前最备受关注的新能源材料，近年来得到了长足发展。

1.2.1　太阳能电池关键材料

太阳能电池是利用光电转换原理使太阳的辐射光通过半导体材料转变为电能的一种器件，这种光电转换过程称为“光生伏特效应”，因此太阳能电池又称为“光伏电池”。能产生光伏效应的半导体材料有许多种，根据使用的半导体材料不同，太阳能电池可细分为许多种类。目前已商用的太阳能电池主要有以下几种类型：单晶硅太阳能电池、多晶硅太阳能电池、碲化镉太阳能电池、铜铟镓硒太阳能电池、非晶硅薄膜太阳能电池等。此外，还有仍处于研究阶段的染料敏化太阳能电池、钙钛矿太阳能电池、聚合物太阳能电池等。

图 1-4 展示了典型的晶体硅太阳能电池的结构。晶体硅太阳能电池基于 p-n 结原理，n 型和 p 型两种半导体材料接触后，由于扩散和漂移作用，在界面处形成由 p 型指向 n 型的内建电场。当光照在太阳电池的表面后，能量大于禁带宽度的光子便激发出电子和空穴对，这些非平衡的少数载流子在内电场的作用下分离开，在电池的上下两极累积，这样电池便可以给外界负载提供电流。单晶硅太阳能电池纯度高达 99.999%，转换效率达到 20% 以上。多晶硅太阳能电池原料要求低，是继单晶硅太阳能电池后研发的主要材料，其转换效率略低于单晶硅，能达到 17%。从制作成本上讲，多晶硅材料制造简便，生产能耗低，比单晶硅太阳能电池节约电耗，生产过程无污染，总的生产成本较低。故 20 世纪 80 年代以来，国外一些国家投入巨资研制多晶硅太阳能电池，发展迅速。

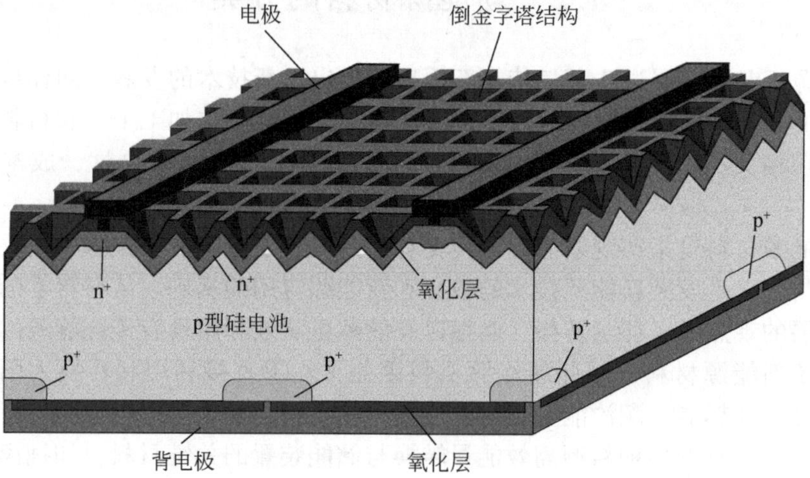

图 1-4　晶体硅太阳能电池的结构

薄膜太阳能电池的代表有碲化镉太阳能电池、铜铟镓硒太阳能电池、砷化镓太阳能电池和非晶硅薄膜太阳能电池等。薄膜太阳电池具有质量小、厚度极薄（几微米）、柔性好、制造工艺简单等优点，但光电转化效率并没有传统晶体硅电池转化效率高，因此薄膜太阳电池的转化效率进一步提升是产业界正在攻克的主方向。虽然薄膜电池尚未形成产业化，但具有材料消耗少、制备能耗低、一个车间内就可完成组件生产的优势，将来随着薄膜电池的转化效率的进一步提高，预计薄膜电池未来可能成为市场的主流选择。

随着新型有机光学吸收材料的开发，将具有良好载流子传输能力的无机纳米材料与之结合，形成以染料敏化太阳能电池和钙钛矿太阳能电池为代表的有机/无机太阳能电池，在近几年被广泛研究。该类电池具有生产成本低、原材料丰富及污染程度低等优点。然而，目前的染料敏化太阳能电池的效率远远低于理论值，n 型染料敏化太阳能电池的效率仅从早期的 11.5% 逐渐增长到现今的 13%，而 p-叠层电池由于 p 型电池光电流的限制，其效率较单独的 n 型电池仍然没有明显提升。目前实验室研究染料敏化电池的重点在于修改染料结构、选择合适材料和纳米结构形状的半导体电极、寻找循环速率更快且更稳定的电解质等。

基于染料敏化太阳能电池，近几年研究者将一些半导体量子点材料（如 CdS、CdSe、PbS、PbSe、InP、InAs）引入染料敏化太阳能电池结构中，以取代染料作为光捕获材料，该新型电池结构称为量子点染料敏化太阳能电池。相比于染料，量子点的合成更为简单，所用材料也较为便宜，并且能够通过调节尺寸对吸收光的范围进行调节。但是量子点电池由于容易产生团聚，效率仍不高，仅为 5% 左右。

另外，钙钛矿电池作为目前最火热的敏化剂太阳能电池，其实验室转换效率已经超过 25%，有望达到单晶硅太阳能电池的效率。钙钛矿太阳能电池采用染料敏化电池中的固态电解质空穴作为传输材料，具有良好的稳定性。然而，钙钛矿电池仍然存在一些问题，如工作面积较小、没有标准的封装方式等。总之，作为目前最有前景的敏化电池，钙钛矿电池仍有很长的路要走。

1.2.2　燃料电池关键材料

燃料电池是一种将氢气和氧气通过电化学反应直接将化学能转化为电能的装置，由正负两个电极（负极为燃料电极，正极为氧化剂电极）以及电解质组成。一般电池的活性物质贮存在电池内部，限制了电池容量，而燃料电池的正、负极本身不包含活性物质，只是一个催化转换元件。燃料电池工作时，氢气或者其他燃料输入到阳极，并在电极和电解质的界面上发生氢气或其他燃料氧化与氧气还原的电化学反应，产生电流，输出电能。其反应过程不受卡诺效率限制、能量转化率高，对环境无污染。

膜电极（MEA）是氢燃料电池系统的核心组件，通常由阴极扩散层、阴极催化剂层、电解质膜、阳极催化剂层和阳极气扩散层组成，直接决定了氢燃料电池的功率密度、耐久性和使用寿命。根据 MEA 内电解质的不同，常用的氢燃料电池分为碱性燃料电池（AFC）、熔融碳酸盐燃料电池（MCFC）、磷酸燃料电池（PAFC）、固体氧化物燃料电池（SOFC）、质子交换膜燃料电池（PEMFC）等。图 1-5 显示了典型的质子交换膜燃料电池的结构。

在氢燃料电池的电堆中，电极上氢的氧化反应和氧的还原反应过程主要受催化剂控制。催化剂是影响氢燃料电池活化极化的主要因素，被视为氢燃料电池的关键材料，决定着氢燃料电池汽车的整车性能和使用经济性。催化剂选用需要考虑工作条件下的耐高温和抗腐蚀问题，常用的是担载型催化剂 Pt/C（Pt 纳米颗粒分散到碳粉载体上），通过碳载体掺杂氮、氧、硼等杂质原子，增强 Pt 颗粒与

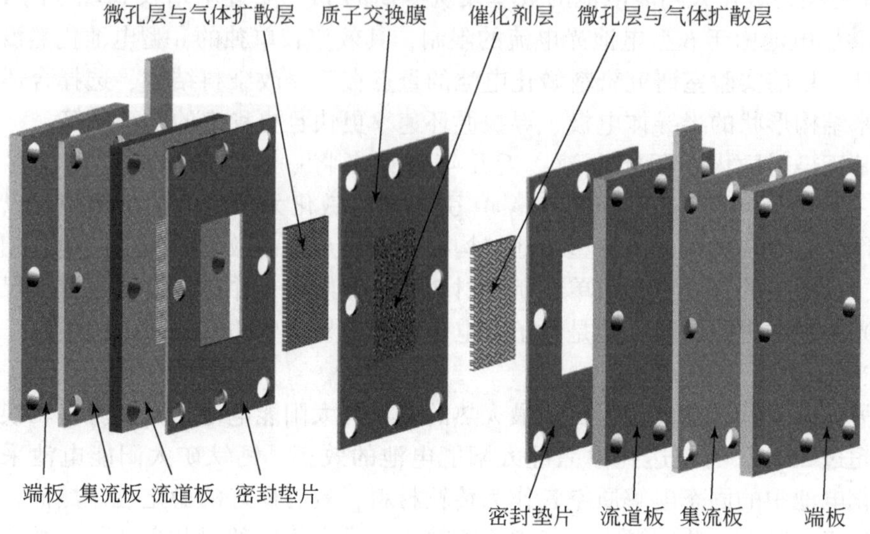

图 1-5　质子交换膜燃料电池结构

多种过渡金属（如 Co、Ni、Mn、Fe、Cu 等）的表面附着力，在提升耐久性的同时也利于增强含 Pt 催化剂的抗迁移及团聚能力。为了进一步减少 Pt 用量，无 Pt 的单/多层过渡金属氧化物催化剂、纳米单/双金属催化剂、碳基可控掺杂原子催化剂、M-N-C 纳米催化剂、石墨烯负载多相催化剂、纳米金属多孔框架催化剂等成为领域研究热点。

在氢燃料电池的电堆中，空气与氢气通入阴、阳极上的催化剂层还需要穿越气体扩散层（GDL）。GDL 由微孔层、支撑层组成，起到电流传导、散热、水管理、反应物供给的作用，因此需要良好的导电性、高化学稳定性、热稳定性，还应有合适的孔结构、柔韧性、表面平整性、高机械强度。微孔层通常由碳黑、憎水剂构成，厚度为 10 ~ 100μm，用于改善基底孔隙结构、降低基底与催化层之间的接触电阻、引导反应气体快速通过扩散层并均匀分布到催化剂层表面、排走反应生成的水以防止“水淹”发生。支撑层材料主要是多孔的碳纤维纸、碳纤维织布、碳纤维无纺布、碳黑纸。碳纤维纸的平均孔径约为 10. 0μm，孔隙率为 0. 7 ~ 0. 8，制造工艺成熟、性能稳定、成本相对较低，是支撑层材料的首选。

氢燃料电池中的双极板（BPs）又称流场板，起到分隔反应气体、除热、排出化学反应产物（水）的作用。双极板需满足电导率高、导热性和气体致密性好、机械和耐腐蚀性能优良等要求。基于当前生产能力，BPs 占整个氢燃料电池电堆近 60% 的质量、超过 10% 的成本。根据基体材料种类的不同，BPs 可分为石墨 BPs、金属 BPs、复合材料 BPs 等。当前，主流的氢燃料电池汽车公司（如本田、丰田、通用等品牌）都采用了金属 BPs 产品。

为了维持电堆的正常工作，氢燃料电池系统还需要氢气供应系统、水管理系统、空气系统等外部辅助子系统的协同配合，对应的系统部件有氢循环泵、氢瓶、增湿器、空气压缩机。燃料电池在工作状态下会产生大量的水，过低的水含量会产生“干膜”现象，阻碍质子传输；过高的水含量会产生“水淹”现象，阻碍多孔介质中气体的扩散，导致电堆输出电压偏低。因此，水的平衡对 PEM 氢燃料电池的电堆寿命具有重要意义，解决途径是在电堆中引入氢气循环设备（循环泵、喷射器）来实现气体吹扫、氢气重复利用、加湿氢气等功能。

1.2.3　储氢材料

氢气的存储有三种常规方式：高压气态、液态和固态。尽管高压气态及液态储运方式各有优点，但都存在不安全、能耗高、储量小、经济性差等缺陷，严重制约了其大规模应用。相比之下，最具前景且安全经济的氢气储运方式是利用储氢材料进行固态储氢。固态储氢通过储氢材料与氢气发生物理或化学作用，将氢气存储在固体材料中，具有如下优点：①设备紧凑，便于储存和运输；②储氢体积密度大、特别适合于对体积要求较严格的场合；③不需要高压或绝热设备，易操作；④储氢条件容易实施，安全性高；⑤能够长期保存；⑥可释放高纯度氢气[11]。

固态储氢材料主要有金属氢化物、配位氢化物和多孔吸附材料等，其中金属氢化物储氢的研究已有三十多年，而后两种的研究较晚。金属氢化物储氢材料主要有稀土系、Laves 相系、镁系和钛系等；配位氢化物是由碱金属（如 Li、Na、K）或碱土金属（如 Mg、Ca）与第ⅢA 族元素（如 B、Al）或非金属元素（如 N）形成的；孔吸附材料分为物理吸附和化学吸附两大类，如碳纳米管、氮化硼（BN）纳米管、硫化物纳米管、金属有机骨架（MOF）材料和活性炭等。金属氢化物的储氢密度甚至高于液氢，氢气以原子态储存于合金中，释放时需经历扩散、相变、化合等过程，不易爆炸，安全性高。以金属储氢为例，元素周期表中的多数金属都能与氢反应形成金属氢化物，且反应比较简单，只要控制一定的温度和压力，就会发生反应：$M+xH_2 \rightleftharpoons MH_{2x}$[11]。式中 M 表示金属元素，反应为可逆反应，反应方向由氢气的压力和温度决定。在氢气的吸储和释放过程中，伴随着热能的生成或吸收以及氢压的变化，因此可利用这种可逆反应，将化学能（H_2）、热能（反应热）和机械能（平衡氢压）有机结合，构成具有多种能量形态转换、储存或输运的载能系统。

目前，各种储氢材料在结构、性能、制备和应用等方面的研究已取得显著成果，商业化进程也在快速推进。然而，储氢合金材料和储氢碳材料的总体性能仍需进一步提升，特别是在安全性、效率、体积、重量、成本和密度等方面。此外，不同储氢材料的储氢机理也有待深入研究。例如，传统金属氢化物存在密度大的缺点。为克服这一问题，研究人员开发了许多由轻元素组成的配位氢化物或复杂氢化物，如铝氢化物体系、硼氢化物体系和氨基-亚氨基体系等。总之，储氢材料只有在满足原料来源广泛、成本低、制造工艺简单、密度小、氢含量高、可逆吸放氢速度快、效率高、可循环使用、寿命长等条件时，才能更好地满足实际应用需求。

1.2.4 锂离子电池材料

锂离子电池主要由正极、负极、电解液、隔膜四大关键部分组成，同时包含导电剂、黏结剂、集流体、外壳、电极引线（极耳）、热敏电阻等辅助材料，如图 1-6 所示。

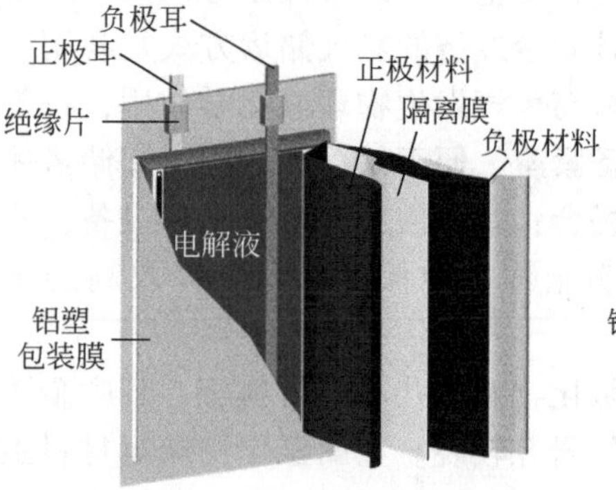

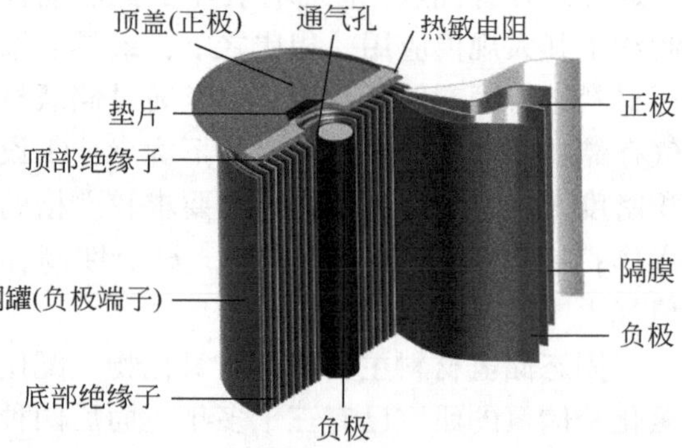

图 1-6　软包（左）及圆柱（右）锂离子电池结构

正极材料一般为嵌锂化合物，目前商用的锂离子电池正极材料大多是一些锂与过渡金属元素形成的嵌入式化合物，其中以层状结构的 $LiMO_2$（M = Co、Ni、Ni-Co、Ni-Co-Mn）、尖晶石型 $LiMn_2O_4$ 和橄榄石型 $LiMPO_4$（M = Fe、Mn、Co）化合物为研究重点。其中具有高安全性及良好循环寿命的橄榄石型 $LiFePO_4$ 和层状 Ni-Co-Mn 三元材料备受人们的重视，已进入动力电池产业化阶段。

自从锂离子电池诞生以来，有关负极材料的研究主要集中在石墨化碳材料、无定形碳材料、氮化物、硅基材料、锡基材料、锗基材料、新型合金、纳米氧化物和其他复合材料等，其中石墨化碳材料是当今商品化锂二次电池中的主流。石墨具有良好的层状结构，在片层结构中呈六角形排列的碳原子向二维方向延伸，形成适合锂离子嵌入和脱出的二维结构。锂离子能够可逆地嵌入石墨层，形成石墨插层化合物 LiC_6，最大理论容量为 372mAh/g。硅材料是另一种很有前途的负极材料，无定形硅作为锂离子电池负极材料的性能较佳，最大储锂量理论上是每个 Si 原子可储4.4个锂，即 $Li_{4.4}Si$，容量可高达4200mAh/g。但在锂脱嵌过程中纯硅的体积变化很大，可高达300%以上，电极粉化严重、剥落，导致容量急速下降。硅纳米化、制备非晶化硅及硅基复合材料等，可以改善硅负极循环性能。

电解液在锂电池正、负极之间起传导电子的作用，被称为电池的“血液”。电解液一般由高纯度的有机溶剂、锂盐以及添加剂等原料，在一定条件下按一定比例配制而成。锂盐有六氟磷酸锂、双氟磺酰亚胺锂、高氯酸锂等无机或有机盐类。溶剂一般为碳酸酯类，包括碳酸乙烯酯（EC）、碳酸丙烯酯（PC）、碳酸甲乙酯（EMC）等。此外，在锂离子电池电解液中常加入特定的添加剂，使用较少的剂量就可以针对性地改变电池的某些性能，包括界面成膜稳定性、电极容量、倍率充放电性能、正负极匹配性能、循环性能和安全性能等，故对新型添加剂的研究也不可忽视。目前商用化较为成熟的添加剂有碳酸亚乙烯酯（VC）、氟代碳酸乙烯酯（FEC）等。

隔膜起到避免正负极直接接触的作用，同时允许锂离子穿过，因此隔膜具有多孔结构。目前商用化的隔膜材料包括聚丙烯（PP）、聚乙烯（PE）、纤维素等。

导电剂是为了保证电极具有良好的充放电性能，在极片制作时通常加入一定量的导电物质，在活性物质之间、活性物质与集流体之间起到收集微电流的作用，以减小电极的接触电阻，加速电子的移动速率，同时也能有效地提高锂离子在电极材料中的迁移速率，从而提高电极的充放电效率。市面上常见的导电剂型号有SUPER-P、KS-6、乙炔黑、气相生长碳纤维（VGCF）、碳纳米管（CNT）等。

锂离子电池黏结剂是一种高分子化合物，是锂离子电池电极片中的非活性成分，是制备锂离子电池电极片必须应用的重要材料之一。锂离子电池专用黏结剂的重要用途有两个：黏结和导电。通常状况下，对锂离子电池专用黏结剂的要求，体现在黏结力、柔韧性、耐碱性、亲水性、电导率等性能的合适与稳定。得到广泛应用的锂离子电池黏结剂主要有三大类：聚偏氟乙烯（PVDF）、丁苯橡胶（SBR）乳液和羧甲基纤维素（CMC），此外，以聚丙烯酸（PAA）、聚丙烯腈（PAN）和聚丙烯酸酯作为重要成分的水性黏结剂也占有一定市场。

集流体通过涂覆将粉状的活性物质连接起来，将活性物质产生的电流汇集输出、将电极电流输入给活性物质。锂电集流体通常采用铜箔和铝箔。由于铜箔在较高电位时易被氧化，主要用于电位较低的负极，厚度通常为6～12μm。铝箔在低电位时腐蚀问题较为严重，主要用于正极集流体，厚度通常为10～16μm。

锂离子电池的外壳一般分为钢壳、铝壳、软壳等三大类。早期角形锂离子电池大多为钢壳，多用于手机电池，后由于钢壳重量比能量低，目前多用于纽扣电池。铝壳质量较轻且安全性稍优于钢壳锂离子电池，目前已成为手机电池的主力军。软包装锂离子电池壳具有质量轻、开模成本低、安全性能高等优点，逐步在扩大其占有的市场份额。软包装的主要材质为铝塑膜。

极耳是从电芯中将正负极引出来的金属导电体，电池的正极使用铝（Al）材料，负极使用镍（Ni）材料，负极也有铜镀镍（Ni-Cu）材料，它们都是由胶片和金属带两部分复合而成。胶片是极耳上绝缘的部分，它的作用是电池封装时防止金属带与铝塑膜之间发生短路，并且封装时通过加热（140℃左右）与铝塑膜热熔密封黏合在一起防止漏液。

1.2.5 其他新能源材料

（1）超级电容器材料

超级电容器（supercapacitors）是一种介于常规电容器与二次电池之间的新型储能器件。其功率密度是锂离子电池的10倍，能量密度为传统电容器的10～100倍。同时，超级电容器还具有对环境无污染、效率高、循环寿命长、使用温度范围宽、安全性高等特点。目前，超级电容器在新能源发电、电动汽车、信息技术、航空航天、国防科技等领域中具有广泛的应用前景。例如超级电容器用于可再生能源分布式电网的储能单元，可以有效提高电网的稳定性。单独运行时，超级电容器可作为太阳能或风能发电装置的辅助电源，可将发电装置所产生的能量以较快的速度储存起来，并按照设计要求释放，如太阳能路灯在白天由太阳能提供电源并对超级电容器充电，晚上则由超级电容器提供电力。此外，超级电容器还可以与充电电池组成复合电源系统，既可满足电动车启动、加速和爬坡时的高功率要求，又可延长蓄电池的循环使用寿命，实现电动车动力系统性能的最优化。

当前，国内外已实现了超级电容器的商品化生产，但还存在着价格较高、能量密度低等问题，极大地限制了超级电容器的大规模应用。超级电容器主要由集流体、电极、电解质和隔膜等四部分组成。其中电极材料是影响超级电容器性能和生产成本的关键因素之一，而电解液则决定着超级电容器的工作电压窗口。

超级电容器的关键材料包括电极材料、电解质、隔膜和集电材料等。电极材料是决定电容器电容量大小的主要因素，对电极材料的要求是电导率较高且不与电解质发生化学反应、表面积尽可能大、价格便宜、制备过程中易于成形。目前，超级电容器电极材料的代表是 $RuO_2 \cdot nH_2O$ 及多孔碳电极材料。电解质也是关键的组成部分，它不仅在电容器的性能上起着许多决定性的作用，还在相当大程度上决定着电容器实用的可靠性。电解质可分为固态和液态两种，液态电解质又包含水溶液和有机溶液两类。为了防止两个相邻的电极之间发生短路现象，同时也给电解质溶液中的正、负离子迁移提供扩散通道，需要用一种适当的隔膜材料将两个电极分开。隔膜的厚度、孔径及孔隙度对电容器单元体系的内阻、漏电流及其电压稳定性都有较大影响，隔膜材料应具有较高的力学强度、良好的浸润性及保湿性等。此外，电容器的耐压性和循环稳定性依赖于集电极的电化学稳定性，一般要求使用强度高、质量轻的集电极，这样有利于提高单元电容器的功率密度和能量密度。常用的集电极材料有铝、不锈钢、镍箔、泡沫镍及金属铂等。外壳材料（有时兼具集电极的作用）也是超级电容器不可缺少的重要组成部分。它一方面起着密封作用，防止电解质溶液的挥发，另一方面则保护体系中其他部分免受外部的机械冲击。外壳材料应不与电解质溶液发生反应，而且应具有良好的耐高低温性能。常用的外壳材料有不锈钢、铝、聚四氟乙烯和聚丙烯材料等。图1-7为超级电容器的结构示意图。

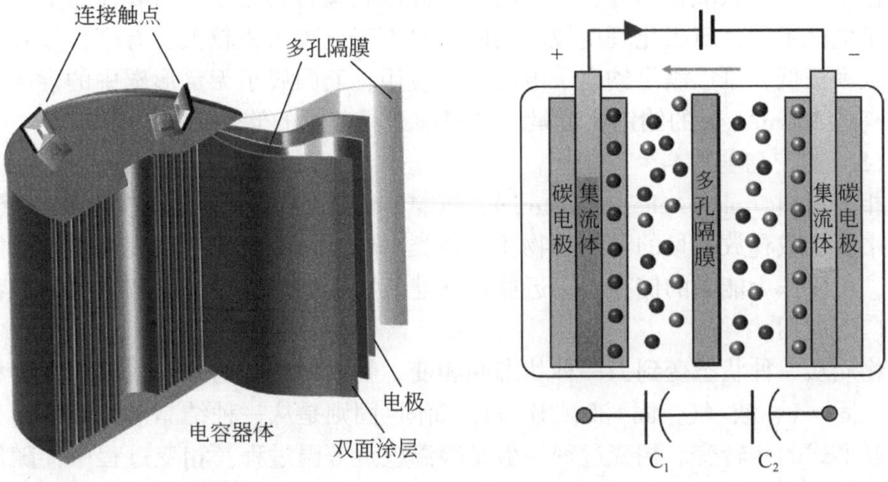

图1-7 超级电容器结构及原理

（2）钠离子电池材料

早在20世纪80年代，钠离子电池（sodium ion batteries，SIBs）和锂离子电池同时得到研究，然而随着锂离子电池成功商业化，钠离子电池的研究逐渐放缓。钠与锂属于同一主族，具有相似的理化性质，电池充放电原理基本一致。充电时，Na^+从正极材料（以$NaMnO_2$为例）中脱出，经过电解液嵌入负极材料（以硬碳为例），同时电子通过外电路转移到负极，保持电荷平衡；放电时则相反。与锂离子电池相比，钠离子电池具有以下特点：钠资源丰富，约占地壳元素储量的2.64%，而且价格低廉，分布广泛。然而，钠离子质量较重且离子半径（0.102nm）比锂（0.069nm）大，这会导致Na^+在电极材料中脱嵌缓慢，影响电池的循环和倍率性能。同时，Na^+/Na电对的标准电极电位（−2.71V *vs.* SHE）比Li^+/Li高约0.3V（−3.04V *vs.* SHE），因此，对于常规的电极材料来说，钠离子电池的能量密度低于锂离子电池。尽管如此，钠离子电池与锂离子电池相比有3个突出优势：①原料资源丰富，分布广泛，成本更低；②钠离子电池的半电池电势较锂离子电势高0.3～0.4V，即能利用分解电势更低的电解质溶剂及电解质盐，电解质的选择范围更宽；③钠电池有相对稳定的电化学性能，使用更加安全。从大规模储能的应用需求来看，理想的二次电池除具有适宜的电化学性能外，还必须兼顾资源丰富、价格低廉等社会经济效益指标。最近，二次电池在对能量密度和体积要求不高的智能电网和可再生能源等大规模储能方面具有良好的应用前景，使得钠离子电池再次得到人们密切关注。

依据目前的研究进展，钠离子电池的组成与锂离子电池相似，正极材料通常为普鲁士白和层状氧化物等，负极材料主要以碳基材料为主。需要注意的是，与锂离子电池不同，石墨化程度较高的碳材料由于比表面积较大、有序性较强使得库仑效率极低，难以满足钠离子电池商业应用，而归属于无定形碳中的硬碳表现出了高达300mAh/g的储钠比容量，是目前最具前景的储钠负极材料[12]。

(3) 相变储能材料

相变材料（phase change material，PCM）是指随温度变化而发生状态转变、过程中吸收或释放大量的潜热的物质。该类材料在相变过程中温度恒定且储能能力强，可以作为能量的储存器，近些年在建筑、电池热管理、太阳能等领域都得到了广泛应用。

物质从一种状态变到另一种状态叫相变。物质的相变通常存在以下几种相变形式：固-气、液-气、固-液、固-固，而固-固则是从一种结晶形式转变为另一种结晶形式的相转变。相变过程一般是等温或近等温过程。相变过程中伴随能量的吸收或释放，这部分能量称为相变潜热。相变潜热一般较大，不同物质其相变潜热差别较大，无机水合盐和有机酸的相变潜热在100～300kJ/kg，无机盐LiF可高达1044kJ/kg，金属在400～510kJ/kg。利用这个特点，我们可以将物质升温过程吸收的相变潜热和吸收的显热一起储存起来加以利用。因此，相变储能技术的基本原理是：物质在物态转变（相变）过程中，等温释放的相变潜热通过盛装相变材料的元件将能量储存起来，待需要时再把热（冷）能通过一定的方式释放出来供用户使用[13]。

相变材料按其相变方式可以分为四类：固-液相变材料、固-固相变材料、固-气相变材料和液-气相变材料。美国Dow化学公司对可用于建筑墙体中的相变材料做了研究，按照材料类型分主要是无机相变储能材料和有机相变储能材料。无机相变储能材料主要包括结晶水合盐类、熔融盐类、金属或合金类。由于相变温度的限制，在墙体材料中用得最多的是结晶水合盐。有机相变储能材料主要有石蜡、多元醇类、脂肪酸类。

(4) 超导材料

1911年昂内斯发现汞在温度为4.2K下电阻突然降为零，他将此状态称为超导态。而能由正常态转变为超导态的物质称为超导体。1933年，Meissner和

Ochsenfeld一起发现了超导材料的完全抗磁性，称为迈斯纳效应[14]。自超导体被首次发现以后，直到今天人们已经先后找到了数量高达上万的超导体[15]。而按照临界温度的高低，超导体可以被分为低温超导体和高温超导体，比如NbTi、Nb_3Sn、Nb_3Al等都称为低温超导体，铋系BSCCO（铋锶钙铜氧）、钇系YBCO（钇钡铜氧），以及21世纪以后发现的MgB_2和铁基超导体等均称为高温超导体。

超导材料具有重要的应用价值。超导材料处于超导态时电阻为零，能够无损耗地传输电能。如果用磁场在超导环中引发感应电流，这一电流可以毫不衰减地维持下去。基于超导的特殊性质，强电的应用研究始于20世纪90年代初期。早期的研究集中在用超导材料制备电线、大电流电线和线圈磁铁技术。如今，超导材料在电力、交通、生物医药等领域取得了长足的进步，如超导发动机、超导限流器、超导储能系统等，以及具有代表性的磁悬浮列车。超导技术在弱电方面的应用主要集中在电子学和通信上，随着超导薄膜制备技术的成熟，超导薄膜为超导电子的快速发展提供了新的视角，特别是在相关应用包括微波射频器件、超导量子干扰元件、超导数字计算机等方面的蓬勃发展都非常迅速。低温超导材料加工制备工艺和性能水平更为成熟，在加速器磁体、核聚变磁体、核磁共振磁体上已有应用。高温铁基超导体具有高临界温度、高不可逆磁场、低各向异性和高临界电流密度等优越性质，适用于代际高能物理加速器、未来核聚变装置等[16]，在强磁场磁体技术等领域备受期待。

1.3 新能源材料合成与制备技术概述

新能源材料的合成与制备包含两层意思：一是新能源固体化合物的合成，二是新能源材料的制备。对于前者，涉及无机固体反应和无机固体合成技术；后者更多的是围绕薄膜、烧结体等具有一定形态的材料的制备及其物理性能的展开。由于新能源材料的制备在很多情况下是与无机固体反应同时进行；换言之，无机固体反应产物的形态就是新能源材料的使用形态，因此两者既有联系又有区别，不可截然分开。

1.3.1 新能源材料合成与制备技术中的基本问题

新能源材料的合成与制备技术涉及以下三个基本问题：①新能源材料的合成与制备技术的研究对象；②新能源材料的合成与制备过程中的反应规律；③新能源材料的合成与制备技术的主要方法。

新能源材料的合成与制备的研究对象包括前文所述的太阳能电池材料、燃料电池材料、储氢材料、锂离子电池材料以及其他新能源材料的主要合成与制备方法。总体而言，设计和选择具有特定结构、性质与功能的新能源材料合成制备路线，以及改进和创新合成制备途径与方法，是新能源材料合成与制备技术的重中之重。为了深入开展研究，必须具备扎实且广阔的合成化学基础，其中包括新能源材料的物理化学性能、反应性、反应规律和特点，它们与结构化学、理论化学之间的关系，以及热力学、动力学基本化学原理和规律的应用等。新能源材料的合成与制备从常规方法到特殊实验条件下的方法，再到正在兴起的定向设计合成与制备，其发展过程正是随着人们对合成化学与反应规律认识的不断深化而逐步推进的。因此，熟练掌握并全面理解合成与制备过程中的化学反应规律、特点及其原理，对于深入认识和掌握新能源材料的合成与制备技术至关重要。

根据合成与制备过程中涉及的反应类型与原理的不同，新能源材料的合成与制备方法主要又可以分为固相法、溶胶-凝胶法、水热与溶剂热合成以及化学气相沉积法等。下面将对这些方法的主要原理、特点进行简要概述。

1.3.2 新能源材料合成与制备技术的主要方法

(1) 固相法

所谓固相法，就是利用固相反应来合成与制备新能源材料的方法。固相反应是在固体无机化合物制备的高温过程中普遍存在的一种反应。广义地讲，凡是有固体参加的反应都称为固相反应。如固体的氧化、还原、相变、分解，固体与固体、液体、气体的反应等都属于固相反应的范畴。狭义地讲，是指固体与固体之间发生化学反应生成新的固体产物的过程。固相反应法工艺简单、易于制备，可进行大规模工艺化生产，在许多新能源材料的制备中是最成熟的方法，牢固掌握固相反应合成方法对于新能源材料的制备具有重要意义。

固相反应按参与反应的物质形态来分类，可归纳为下列几类：①单一固相反应，如固体物质的热解、聚合等；②固-固相反应；③固-气相反应；④固-液相反应；⑤粉末和烧结反应。

影响固相反应的措施有很多，概括起来有以下几条：①反应物的比例和矿化剂；②颗粒的大小和形状；③温度；④活化状态，包括反应物的晶型，反应物的初生态，反应物的表面处理和反应物的陈化时间；⑤压力；⑥力学化学效应[17]。

(2) 溶胶-凝胶法

溶胶-凝胶法是作为制备玻璃和陶瓷等材料的工艺发展起来的合成无机材料的重要方法。溶胶-凝胶法可追溯到古代的豆腐制备，此法从19世纪开始才在现代科学中逐渐发挥作用。现代溶胶-凝胶法技术的最大飞跃在于得到凝胶材料的干燥时间是以天来计算，而不像从前那样以年计算，极大加速了制备无机材料的速度和质量，由此金属醇盐得到了广泛的应用。进入到21世纪，溶胶-凝胶法开始广泛用于制备铁电薄膜、介电薄膜以及能源类薄膜，并且在制备纳米晶方面也开始发挥相当大的作用。现在，这一方法已在世界各地的实验室中广泛使用，研究学者先后用此法合成出了多组分功能陶瓷氧化物涂层、超细粉体材料、玻璃材料、光导纤维、玻璃旋涂材料、浸涂材料等。

溶胶（sol）是具有液体特征的胶体体系，分散的粒子是固体或者大分子，分散的粒子大小在 1～100nm 之间。凝胶（gel）是具有固体特征的胶体体系，被分散的物质形成连续的网状骨架，骨架空隙中充有液体或气体，凝胶中分散相的含量很低，一般在 1%～3%之间。溶胶-凝胶法（sol-gel 法，S-G 法）就是将含高化学活性组分的化合物经过溶液、溶胶、凝胶而固化，再经热处理而成的氧化物或其他化合物固体的方法。

溶胶-凝胶法与其他方法相比具有制备过程温度较低以及样品均匀性好等优点，其主要反应机理是反应物分子（或离子）母体在水溶液中进行水解和聚合。即由分子态→聚合体→溶胶→凝胶→晶态（或非晶态），所以可以通过对其过程反应机理的了解和有效控制来合成一些特定结构和聚集。溶胶-凝胶法可以用来制备锂离子电池正极材料如 $LiCoO_2$ 等。

(3) 水热与溶剂热合成

水热与溶剂热合成是无机合成化学的一个重要分支。自水热合成研究从最初模拟地矿生成开始，到沸石分子筛及其他晶体材料的合成，已历经一百多年的发展。水热法自发现以来，因其诸多优点而备受关注。在制备无机材料时，水热法能耗相对较低、适用性广、原料成本低廉，反应在液相快速对流中进行。它既能制备超细粒子，也能获得大尺寸单晶体，还可用于薄膜制备；既能合成单组分晶体，也能制备双组分或多组分化合物粉末。

水热法制备的粉体通常无需进一步烧结，从而避免了烧结过程中晶粒长大和杂质引入的问题。由于水热反应在密闭容器中进行，适用于有毒体系的合成反应。通过控制反应气氛，可形成合适的氧化还原条件，有利于合成特殊价态化合物和均匀掺杂化合物，同时也适用于低熔点、高蒸气压材料的制备。水热体系具有独特的等温、等压和溶液条件，使得反应中容易出现中间态、介稳态和特殊物相，因此水热法特别适用于合成特殊结构和特种凝聚态的新化合物，为获得其他方法难以制备的亚稳相提供了条件。

当然，水热法在具有上述优点的同时，也有许多明显的缺点，比如反应周期通常较长。由于反应是在密闭容器中进行，不便于对反应进程进行直接观察和干预，只能从所得晶体的形态变化和表面结构中来推测晶体生长的信息。水热法需要耐高温、耐高压、耐腐蚀的设备，对设备要求较高，导致设备成本较高，且温压控制的技术难度较大。另外，水热法主要适用于氧化物材料或少数对水不敏感物质的制备，适用范围有限。尽管如此，水热法以其独特的特点已成为研究人员制备锂离子电池正极材料的方法之一。

(4) 化学气相沉积

化学气相沉积（chemical vapor deposition，CVD），顾名思义，是利用气态的先驱反应物，通过原子、分子间化学反应的途径生成固态薄膜的技术。与其他合成技术相比，CVD 合成具有以下优势：①可以准确调控成分和结构；②不受基底形貌的影响；③具备较好的附着性。

CVD 合成技术通过外加能量给予反应气体使得其可以产生化学反应，或者将可以挥发的物质转为气态，从而在基底上析出合成目的材料。其合成过程有置换、氢还原复合、热分解、氢还原、固相扩散以及复合这六种反应。CVD 技术在石墨烯出现之前广泛用于生长碳纳米管等诸多材料，利用 CVD 技术生长得到的石墨烯具有完整性，可以实现大规模高品质高度可控的石墨烯制备。

1.3.3 新能源材料合成与制备技术的前沿课题

从一段时间以来的发展过程来看，围绕开发新合成反应、制备路线与技术，精雕细琢成具有特定结构与聚集态的无机物与其他相关材料，是新能源材料的合成与制备技术下一步发展的关键。根据以往的经验，开发出一条新合成路线与技术，往往能带动大批新物质或新材料的出现。如溶胶-凝胶合成路线的出现，为纳米态与纳米复合材料，玻璃态与玻璃复合材料，陶瓷与陶瓷基复合材料，纤维及其复合材料，无机膜与复合膜，溶胶与超细微粒等的开发，起到了极其重要的作用。因此，从现阶段以及不远的将来看，发展与开拓新的合成制备方法与技术是新能源材料的合成与制备技术的重要研究任务，其中包括：①巧妙的合成策略；②简捷、高效的合成反应与步骤；③合成反应的原子经济；④合成反应体系的环境友好；⑤新理论方法与新实验技术[18]。

自新能源材料诞生之日起，“绿色”便成为其核心诉求。然而当前新能源材料的合成与制备过程中常伴随大量副产物的产生，且反应中使用的溶剂、助剂以及催化材料也带来了诸多环境污染问题，对生态环境构成了严峻挑战。鉴于此，探索绿色合成与制备技术，力求充分利用原料和试剂中的每一个原子，最大限度地减少乃至完全消除有害副产品，已成为行业内不懈追求的目标。这一目标对科学技术提出了新的要求，对化学领域，尤其是合成化学领域，既是挑战也是发展机遇。未来新能源材料的合成与制备研究将聚焦于绿色合成反应，从理论上探索“理想合成”与定向合成反应的实现路径。

除了绿色合成反应与工艺，极端条件下的合成路线、反应方法与制备技术也是新能源材料的合成与制备技术下一阶段研究与发展的重点。现代合成技术越来越多地采用超高压、极低温、强磁场等极端条件下的合成方法与技术，以突破常规实验条件的限制，开发出众多在一般条件下难以获得的新化合物、新物相及新材料的合成方法与路线。这对于新能源材料发展具有极其重要的意义。同时，鉴于极端条件合成技术对环境和设备的高要求，对相关特种设备与技术的研究也成为该领域不可或缺的一部分和另一个研究重点。

思　考　题

（1）“碳中和”“碳达峰”“双碳目标”等名词解释。

（2）为什么要追求“碳中和”“碳达峰”？实现的难点和痛点在哪里？

（3）你如何看待锂离子电池的应用领域和未来发展方向？

（4）你如何看待氢燃料电池未来的发展？

（5）固相反应的特点以及影响因素有哪些？

（6）水热溶剂以及溶胶-凝胶法的优点有哪些？简述其各自反应机理。

参 考 文 献

[1] 邹才能，赵群，张国生，等．能源革命：从化石能源到新能源 [J]．天然气工业，2016，36（1）：1-10.

[2] 赵玉文．太阳能利用的发展概况和未来趋势 [J]．中国电力，2003，36（9）：63-69.

[3] 赵春江，杨金焕，陈中华，等．太阳能光伏发电应用的现状及发展 [J]．节能技术，2007，25（5）：461-465.

[4] 张胜涛，温彦．燃料电池发展及其应用 [J]．世界科技研究与发展，2003，25（3）：57-66.

[5] 史永谦．核能发电的优点及世界核电发展动向 [J]．能源工程，2007，1：1-6.

[6] 张国伟，龚光彩，吴治．风能利用的现状及展望 [J]．节能技术，2007，25（1）：71-76.

[7] 马冰，贾凌霄，于洋，等．世界地热能开发利用现状与展望 [J]．中国地质，2022，48（6）：1734-1747.

[8] 马立新，田舍．我国地热能开发利用现状与发展 [J]．中国国土资源经济，2006，19（9）：19-21.

[9] 闫金定．锂离子电池发展现状及其前景分析 [J]．航空学报，2014，35（10）：2767-2775.

[10] 周恒辉，慈云祥，刘昌炎．锂离子电池电极材料研究进展 [J]．化学进展，1998，10（1）：85-94.

[11] 袁吉仁．新能源材料 [M]．北京：科学出版社，2020：59-60.

[12] 李慧，吴川，吴锋，等．钠离子电池：储能电池的一种新选择 [J]．化学学报，2014，72（1）：21-29.

[13] 姜勇，丁恩勇，黎国康．相变储能材料的研究进展 [J]．广州化学，1999，3：48-54.

[14] 霍知节．“揭秘”稀土超导材料 [J]．新材料产业，2019，12：65-71.

[15] 肖立业，刘向宏，王秋良，等．超导材料及其应用现状与发展前景 [J]．中国工业和信息化，2018，8：3.

[16] 闻海虎．铁基超导实验研究与中国超导研究展望［J］．科技导报，2021，39（12）：90-94.
[17] 赵新华，陈玲，曹永革，等．固体无机化学基础及新材料的设计合成［M］．北京：高等教育出版社，2012：403-434.
[18] 徐如人，庞文琴，霍启升．无机合成与制备化学［M］．北京：高等教育出版社，2009：1-15.

第 2 章　锂离子电池关键材料

2.1 引　　言

如今，由于资源的大量消耗，能源短缺已成为全国乃至全球最为关注的问题。因此需要开发可靠的储能技术，电化学储能（EES）被认为是用于这种间歇性储能的最有前途的方法之一。在各种储能中，可充电锂离子电池（LIBs）凭借自身众多优点脱颖而出，成为目前最具潜力的技术[1]。自 1991 年索尼商业化锂离子电池以来，锂离子电池已经广泛占据 3C 电子领域的市场（computer，communication & consumer electronics）。相比于传统的储能器件，如镍氢电池、镍镉电池以及铅酸电池，锂离子电池具有高能量密度、高功率密度、高安全性以及高能量转换效率等优势，因此已经在便携式电子产品、电动车等市场广泛取代了传统的储能器件[2-5]。

2.1.1　锂离子电池的发展历史

锂是一种银白色软金属，原子序数为 3。锂是由 Arfwedson 和 Berzelius 于 1817 年在对 petalite 矿石（$LiAlSi_4O_{10}$）[6]进行研究后发现的。Lewis 观察到，锂离子具有出色的电化学和物理特性，例如低密度和比容量、强极化能力和低反应性，并且可以用作电池中的阳极[7]。1976 年时任美国埃克森石油公司科学家 Stanley Whittingham 经过一系列细致研究，证明了层状结构的金属硫化物（TiS_2）可以在层间实现锂的电化学可逆储存，并以此为基础构建了一个金属锂二次可充电池原型[8]。1980 年，由 Ned A. Godshall、John B. Goodenough 和 Koichi Mizushima 领导的小组展示了一种锂可充电电池，其正极和负极分别由锂钴氧化物和锂金属制成。在这项工作中发现电压范围为 4V[9-13]。1985 年，Akira Yoshino 开发了一种原型电池，通过使用锂钴氧化物（$LiCoO_2$）作为电极，证明了锂离子电池的极大安全性。$LiCoO_2$ 在工业和商业应用方面有广阔的前景，并取得了进一步的进展[14]。1990 年，Jeff Dahn 使用碳酸乙烯酯作为溶剂，帮助制造了最有前途的现代锂离子电池[15]。研究表明，使用碳酸乙烯酯作为溶剂可以逆转锂离子嵌入石墨的过程。随后，1991 年，旭化成和索尼公司推出了第一款商用锂离子电池[16]。1996 年，Akshaya Padhi 和 Goodenough 提出将磷酸铁作为正极[17]。2019 年 10 月 9 日，瑞典皇家科学院将 2019 年度诺贝尔奖化学奖授予美国得克萨斯大学奥斯汀分校 John B. Goodenough 教授、纽约州立大学宾汉姆顿分校 M. Stanley Whittingham 教授和日本化学家 Akira Yoshino，以表彰他们在锂离子电池的发展方面所做的巨大贡献（图 2-1）。至此，备受关注多年的锂电池获奖人选尘埃落定。目前，LIBs 的研究和开发仍在进行中[18]。

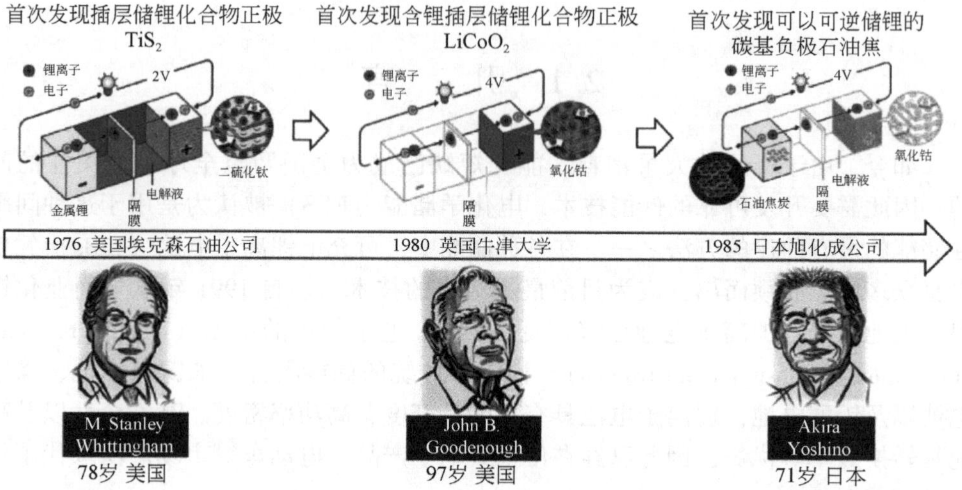

图 2-1　2019 年诺贝尔奖化学奖科学背景介绍资料[18]

2.1.2　中国锂离子电池产业现状

工信部发布数据显示，2024 年我国锂离子电池总产量达 1170GWh，同比增长 24%，行业总产值突破 1.2 万亿元。在细分市场中，消费型、储能型和动力型锂电池产量分别达到 84GWh、260GWh 和 826GWh（图 2-2）。同时，包括新能源汽车和新型储能在内的锂电池装机量超过 645GWh，同比增长 48%。与此同时中国化学与物理电源行业协会发布，2024 年 1～11 月锂离子电池出口数量为 35.63 亿，同比增长 7.3%，美国是第一大出口市场，第二大市场为德国，第三大市场为韩国。福建省是我国锂离子电池出口产品的最大来源地，出口金额为 151.54 亿美元，占我国锂离子电池出口额的 27.5%。福建、广东和江苏三省的锂离子电池出口额占到全国锂离子电池出口额的 67.3%。

2.1.3　锂离子电池市场未来的发展形势

①新能源汽车是我国今后的主要发展方向。新能源汽车在我国各个领域应用广泛，如物流用车、公务用车、出租车、家庭用车等。根据相关数据统计得知，2024 年在我国汽车市场销售总量中，锂离子新能源电动汽车所占比例达到五成

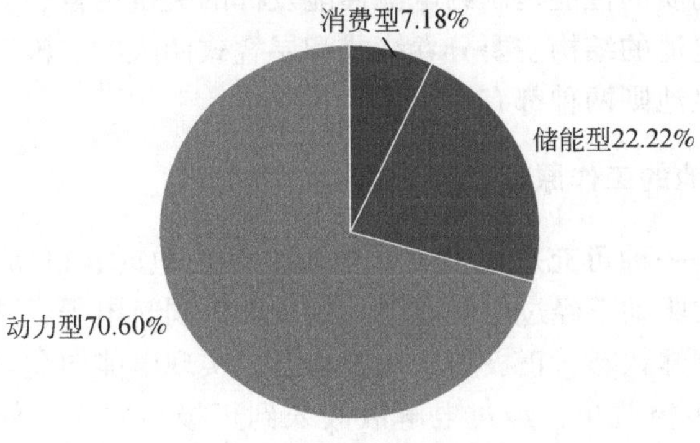

图 2-2　锂离子电池产业现状

以上，2025 年将会提高约 20%。《节能与新能源汽车技术路线图》于 2016 年 10 月 26 日发布，预计发展到 2030 年，新能源汽车会成为我国汽车行业发展的核心产品。截至目前，新能源汽车销量在汽车整体销量中所占的比例超过 7%。

②全球智能手机市场增长趋于稳定，扩大了中国厂商的市场份额。通过对智能手机销售量进行统计得知，在 2017 年全世界智能手机销售量达到了 15.5 亿台，与去年相比较而言同比上涨了 2%，前十大厂商在市场份额中所占比例高达 77%。另外，国内手机市场的智能手机销售量是 5 亿台左右，与 2016 年手机销售量进行比较减少了 12.3%。就目前来看，我国智能手机市场逐渐趋于平稳状态，这就要求国产品牌手机厂商向海外发展。

③电动自行车与低速电动车向锂电化的方向发展。当前，我国有关部门重点强调了低速电动车按照“升级一批、规范一批、淘汰一批”的主要思路进行处理，这项整顿工作会促进低速电动车朝着锂电化的方向发展。在 2019 年 4 月，国家强制性全面落实了《电动自行车的安全技术规范》，这就要求电动自行车企业主动寻求车型快速转型与创新。依据相关技术规定，任一品牌的电动自行车都需要拥有脚踏骑行的能力，电动自行车的行驶速度最高设计需要低于 25km/h，整个电动自行车的质量不能超过 55kg。当前，雅迪、爱玛等一些电动自行车大企业均将锂离子电池作为主要使用的电能，这推动了电动自行车锂电池市场朝气蓬勃的发展[19]。

2.2　锂离子电池组成与结构、基本原理、特点

2.2.1　锂离子电池的结构组成

锂电池在结构上主要有 6 个部分：正极、负极、电解液、隔膜、外壳与电极

引线。正极活性物质的性能是制约电池性能发挥的关键因素，其性能优劣决定了电池的性能。锂电池的结构主要分卷绕式和层叠式两大类。液态锂电池采用卷绕结构，聚合物锂电池则两种都有。

2.2.2 锂离子电池的工作原理

锂离子电池是一种可充放电的二次电池。其充电时，Li^+从正极活性物质中脱出，在外电压的驱动下经过电解质嵌入到负极，同时电子经外电路由正极流向负极，负极处于富锂状态，正极处于贫锂状态，实现电能向化学能的转化。放电时则相反，Li^+从负极脱出，经过电解液嵌入到正极材料中，外电路电子由负极流向正极形成电流，实现化学能向电能的转化。在正常充放电情况下，锂离子正负极活性材料的层间嵌入和脱出，一般只引起层间间距变化，导致体积膨胀，但不破坏其晶体结构。因此，从充放电反应的可逆性看，锂离子电池反应是一种理想的可逆反应。以钴酸锂为正极的电池为例，在充放电过程中锂离子在层状晶体结构钴酸锂正极和层状晶体结构石墨负极可逆地嵌入和脱出，含锂的液体电解液提供物质输运媒介，外部电路提供电子回路从而有效驱动负荷装置工作（图 2-3）。化学反应式如下：

$$\text{正极反应:} LiCoO_2 \rightleftharpoons Li_{1-x}CoO_2 + xLi^+ + xe^- \tag{2-1}$$

$$\text{负极反应:} xLi^+ + xe^- + 6C \rightleftharpoons Li_xC_6 \tag{2-2}$$

$$\text{总反应:} LiCoO_2 + 6xC \rightleftharpoons Li_{1-x}CoO_2 + Li_xC_6 \tag{2-3}$$

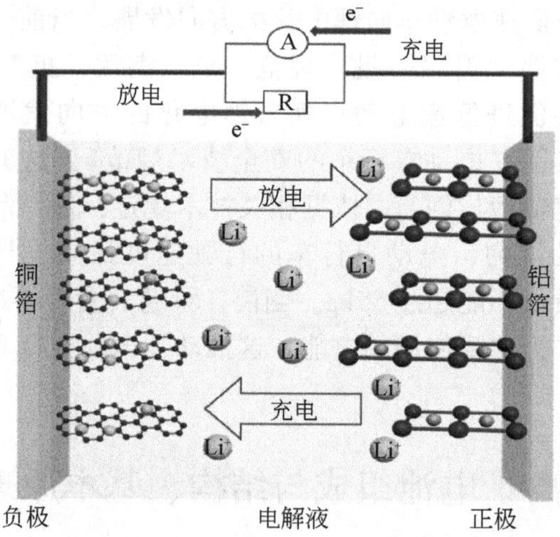

图 2-3 锂离子电池工作原理示意图

2.2.3　锂离子电池的表征参数

电池的理论摩尔容量是参与电化学反应的电量数值，以 $Q_{充电}$ 表示，并由下式给出

$$Q_{充电}=xnF \tag{2-4}$$

式中，x 是所选定发生反应的电活性组分的物质的量，n 是每摩尔反应中电子传输的数目，F 为法拉第常数。电活性组分的质量由下式计算：

$$M=xM_r \tag{2-5}$$

式中，M 表示电池中电活性组分的质量，M_r 是该组分的摩尔质量。容量通常表示为 Ah/kg，于是，就质量而言，通常称比容量 $C_{比}$：

$$C_{比}=nF/M_r \tag{2-6}$$

例如正极材料钴酸锂（$LiCoO_2$），摩尔质量为 97.8，脱锂反应式为：$LiCoO_2 = Li^+ + CoO_2 + e^-$，其得失电子数为 1，即 1mol $LiCoO_2$ 完全反应将转移 1mol 电子的电量，所以 1g $LiCoO_2$ 完全反应时将转移 1/97.8mol 电子的电量。另外 1mAh = 1×10^{-3} A×3600s = 3.6C，1 Ah = 1A×3600s = 3600C，所以 96500C = 96500/3600Ah = 26.806Ah ≈ 26.8Ah。其理论容量 $C_{比}=26.8n/M_r=26.8\times1\times1/97.8=0.274$Ah/g = 274mAh/g。

对于石墨负极，锂插入时的反应式为：$xLi^+ + xe^- + 6C = Li_xC_6$，锂插入量最大时，形成锂碳层间化合物，化学式 LiC_6，即 6 个碳原子结合一个 Li。6 个 C 摩尔质量为 72.066g/mol，石墨的最大理论容量为：$C_{比}=26.8n/M_r=26.8\times1\times1/72.066=0.372$Ah/g = 372mAh/g。

若比容量乘以电池中电化学活性组分的质量，则得到该电池的容量。所以注明是全电池的质量（包括封装）还是有关电化学活性组分的质量显得十分重要。

事实上，因为存在非活性组分，如黏结剂、导电剂颗粒、隔膜、电解液、集流体、基体以及外壳包装，在计算全电池容量时需要扣除这些部分的质量 。此外，电化学反应也不可能完全进行，无论是由于反应成分或活性材料的失效，还是电极/电解液界面间弱的反应活性，因此活性物质的容量也无法完全发挥。容量同样也取决于负载，若在高工作倍率下，即大电流工作下，则过电势损失和欧姆损耗将随着反应的完全进行而加剧。在较高的工作倍率下，意味着高的工作电流，则电池放电更快。

比能量密度（Wh/kg），是能量除以电池的单位质量（或有时除以电极活性材料的单位质量）。它是在一个完全放电循环中，比容量与工作电压的乘积。在一个放电循环中，电流和电压都在变化，因此比能量 E 可以通过这段时间内计算电流和电压乘积的积分得到

$$E = \int V \cdot I\mathrm{d}t \tag{2-7}$$

放电时间与设定电压的起止值（最大值和最小值）有关，取决于活性材料的应用状态，和防止可充电电池的不可逆状态有关。最高电压的设置与首次循环不可逆电压降有关，之后部分循环中该压降不可用。最小电压的设定取决于实际应用中的最低电压，或某些不可逆损失，即在最低电压限制以下该电池体系不能提供充足的能量和功率。

$$\text{比能量密度} = q \times V \tag{2-8}$$

式中，q 表示活性材料的理论摩尔容量，V 表示平均工作电压。

常见手机电池（额定电压3.6V）正极使用 $LiCoO_2$，负极使用石墨，实际充放电时正极可逆脱出0.5Li，负极容量过量10%，仅从电极活性材料角度此类电池的能量密度为：假设正极活性材料为1g，电极活性材料总质量 M=274mAh/g×0.5×1.1/(372mAh/g)+1g=1.405g，q=137/1.405=97.51mAh/g，比能量密度=97.51mAh/g×3.6V=351Wh/kg。

电池倍率（C）指电池在规定时间内放出其额定容量时所需要的电流值，在数值上等于电池额定容量的倍数，通常以字母C表示。1C表示电池1h完全放电时电流强度，5h放电完毕，则称为0.2C放电。如标称为2200mAh的18650电池在1C强度下放电1h放电完成，此时该放电电流为2200mA。一只容量为250mAh的电池以50mA放电，其放电倍率为0.2C或C/5。

2.2.4　锂离子电池的特点

与镍镉（Ni/Cd）、镍氢（Ni/MH）等电池相比，锂离子电池的主要特点如下：

①具有更高的质量能量密度、体积能量密度。②电压高，单节锂离子电池电压为3.6V，等于3只镍镉或镍氢充电电池的串联电压。③自放电小，可长时间存放，这是该电池最突出的优越性。④无记忆效应。锂离子电池不存在镍镉电池的所谓记忆效应，所以锂离子电池充电前无需放电。⑤寿命长。正常工作条件下，锂离子电池充/放电循环次数远大于500次。⑥可以快速充电。锂离子电池通常可以采用0.5～1倍容量的电流充电，使充电时间缩短至1～2h。⑦可以并联使用。⑧由于电池中不含镉、铅、汞等重金属元素，对环境无污染，是当代最先进的绿色电池。⑨成本高。与其他可充电池相比，锂离子电池价格较贵（但相比燃料电池和钙钛矿太阳能电池等成本又相对低廉）。⑩锂离子电池的安全性较差，需要保护电路，对操作环境要求高。⑪锂资源有限且回收利用难度大。

锂离子与其他电池对比见表2-1。

表 2-1　锂离子电池与其他电池的对比

	镍镉电池	镍氢电池	铅酸电池	锂离子电池	聚合物锂离子电池
质量能量密度/(Wh/kg)	45～80	60～120	30～50	110～300	100～130
循环寿命/次	1500	300～500	200～300	500～3000	300～500
单体额定电压/V	1.25	1.25	2	3.6	3.6
过充承受能力	中等	低	高	非常低	低
月自放电率（室温）	20%	30%	5%	5%	约5%

2.3　锂离子电池的类型及生产工艺

目前，锂离子电池已广泛应用于各种领域，因而需要各种类型的电池。按照电池的结构设计和设计参数，如何制备出所选择的电池材料并将其有效组合在一起，并组装出符合设计要求的电池，是电池生产工艺所要解决的问题。虽然锂电池相比传统电池有显著的性能优势，但制造锂电池的过程相对烦琐，工艺也比较复杂。

2.3.1　锂离子电池的类型

目前市场上的锂离子电池主要有圆柱形、方形和纽扣式三种类型（图 2-4）。可满足不同用途的要求。

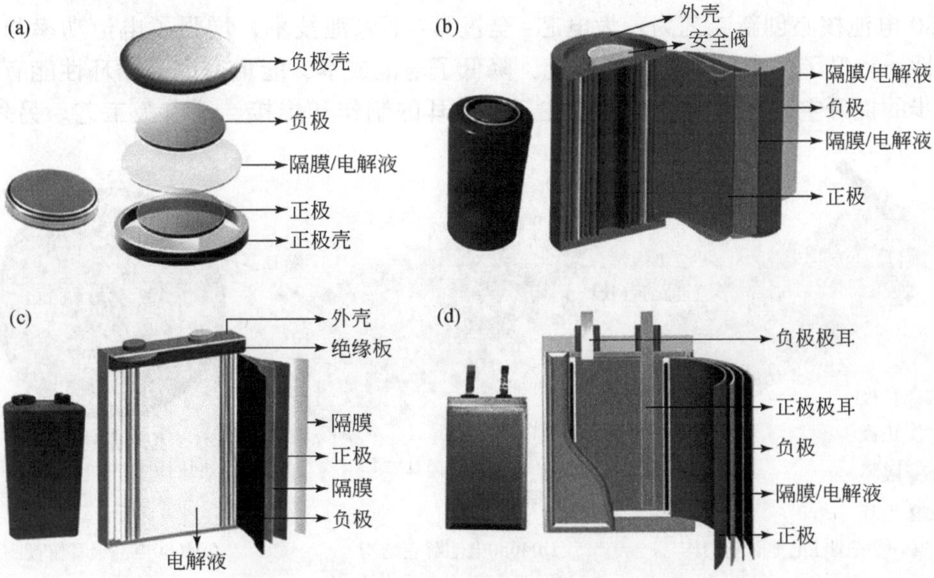

图 2-4　锂离子电池的种类及结构示意图[20]

（a）纽扣式电池；（b）圆柱形电池；（c）、（d）方形电池

圆柱形锂离子电池的型号用5位数表示，前两位数字代表直径，后两位表示高度，第五位数字表示圆形。圆柱形锂电池有诸多型号，比较常见的有10400、14500、16340、18650、21700、26650、32650等。10440型圆柱电池是一种直径为10mm、高度为44mm的锂离子电池，大小等同于常见的7号电池，这种电池容量一般很小，只有几百mAh，主要应用在迷你电子产品，例如手电筒、迷你音响、扩音器等。14500型圆柱电池是一种直径为14mm、高度为50mm的锂离子电池，也是常见的5号电池的规格尺寸，这种电池一般是3.7V或者3.2V，标称容量一般是1600mAh，放电性能优越，应用领域最重要的是消费电子类，例如无线音响、电动玩具、数码相机等。常见的18650型圆柱电池，代表直径18mm、高度65mm。18650型锂离子电池单节标称电压一般为3.6V或3.7V；最小放电终止电压一般为2.5～2.75V。常见容量为1200～3300mAh。它的特点是拥有较高的能量密度（约170Wh/kg），性价比较高且各方面系统稳定性较好，因而广泛适用于10kWh左右的电池容量场合，如在手机、笔记本电脑等小型电器上。

特斯拉新推出4680型圆柱电池（图2-5）是直径为46mm、高度为80mm的新一代圆柱电池，是目前兼顾高能量密度和高功率密度的最优选择。特斯拉认为电池尺寸大于46mm以后整车的续航开始下降，同时降本的边际效益变得非常低，因此46mm是最优解。另外从内部应力和角度来看，46mm也是一个比较临界的点，在化学性能、生产工艺没有本质上的突破前，46mm是一个黄金尺寸。4680电池核心创新工艺为：大电芯+全极耳+干电池技术，增强了电池功率与安全性，提升了生产效率、快充性能，降低了电池成本，能量密度、循环性能有进一步的提升空间。目前技术难点在于全极耳的制作和焊接、干电极工艺。另外，

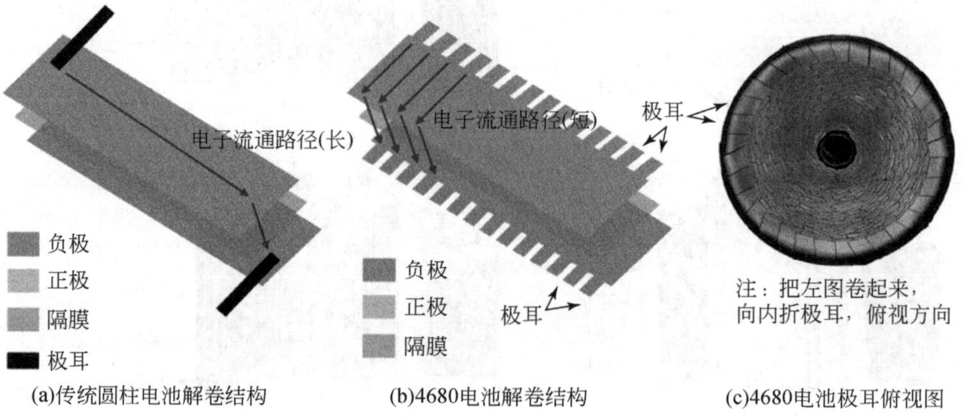

图2-5　特斯拉4680型圆柱电池的结构示意图

圆柱电芯间为面接触，不易发生热失控传导，其结构相比方形软包电池具有天然的高安全性。另一方面，4680 电池引入全极耳工艺，缩短电子流通路径，直接减小电芯内阻与产热量，且全极耳增加了散热通道，改善了散热效果，进一步增强电池的安全性。更高的安全性可兼容热稳定性较差的高镍正极且圆柱形状的内力均匀性可更好适配硅基负极的高膨胀性，高镍+硅碳将助力 4680 圆柱电芯能量密度进一步提升，有望成为高端动力电池潜在发展方向。

方形锂离子电池通常是指铝壳或钢壳方形电池，在国内的普及率很高。因为方形电池的结构较为简单，不像圆柱电池采用强度较高的不锈钢作为防爆安全阀等附件，所以整体附件质量较轻，相对能量密度较高。方形电池的尺寸大小可以任意设计，在使用上具有非常大的灵活性。方形锂离子电池主要部件与圆柱形锂离子电池类似，主要也是由正负极和电解质，以及外壳等部件组成。通常电解质为液态时，使用钢壳；若使用聚合物电解质，则可以使用铝塑包装材料。

2020 年 3 月，比亚迪在深圳发布了刀片电池，电芯像刀片一样扁平且长条，且和口香糖的形状极其相似（图 2-6）。刀片电池虽然没有在材料上进行重大的创新，正极材料采用磷酸铁锂，负极材料为人造石墨，但刀片电池在结构和工程技术上是全球首创。比亚迪的刀片电池是一种长电芯方案（基于方形铝壳来做的电池），在比亚迪原有的电芯的尺寸基础上（比亚迪之前在用得比较多的是 173 的和 148 的两种），通过对电芯的厚度减薄，并增大电芯的长度，将电芯进行扁长化设计且予以减薄设计。与传统的技术电池系统相比，采用刀片电池的电池系统零部件数量减少 40% 以上，比能量密度虽然只提升了 9%，但体积利用率（VCTP）可增加 50% 以上，成本可下降 30% 以上。截至目前，刀片电池布局的专利至少超过了 400 件。目前刀片电池有单串刀片电池、多串刀片电池和多串方块电池三大类，灵活性高，多种长度厚度可供选择。材料安全方面，刀片电池正极材料采用稳定性更好、成本更低的磷酸铁锂。由于三元 NCM 启动温度（热失

图 2-6　比亚迪刀片电池

控温度为205～210℃）远远低于磷酸铁锂（LFP，热失控温度在500℃以上），更容易发生材料分解，且NCM材料分解时会产生氧，NCM放热速率远远大于LFP，发生分解的速度快，NCM总放热量大于LFP。

纽扣锂离子电池结构简单，常用于科研测试。常见的一次性锂电池是锂锰电池（代号CR），标称电压3V。另一种较不常见的一次性锂电池是锂-氟化碳电池（代号BR），标称电压3V。此外还有一种常用二次性锂电池是ML锂猛电池（代号ML），标称电压3V。锂电池尺寸编号通常使用IEC的新编号方式，前两位数字为直径（单位mm），后两位数字为厚度（单位0.1mm），取两者的接近数字。例如CR2032的大约尺寸为直径20mm、厚度3.2mm。

2.3.2　锂离子电池的生产工艺

电芯是一个电池系统的最小单元，因而锂电池电芯制作是整个工艺流程的核心，是最关键的一部分，根据电芯制造工艺又可将锂电池的制造分为卷绕工艺和叠片工艺两种。从电池形态来看，软包电池只能采用叠片工艺；方形电池既可以使用叠片工艺也能够采用卷绕工艺，目前主流为卷绕工艺；圆柱电池只能采用卷绕工艺。叠片工艺是将正负极极片、隔膜裁成规定尺寸的大小，随后将正极极片、隔膜、负极极片叠合成小电芯单体，然后将小电芯单体叠放并联起来组成一个大电芯。卷绕工艺是将分条后的极片固定在卷针上，随着卷针转动将正极极片、负极极片以及隔膜卷成电芯的工艺方式（表2-2）。

表2-2　叠片和卷绕工艺的对比

	优势	缺点
叠片工艺	容量和能量密度更高； 尺寸灵活； 可筛选	生产效率低； 容易虚焊； 易刺穿隔膜
卷绕工艺	生产效率高； 电焊容易	形状单一； 散热效果差； 内阻较高

以生产环节的先后顺序为划分标准，锂离子电池制造可以分为三个连续的工艺阶段：前段工艺（极片制作）、中段工艺（电芯组装）以及后段工艺（电芯激活检测和电池封装）（表2-3）。

表 2-3　锂离子电池制造工艺

	工艺流程	设备	设备功能
前段工艺（极片制备）	浆料搅拌	搅拌机	把正、负极材料粉末与溶剂混合搅拌为浆料
	极片涂布	涂布机	将浆料涂覆在极片上，烘干后制成正、负极片
	极片辊压	辊压机	将涂布后的极片压实，提高能量密度
	极片分切	分条机	把较宽的整卷极片连续纵切为所需的窄片
	极片制片	制片机	可用来完成极耳焊接、贴胶和包胶等工序
	极片模切	模切机	将极片冲切成型，用于后续的卷绕或叠片工艺
中段工艺（电芯组装）	电芯卷绕	卷绕机	将模切成型的极片卷绕成电芯
	电芯叠片	叠片机	将模切完成的单体极片叠成电芯
	电芯入壳	入壳焊接设备	将电芯放入电芯外壳（不封口）
	电芯烘干	干燥设备	将电芯进行烘烤干燥
	电芯注液	注液机	将电解液定量注入电芯中
	电芯封装	封装设备	电卷心放入外壳中，注液后进行封装
后段工艺（电池包）	化成、分容	化成柜、分容柜	充电活化、测试电池容量和其他性能
	检测设备	电池测试设备	检测电芯和电池包的相关性能指标
	成组、组装	模组、组装设备	将单体电芯装备成模组，组装成电池包
辅助工艺	电芯/模组焊接	各类焊接设备	辅助极片制造、电芯封装、电芯组装等工艺

主要的制备工艺常包含如图 2-7 所示的工艺步骤。

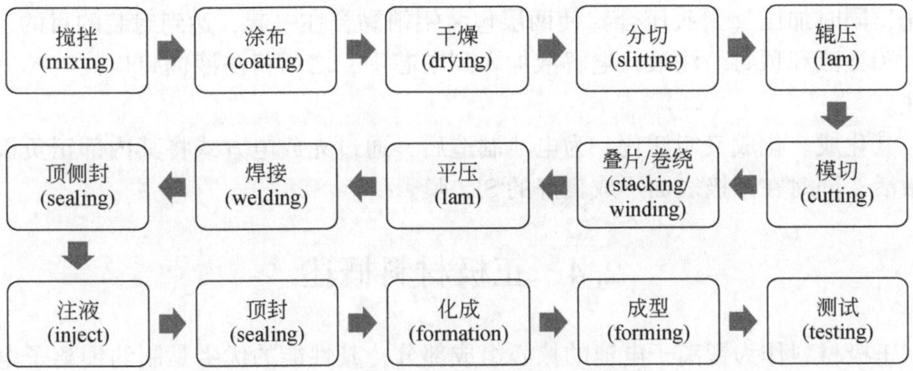

图 2-7　锂离子电池制造工艺

①搅拌。将阴极或者阳极粉料以及其他配料混合均匀，并调制成浆料，形成均匀的高黏度聚合物浆体。

②涂布。涂布是继制备浆料完成后的下一道工序，此工序主要目的是将稳定性好、黏度好、流动性好的浆料均匀地涂覆在正负极集流体上。将浆料连续、均匀地涂覆在基材（集流体）的表面并烘干，分别制成正负极的膜片。

③干燥。通过干燥去除湿涂层中的溶剂。

④分切。将涂布后的极片卷，裁切成所需要尺寸的正、负极极片条。

⑤辊压。辊压是锂电池极片最常用的压实工艺，辊压将膜片与集流体通过高温、压力，匀速地压制成极片卷，同时将之压实，达到合适的密度和厚度。

⑥模切和叠片/卷绕。将正极极片和负极极片进一步裁切成叠片所需要的尺寸，之后通过手工或夹具将正极极片、隔膜、负极极片规则地重叠在一起。卷绕通常是首先将极耳用超声焊焊接到集流体上，正极极片采用铝极耳，负极极片采用镍极耳，然后将正负极极片和隔膜按照顺序正极—隔膜—负极—隔膜进行排列，再通过卷绕组装成圆柱形或方形电芯的过程。

⑦平压。将正极极片、隔膜、负极极片通过加温加压制成电芯单体。与辊压类似，极片（主要是膜片）、隔膜上含有一定量的 PVDF 黏结剂，在加热和加压的条件下正极极片、隔膜、负极极片黏结在一起。

⑧焊接。将多个电芯单体和 Al、Ni、Tab 一起焊接成为裸电芯。超声波焊接利用超声频率（超过 16kHz）的机械振动能量在静压力的共同作用下，将弹性振动能量转变为工件间的摩擦功、形变能及随后有限的温度上升，从而达到连接异种金属的目的。

⑨顶侧封。将裸电芯包上包装铝箔，对顶部和侧边进行热封装，仅保留注液侧暂不封装。包装铝箔风 3 层（尼龙层、铝层、PP 层），封装时通过加热使 PP 熔化，同时加压（封头压合）使两层包装铝箔黏合在一起，达到封装的目的。

⑩注液和顶封。注液将电解液加入到电芯中，之后将注液侧封口使电芯完全封住。

⑪化成。化成又叫活化，为电池制造后，通过充放电方式将其内部正负极物质激活，同时在阳极表面形成良好的 SEI 膜。

2.4　正极材料概述

正极材料作为锂离子电池的核心组成部分，其性能的优劣是制约锂离子电池发展的关键性因素。基于锂离子电池的工作原理，正极材料应具备以下几个方面的特性：①具有较低的费米能级和较负的吉布斯自由能，从而实现高的氧化还原电位，获得较高的电压；②具有好的脱嵌锂结构稳定性，从而确保电池具有好的循环性能；③具有较高的锂离子及电子导电性，从而减小电池极化、实现好的倍率性能；④具有较好的热力学稳定性，在其工作电压范围内不与电解液发生反应；⑤应具有制备简单、价格便宜、安全环保等特点。

除以上基本考虑因素外，通常还希望材料在充放电过程中具有较稳定的自由能，从而获得平稳的电压平台。同时期望其能以相对最小的分子量实现最多的锂离子脱入嵌，从而利于获得更高的比容量。目前正极材料的研究热点仍集中在层状过渡金属氧化物 $LiMO_2$（M 为过渡金属元素 Ni、Co、Mn 等）、尖晶石结构的锰酸锂（$LiMn_2O_4$）、橄榄石结构的磷酸铁锂（$LiFePO_4$）及上述三类正极材料的衍生物。图 2-8 给出了上述几种正极材料的工作电压及实际比容量对比。

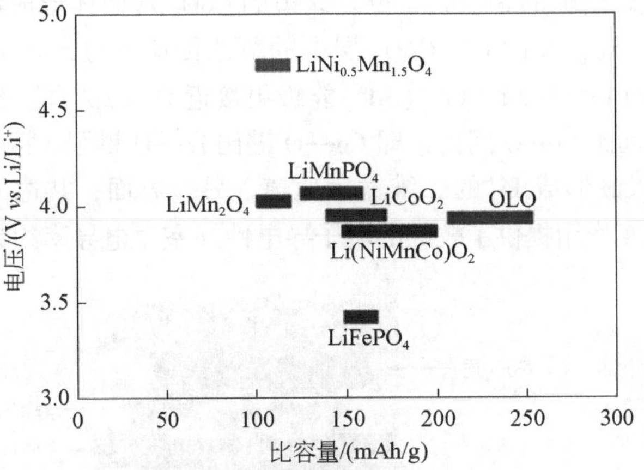

图 2-8　几种常见正极材料的容量及工作电压[21]

在电极材料的选择中，人们通常综合考虑其能量密度、功率密度、循环寿命、安全性能及成本等五大因素。根据其性能特征的不同可适用于不同领域，如 $LiCoO_2$ 正极在传统 3C 电子领域占主导地位，而三元 $LiNi_xCo_yMn_{1-x-y}O_2$、$LiFePO_4$ 及 $LiMn_2O_4$ 则在电动汽车领域备受青睐。

2.4.1　$LiCoO_2$ 正极

$LiCoO_2$ 是目前市场上应用最广泛的锂离子电池正极材料之一，有分析认为 $LiCoO_2$ 由于其本身的优势将在今后一段时期内继续保持其在正极领域的主要地位。虽然三元材料有取代 $LiCoO_2$ 的趋势，但从压实密度、高电压及市场成熟度等方面考虑，其与 $LiCoO_2$ 还存在一定的差距。另一方面 $LiCoO_2$ 作为正极的潜力还在不断被开发，尤其是高电压 $LiCoO_2$，其性能仍在不断提高，使其依然备受市场青睐，具有极大的研究价值。

（1）$LiCoO_2$ 的结构

$LiCoO_2$ 存在三种物相结构：高温相层状结构、低温相尖晶石结构和岩盐相。低温相 $LiCoO_2$ 中 O 原子呈理想的立方密堆积排列，Co、Li 分布于 O 层两侧，其中 Li 层中含有25%的 Co，Co 层中含有25%的 Li。岩盐相 $LiCoO_2$ 晶格中 Co 和 Li 随机排列，没有清晰的 Co 层和 Li 层。高温相层状 $LiCoO_2$ 具有良好的电化学性能，为 α-$NaFeO_2$ 结构，属于六方晶系 $R3m$ 空间群，其结构如图 2-9 所示。晶格中 O 原子为畸变的立方密堆积排列占住 $6c$ 位，Co 和 Li 交替分布于 O 层两侧，分别占据氧八面体空隙的 $3b$ 和 $3a$ 位。共边的 CoO_6 八面体形成稳定的 CoO_2 层框架结构，层间的 LiO_6 八面体与 CoO_2 层中的氧八面体共边，处于相对稳定的低能状态。相比于 $Li^+(1s^2)$ 能级，$Co^{3+}(3d^6)$ 能级更接近 $O^{2-}(2p^6)$ 能级，使得 Co—O 间电子云重叠程度远比 Li—O 间大，即 Co—O 键比 Li—O 键强，因此 Li^+ 能够较易地在 CoO_2 层间脱入嵌形成 Li^+ 的二维输运通道。另一方面，共边的 CoO_6 八面体中 Co—O—Co 的交互作用提供了较好的电子导电性（室温电导率约为 10^{-2}S/cm）[23]。

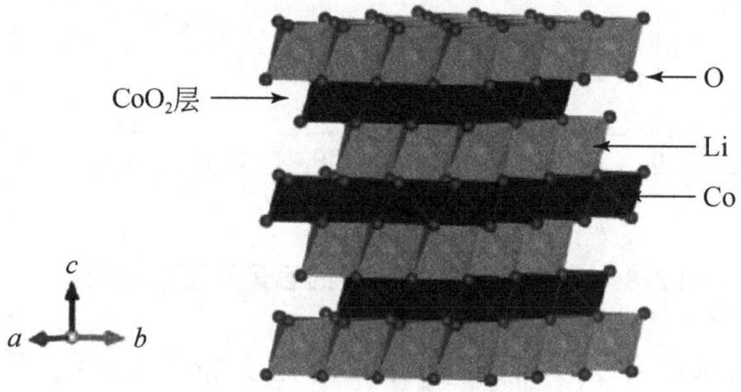

图 2-9　层状 $LiCoO_2$ 结构示意图[22]

（2）$LiCoO_2$ 的合成方法

$LiCoO_2$ 的合成方法主要分为干法和湿法，常用的合成方法及优缺点如表 2-4 所示。高温固相法合成 $LiCoO_2$ 是干法制备中最常见的方法，通常采用钴的碳酸盐或氧化物与碳酸锂在高温下进行煅烧，该方法工艺简单、产量大、适合大规模制备，但存在煅烧时间长、耗能高、原料损耗高等问题，目前主要采取优化工艺技术的方式来提高效率。湿法合成中主要有共沉淀法、溶胶–凝胶法、水（溶剂）热法等。湿法合成温度低、工艺简单，产物纯度和结晶性好，但大规模制备过程时对设备要求高，操作烦琐，目前实验室研究多采用湿法合成钴酸锂。具体制备工艺在本书第 3 章中详细介绍。

表 2-4　$LiCoO_2$ 常用合成方法的优缺点

合成方法	优点	缺点
高温固相法	工艺简单、易大规模生产	烧结温度高、能耗高，颗粒均匀性待提高
溶胶-凝胶法	反应稳定低、产物纯度高、结晶性好	设备要求高、操作烦琐，难以精确控制
水热法	工艺简单、无需高温煅烧、产物纯度高、结晶性好	难以大规模制备，设备要求高
共沉淀法	合成温度低、工艺简单	原料利用率低，废液处理

（3）高电压 $LiCoO_2$ 面临的挑战

经过 30 余年的发展，$LiCoO_2$ 的工作电压从最初的 4.2V 提高到目前的 4.45V，对应的克容量也从 140mAh/g 提升到了 180mAh/g。工作电压的提升增加了 $LiCoO_2$ 中 Li^+的脱嵌量和利用率，从而提高了克容量，而克容量的提高可以显著提升电池的能量密度，这也是 $LiCoO_2$ 发展的主要技术路线。为满足市场高能量密度的需求，需要进一步将电压提升至 4.6V，但扩大电压窗口也造成长循环过程中 $LiCoO_2$ 材料的结构产生不可逆相转变甚至坍塌、界面副反应增多、表面钴金属溶解和析氧等问题，材料性能迅速衰减[24]。

（4）高电压 $LiCoO_2$ 的改性研究进展

$LiCoO_2$ 因材料自身结构的局限性，在高工作电压下因过量脱锂导致相结构发生变化，层状结构不稳定。伴随着晶面的滑移、原子的重新排布使得晶胞参数改变、晶界产生错位，表面应力变化造成颗粒开裂、表面热稳定性减弱，界面副反应使电解液氧化分解、钴金属溶解、氧气溢出，导致电池容量迅速衰减、内阻增加、安全性能下降，最终电池失效。导致 $LiCoO_2$ 性能降低的因素多样且相互影响，针对材料本身，目前主要通过体相掺杂、表面包覆改性等方式来改善高工作电压下 $LiCoO_2$ 的稳定性。体相掺杂主要是改善循环过程中的结构稳定性，表面包覆改性则可以减弱材料与电解液之间界面副反应的影响，也有将掺杂和包覆进行有效结合，来提升高电压下 $LiCoO_2$ 的性能[25]。

2.4.2　尖晶石 $LiMn_2O_4$ 正极

（1）尖晶石 $LiMn_2O_4$ 的结构

尖晶石结构的 $LiMn_2O_4$ 作为正极材料最早由 Thackeray 等在 1983 年提出，由于其安全环保、价格低廉而备受关注。其结构如图 2-10 所示，$LiMn_2O_4$ 属于 $Fd\bar{3}m$ 空间群，O 呈面心立方紧密堆积占据 32e 位，Li 和 Mn 被氧原子包围分别占据氧四面体空隙 8a 位和氧八面体空隙 16d 位。其中共棱 Mn_2O_4 八面体主体结构非常稳定，共面的四面体 Li 位（8a）和八面体空隙 16c 位构成三维 Li^+离子输运通道。

因此，$LiMn_2O_4$ 具有很好的结构稳定性及锂离子扩散能力[27]。

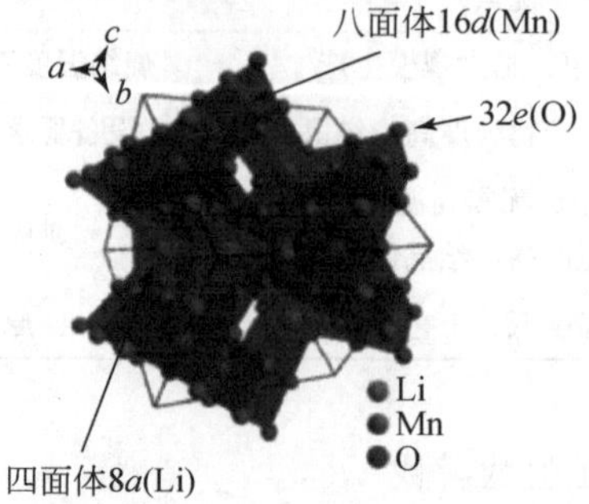

图 2-10　尖晶石型 $LiMn_2O_4$ 晶体结构示意图[26]

尖晶石锰酸锂的三维通道使 Li 离子在充放电过程中能够在晶体结构中快速地进出。Li 离子在充电过程中从（8a）位置脱出，这个过程中发生了由 $LiMn_2O_4$ 向 λ-MnO_2 结构的转变；而在放电过程中，嵌入的 Li 离子重新进入（8a）位，这时的晶相完全转变为 $LiMn_2O_4$，充放电反应式如下：

$$LiMn_2O_4 \longrightarrow Li_{1-x}Mn_2O_4+xLi^++xe^- \tag{2-9}$$

（2）尖晶石 $LiMn_2O_4$ 正极制备工艺

经过对文献的调研发现，不同的制备方法会影响尖晶石 $LiMn_2O_4$ 正极材料的结晶度、纯度、粒径大小和分布等决定电化学性能的关键因素。目前，人们已经开发出很多种制备尖晶石 $LiMn_2O_4$ 的方法，基本都可归类为固相合成和液相合成两种。随着大家对锰酸锂的不断研究，制备方法得到不断优化，性能逐步提高，商业上锰酸锂常见的几种制备方法有：高温固相法、溶胶-凝胶法、共沉淀法、水热合成法。

（3）尖晶石 $LiMn_2O_4$ 正极材料容量衰减机理及改善途径

$LiMn_2O_4$ 的理论比容量为 148mAh/g，在保持初始的立方尖晶石结构不变的情况下，8a 位的 Li^+离子脱嵌平台为 4V 左右，对应 Mn^{3+}/Mn^{4+}之间的氧化还原。进一步的嵌锂可以形成 $Li_2Mn_2O_4$（理论比容量达 296mAh/g），Li^+ 离子嵌入 16c 位空隙，对应的电压平台在 3V 左右。此时其由立方相结构不可逆地转变为四方相结构，伴随着通常所说的 Jahn-Teller 效应。该效应会在晶格内产生 6.5% 的体积膨胀，破坏晶格结构的完整性导致比容量的衰减。为了避免 Jahn-Teller 效应的发生，通常只利用 $LiMn_2O_4$ 的 4V 级平台。但是，即使在 4V 区间循环，$LiMn_2O_4$ 也表现出严重的容量衰减，特别是在高温（如 55℃）情况下。其主要原因归结为 Jahn-Teller 畸变及 Mn 的溶解等。表 2-5 总结了影响 $LiMn_2O_4$ 电化学性能的主要因素及其相对应的解决方法。可以看出元素掺杂和表面修饰仍然是其主要改性方式，然而这些处理将导致实际容量的降低。另外，减少颗粒尺寸如制备 $LiMn_2O_4$ 的纳米颗粒、纳米线、纳米管等可以在提高材料倍率性能的同时提高 $LiMn_2O_4$ 的实际比容量，因此被广泛研究。但是纳米化不利于抑制 Mn 的溶解。

表 2-5 $LiMn_2O_4$ 电化学性能下降的因素及解决方案

影响因素	不利效果	改性方法	改性的不足	进一步方案
Jahn-Teller 畸变	严重的体积变化	非化学计量，表面修饰，元素掺杂	降低比容量	减少颗粒尺寸
Mn 溶解	歧化反应	表面包覆	降低比容量	减少包覆量
形成 2 个立方相	结构不稳定	非化学计量	降低比容量	减少颗粒尺寸
结晶度低	结构退化	非化学计量	降低比容量	减少颗粒尺寸
微应变	体积变化	金属离子掺杂	降低比容量	减少颗粒尺寸

$LiM_{0.5}Mn_{1.5}O_4$（M 为 Ni、Co 等）是通过对 $LiMn_2O_4$ 进行元素掺杂得到的具有高电压平台的正极材料，其中 $LiNi_{0.5}Mn_{1.5}O_4$ 表现出最优异的电化学性能。$LiNi_{0.5}Mn_{1.5}O_4$ 同样具有立方尖晶石相结构，充放电平台在 4.7V，实际比容量可基本接近其理论比容量值 147mAh/g。由于其电压平台较高，需开发能与其相匹配的电解液以防止电解液在高压时分解。另外，表面包覆能使电极与电解液物理隔离，从而抑制高电位时 $LiNi_{0.5}Mn_{1.5}O_4$ 与电解液反应，改善其循环性能。

2.4.3 层状三元正极

所谓三元材料就是在 $LiCoO_2$ 基础上，用 Ni 和 Mn 取代一部分 Co 而得到的一种新材料。同为层状结构，三元材料继承了 $LiCoO_2$ 的稳定性、$LiNiO_2$ 的高可逆容量以及 $LiMnO_2$ 高安全性和低成本等优点。在三元材料 $LiNi_{1-x-y}Co_xMn_yO_2$ 中，Mn 没有电化学活性在充放电时始终保持+4 价，在晶格中起到结构支撑作用，从而稳定材料的结构。但过多的掺入 Mn 会使材料产生尖晶石相，降低其比容量。Ni 和 Co 分别处于+2 价和+4 价，Ni^{2+} 离子的存在有助于提高材料的比容量，但过高的 Ni^{2+} 离子含量会导致 Li^+/Ni^{2+} 阳离子混排的发生，降低材料的循环性能。Co 在该体系中稳定其层状结构，抑制 Li^+/Ni^{2+} 混排，同时能提高材料的电子导电性，改善其倍率性能。但过多的 Co 含量会造成材料成本的增加和容量的降低。因此，选择合适的过渡金属元素含量配比对三元材料的性能影响很大。常见的三元材料有：Li［$Ni_{1/3}Co_{1/3}Mn_{1/3}$］O_2（NCM111）、Li［$Ni_{0.4}Co_{0.2}Mn_{0.4}$］O_2（NCM424）、Li［$Ni_{0.5}Co_{0.2}Mn_{0.3}$］O_2（NCM523）、Li［$Ni_{0.6}Co_{0.2}Mn_{0.2}$］O_2（NCM622）、Li［$Ni_{0.8}Co_{0.1}Mn_{0.1}$］O_2（NCM811）、Li［$Ni_{0.9}Co_{0.05}Mn_{0.05}$］$O_2$（NCM900505）等，不同三元材料的放电性能如图 2-11 所示。

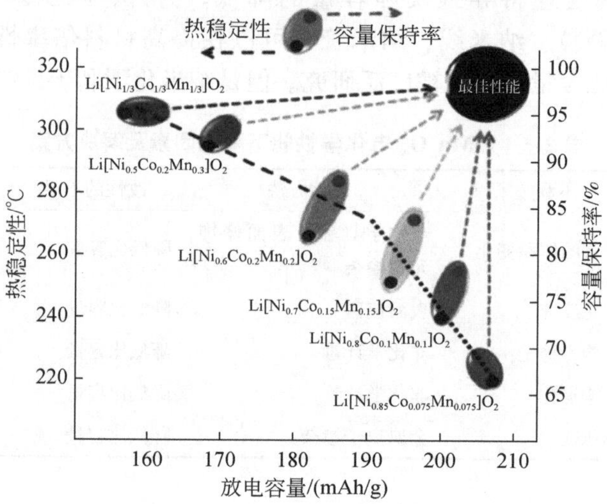

图 2-11 不同三元 $LiNi_{1-x-y}Co_xMn_yO_2$ 材料的放电性能对比[28]

另外，利用其他元素来替代过渡金属位形成三元材料也受到广泛的关注，如三元层状 $LiNi_{1-x-y}Co_xAl_yO_2$ 由于电化学性能优异（可逆容量超过 180mAh/g），已被用于商业化动力电池正极，如美国特斯拉 Model S 系列电动汽车所用电池。但其在高电位时易发生表面失氧导致其本身热稳定性差及电解液的氧化分解。

（1）三元正极的结构

层状三元过渡金属氧化物正极材料晶体结构属于六方晶系，是 a-$NaFeO_2$ 的层状结构化合物，空间群为（166，$R\bar{3}m$），晶体结构示意图如图 2-12 所示，Li^+ 和 TM^{n+}（过渡金属离子）交替占据 3*a* 位（0 0 0）和 3*b* 位（0 0 1/2），O^{2-}位于 6*c* 位（0 0 *z*），在 *c* 轴方向呈现出 ABCABC…的排列形式，其中 6*c* 位上的 O^{2-}为立方密堆积，3*b* 位置的 TM^{n+}（Ni、Co、Mn）和 3*a* 位置上的 Li^+分别交替占据以 O^{2-}为骨架的八面体空隙，在（111）晶面上呈层状排列。这种以 O^{2-}为骨架的八面体密堆积结构使得八面体空位全部被 Li^+和 TM^{n+}（过渡金属离子）占据，使得层状三元正极材料相较于尖晶石结构（镍锰酸锂）和橄榄石结构（磷酸铁锂）的正极材料有较高的理论比容量。由于层状三元材料的导电性和 Li^+动力学较好，实际能发挥的比容量也相对较高。

对于高镍三元层状正极材料而言，在较低的工作电压（<4.3V），Ni^{2+}、Ni^{3+}氧化到 Ni^{4+}贡献了主要容量，当充电到较高电压 4.4V 时，Co^{3+}会氧化到 Co^{4+}提供主要容量，当电压继续升高时（>4.5V *vs.* Li/Li^+）可能会释 O，导致结构不稳定，因此，高镍三元正极材料充电截止电压为 4.4V 或者 4.5V 时，既能提高平均工作电压和实际发挥容量，又能保证结构相对稳定，电化学性能不会出现明显

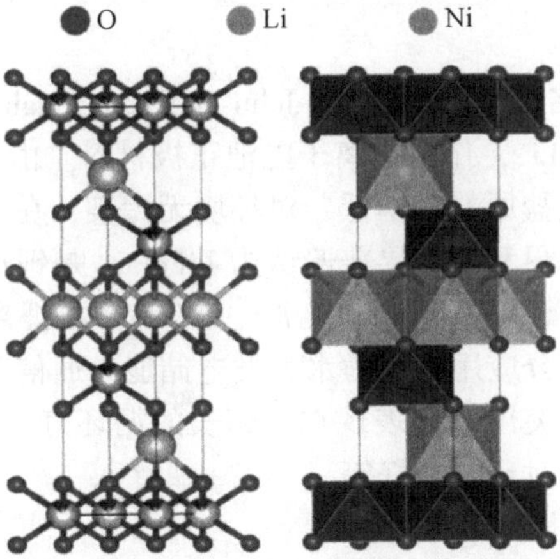

图 2-12　三元层状过渡金属氧化物正极材料的晶体结构示意图

衰减。当层状三元正极材料的 Ni 含量升高时，三元正极材料的容量也会上升，为了追求更高的能量密度，层状三元正极材料会朝着更高的 Ni 含量发展。随着 Ni 含量的逐渐提高，三元正极材料的性质也越来越近似镍酸锂材料（LNO），安全性、空气稳定性等弊端也开始凸显出来。研究表明，Co 元素的含量高低显著影响三元正极材料的导电性，即 Co 含量越高，三元正极材料的导电性越好，三元正极材料的倍率性能越优异。因此，尽管现在为了降低三元正极材料的成本和提高克容量都在提倡降钴提镍，然而为了保证三元正极材料的倍率性能，Co 元素不能够完全被 Mn 元素和 Ni 元素取代。

（2）高镍三元正极的主要问题及调控方法

高镍三元正极材料因高比容量优势而备受科研人员的青睐，然而高镍三元正极材料存在空气敏感、与电解液反应、阳离子混排、晶格氧析出、过渡金属离子迁出以及微裂纹形成等主要问题，使得结构破坏，生成非活性物质，导致容量衰减与失效。这些问题制约着高镍三元正极材料的应用。高镍三元正极材料存在的问题并不是独立出现，而是相互影响、相互促进的，涉及面和尺度较广，目前还没有一种有效方法能一次性解决上述所有问题。所以，对于高镍三元正极材料的改性均是针对具体某一问题采用不同的方法，如元素掺杂法、表面包覆法、结构调整法等。今后高镍三元正极材料发展的主要方向是：共同改性，如结构调整、元素掺杂、表面包覆共同作用，既可以改善表面敏感问题又能解决氧析出和过渡金属离子迁出问题；用高氧化性气氛烧结以提高 Ni 价态，降低锂镍混排，减少氧空位；无钴单晶正极材料，经济性较好，可以改善微裂纹问题；一次颗粒放射状组合，能缓冲应力；从材料基因库找出一种高能量密度、循环稳定性较好、价格低廉、环境友好的新材料[29]。

2.4.4 $LiFePO_4$ 正极

1997 年，世界著名的锂电池专家 John B. Goodenough 教授课题组首次提出 $LiFePO_4$ 可以可逆脱嵌 Li^+，作为锂离子电池正极材料。由于该材料安全可靠且稳定性高，元素铁和磷酸盐原料成本低、对环境无污染，在未来规模产业化后会有极大的应用优势，学术界和产业界普遍认为 $LiFePO_4$ 是锂离子动力电池正极材料的最佳选择。除了应用于锂离子动力电池，$LiFePO_4$ 在锂离子储能电池上也有很大的发展空间，已经部分应用在风力水力发电储能、通信基站应急电源、太阳能储能电池等方面，它的突出优势表现在：超长的循环寿命、较宽的可工作温度、平稳的放电电压平台和对环境友好等。

（1）$LiFePO_4$ 的结构

图 2-13 为 $LiFePO_4$ 结构示意图，$LiFePO_4$ 晶体具有规整的橄榄石型结构，属于正交晶系。*Pnma* 空间群，其晶格参数 *a*、*b*、*c* 分别为 1.033nm、0.601nm、0.469nm。结构中 O 原子呈稍微扭曲的六方密堆积排列，P 原子占住氧四面体空隙位，Li 和 Fe 原子分别位于氧八面体的 4*a* 位和 4*c* 位。每个 FeO_6 八面体与相邻两个共边的 LiO_6 八面体及 PO_4 四面体共边，形成其结构骨架。Li^+ 离子主要沿（010）方向呈一维通道输运，这种一维通道输运方式使 Li^+ 离子扩散系数非常低（$10^{-16} \sim 10^{-13} cm^2/s$），另一方面，这种一维通道很容易被结构中的杂质原子堵塞，使锂离子扩散能力进一步降低。此外，也有报道认为在高温时 Li^+ 离子在 $LiFePO_4$ 内部可以实现二维通道输运，即除了沿（010）方向外在（001）方向也可以顺利扩散。$LiFePO_4$ 中电子通过 FeO_6 八面体的 Fe—O—Fe 键进行传导，但由于

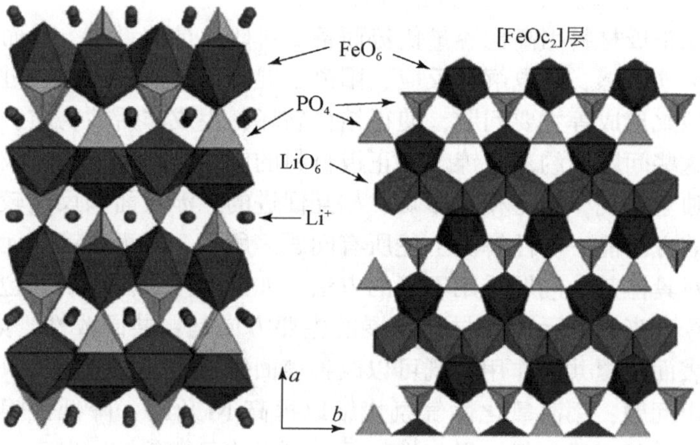

图 2-13 橄榄石型 $LiFePO_4$ 结构示意图[30]

FeO_6 在结构中不连续，因此其电子导电性很差（室温下大约为 10^{-10} S/cm）。$LiFePO_4$ 的低锂离子及电子导电特性严重限制了其倍率性能[31]。

（2）$LiFePO_4$ 的脱嵌锂过程

$LiFePO_4$ 充放电时，Fe 在 Fe^{2+} 和 Fe^{3+} 之间进行氧化还原，完全脱锂时形成同属于 *Pnma* 空间群的 $FePO_4$。

充放电反应的方程式表达为：

充电过程：　$$LiFePO_4 - xLi^+ - xe^- \longrightarrow xFePO_4 + (1-x)LiFePO_4 \tag{2-10}$$

放电过程：　$$FePO_4 + xLi^+ + xe^- \longrightarrow xLiFePO_4 + (1-x)FePO_4 \tag{2-11}$$

由于 $FePO_4$ 与 $LiFePO_4$ 具有极其相似的晶格结构，使其在脱嵌锂过程中引起的体积变化相当微小，有利于保持结构的稳定，因此 $LiFePO_4$ 表现出优异的充放电循环稳定性。另一方面，得益于结构中存在很强的 P—O 共价键，$LiFePO_4$ 具有良好的热稳定性，表现出优异的安全性能。由于其具有以上优点且成本低、无污染，被认为是动力型锂离子电池正极材料的最佳选择之一。例如比亚迪唐及比亚迪秦等系列新能源汽车电池正极便是采用 $LiFePO_4$ 材料。

（3）$LiFePO_4$ 正极材料合成方法

磷酸铁锂的性能与合成方法密切相关。目前常用的合成方法主要分为固相法和液相法。固相法主要包括高温固相法、碳热还原法和微波热法等，液相法主要包括水热/溶剂热法、溶胶-凝胶法、共沉淀法、微乳液干燥法和喷雾热解法。其中高温固相法、碳热还原法和水热/溶剂热法分别以其成本低配料可控、原料廉价易得工艺简单和能耗低合成效率高等优势成为目前应用较为广泛的工艺方法。

（4）$LiFePO_4$ 的改性研究

在 $LiFePO_4$ 的晶体中，O 以扭曲的六方紧密堆积排列，这种排列方式在一定程度上影响了锂离子在晶体中脱嵌，使得锂离子迁移速率较低，仅为 $1.8\times10^{-16}cm^2/s$。电子电导性是限制 $LiFePO_4$ 材料电化学性能的另一个重要因素。$LiFePO_4$ 是半导体，FeO_6 八面体共顶点连接，且 FeO_6 八面体层被 PO_4 四面体所阻断，没有形成连续的网络结构，这些均不利于电子的传导，故材料的电子电导率较差，仅为 $10^{-10}\sim10^{-9}$ S/m。两个致命性的缺点极大地制约了其实际应用。针对上述问题，这些年研究人员也从多方面对其进行改性，目前主要的改性方法大致分为以下三类：①纳米化。减少颗粒尺寸能缩短锂离子和电子在材料中的输运路径，从而改善材料的电化学性能。②表面包覆。在其合成过程中实现表面导电物包覆，不仅能大幅提高其导电能力优化其倍率性能，而且可以抑制材料在合成中 $LiFePO_4$ 颗粒的长大、防止颗粒团聚。在所有包覆材料中，碳包覆被认为是对 $LiFePO_4$ 改性最有效的手段之一。③元素掺杂。通过对 Li 位或 Fe 位甚至 O 位进行元素掺杂，能有效提高材料本身的电子导电性及锂离子扩散能力，从而改善电化学性能[32]。

2.4.5 无钴正极材料

(1) 无钴高镍正极

为了提高电池的能量密度，使电动汽车可以跑得更远，高镍三元（≥80%）成为发展趋势。同时，由于不可再生的 Co 资源全球稀缺，价格波动且昂贵，为了解决这些问题并实现低成本目标，用铁取代 NCA 中的钴，从而产生一种无钴的新型正极材料，化学式为 $LiNi_xFe_yAl_zO_2$（NFA，$x+y+z=1$），在不影响结构稳定性和安全优势的情况下，预计电池成本更低。目前富镍 NFA 材料的制备方法主要包括溶胶-凝胶法、共沉淀法等。溶胶-凝胶法具有制备工艺简单、合成温度低、获分子水平均一性快等优点，是实验室制备的最佳方法[33]。

(2) 富锂锰基正极

富锂锰基正极材料的通式为 $x Li_2MnO_3 \cdot (1-x) LiMO_2$，由层状的 $LiMO_2$ 和单斜的 Li_2MnO_3 组成，其中 M 为 Ni、Co、Mn 等过渡金属。Li_2MnO_3 的 Mn 为+4 价，电化学活性差，但结构稳定；$LiMO_2$ 理论比容量高，但在宽电压范围内循环稳定性差；两者之结合可获得具有较高的比容量和循环稳定性优越的复合固溶体，优化后，复合固溶体在 2.0～4.8V 电压区间内，可逆比容量可达 250mAh/g，比能量密度超过 900Wh/kg。富锂锰基材料（LMR）由于其高能量密度和低材料成本，有望成为下一代锂离子电池阴极的最可能候选材料。然而，严重的容量下降和电压衰减阻碍了它们的实际应用，这与结构退化和不可逆的氧气释放密切相关。

2.5 负极材料概述

电极材料决定电池性能优劣，负极材料会直接影响电池能量密度、循环寿命和安全性能等方面。锂离子电池负极材料主要是作为储锂的主体，在充放电过程中实现锂离子的嵌入和脱出。从锂离子电池的发展过程可以看出，负极材料的研究对锂离子电池的发展起着关键作用，由于碳材料的发展，解决了金属锂电池因锂晶枝的产生而导致的安全隐患问题，从而使锂离子电池能在市场中得到广泛应用。锂离子电池能够成功地进行市场化生产，主要是由于负极材料是用可嵌锂的化合物代替了金属锂。理想的锂离子电池负极材料应满足以下要求：①化学电位较低；②锂离子容易嵌入和脱出；③具备较高的循环比容量；④充放电平台较稳；⑤具有良好的离子和电子电导率；⑥表面结构良好，对电解液有一定的兼容性；⑦锂离子扩散系数较大，能够快速充放电；⑧原料来源丰富，成本低，环境友好。

目前，根据锂离子电池负极材料与锂发生反应的机理差异，负极材料主要分为三大类，如图 2-14 所示，分别为嵌入–脱嵌反应储锂材料、转换反应储锂材料与合金化反应储锂材料。

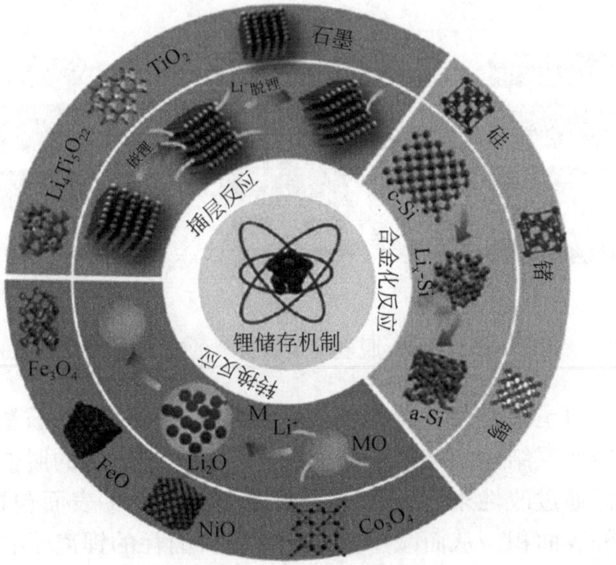

图 2-14　锂离子电池负极材料不同反应机理示意图[34]

2.5.1　嵌入–脱嵌型负极

由于嵌入型负极材料在充放电过程中不会破坏材料结构且体积膨胀小，具有循环稳定性好、成本低和环境友好等优点。如商业化广泛应用的石墨就是典型的嵌入型负极材料。除此之外，石墨烯、碳材料、$Li_4Ti_5O_{12}$、TiO_2 等也是目前研究较多的嵌入型负极材料。

（1）石墨负极

石墨是最典型的嵌入–脱嵌反应负极材料，锂嵌入石墨层间相间晶格形成石墨层间化合物（graphite intercalated compound，GIC），其最大嵌锂结构为 LiC_6，如图 2-15 所示，反应方程式如下：

$$6C+xLi^++xe \rightleftharpoons Li_xC_6 \qquad (2\text{-}12)$$

对应理论比容量 372mAh/g，嵌锂电位在 0.05～0.2V（*vs.* Li^+/Li），首周库仑循环效率可达95%。它是通过 p_z 轨道形成离域 π 键和 sp^2 杂化轨道形成 σ 键的碳原子共价键结合形成的六角蜂窝状结构（碳–碳键能 345kJ/mol），层间以范德瓦耳斯力（键能 16.7kJ/mol）形成 ABAB…或 ABCABC…堆叠结构。存在六边形

（hexagonal）的 2H 和菱形（rhombohedral）的 3R 两种晶相并呈现出不同的堆叠顺序，通过加热（3R→2H）和研磨（2H→3R）可以实现两相之间的转变，这种转变会导致原本规则的石墨晶体乱层结构增加，其中 2H 相热力学稳定性更好。

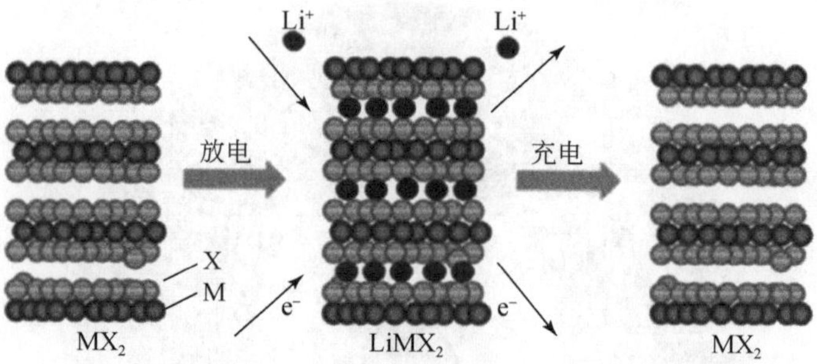

图 2-15　嵌入–脱嵌型负极材料的充放电机理[35]

石墨类碳材料主要是天然石墨、人造石墨以及改性后的石墨材料。天然石墨具有完整的石墨片层结构和高的石墨化度，有利于锂离子的脱嵌。不足之处是循环性能较差，需通过改性来改善，主要改性方法有：①表面包覆。通过碳包覆，可减少石墨的外表面积，从而减少生成 SEI 膜所消耗的锂离子，并且能阻止锂离子与电解液一同进入石墨。②元素掺杂。掺杂金属元素 K、Ga、Al、V、Ni、Cu、Fe，引入非金属元素 B、N、P、S。③表面氧化处理。加大石墨层间距，使锂离子快速脱嵌，体积不会变化，并且使石墨出现纳米级的孔道，可以提高其储存锂离子的容量。人造石墨相对较小的晶粒尺寸不仅可以缓解溶剂共嵌入效应，并且晶粒细化产生的多位错和晶界结构为 Li^+ 迁移提供的输运通道增强了倍率性能，具有循环长、倍率高等优势，目前国内用在新能源汽车上的动力锂电池多为人造石墨作负极。

（2）中间相碳微球

中间相碳微球是由焦油沥青在受热成熔融态而沉淀析出的微球，再采用溶剂萃取法进行提纯，最后热处理得到。在锂离子电池中作负极时，由于其具有高的电极压实密度，所以可大电流快速充放电，但不足之处是容量偏低（320 ~ 350mAh/g），且生产制造成本较高，极大地限制了其应用范围。

（3）无定形碳材料

无定形碳分为硬碳和软碳。硬碳，通常采用难石墨化的碳材料前驱体在 900 ~ 1100℃下热处理得到。由于在制备过程中，硬碳材料内部结构有大量的晶格缺陷产生，因此在嵌锂过程中，锂离子不仅可以嵌入碳原子层间，也可以嵌入晶格缺陷中，提高了硬碳负极材料的比容量。然而，在另一方面，由于晶格缺陷的存在，硬碳负极材料循环稳定性能较差，首次库仑效率低，造成严重的电压滞后现象，所以硬碳负极离实际应用还有一段距离，没有得到商品化应用。软碳，是在高温下能石墨化的无定形碳。可逆比容量高，与有机溶剂相容性较好，循环稳定性较好，较适合大电流密度的锂电池充放电。但材料内部具有大量的乱层结构及异质原子，造成首次充放电效率低，容量衰减较快，电压滞后性大，因此也难以在实际中应用。

(4) 碳纳米管

碳纳米管（CNT）是由石墨烯片卷成的中空、无缝的管体，可分为单壁碳纳米管、多壁碳纳米管和双壁碳纳米管。其结构特殊，脱嵌锂时速度快，在大电流大倍率充放电时极化作用较小。但作为锂离子电池负极材料时，其充放电平台不明显、首次充放电库仑效率低、电压滞后严重。由于其独特的中空结构、好的导电性能、大比表面积等优点，当 CNT 与石墨类、硅基复合材料、锡基、钛酸锂等材料进行复合，能作为载体或添加剂改善原体系负极材料的电化学性能。

(5) 石墨烯

石墨烯是当前最前沿的碳材料，是二维单原子层，呈蜂窝状结构的碳材料，各单层碳原子以 sp^2 键杂化排列。碳原子都暴露在材料的表面，使得石墨烯具有独特的储锂性能。它不仅可改善锂离子电池的电化学性质，而且可改善电极材料和电池的导热性。

(6) 钛基负极

钛基负极材料主要有二氧化钛（TiO_2）、尖晶石结构的 $LiTiO_4$ 和 $Li_4Ti_5O_{12}$ 三种。其中，TiO_2 用作锂离子电池负极材料时，因体积膨胀效应比石墨碳更小、结构稳定、循环寿命长、对环境友好等优点而受到广泛的关注。TiO_2 脱嵌锂的电位窗口适中，在 1.0～3.0V，有效避免了 SEI 膜的形成和枝晶锂的生成。而且 TiO_2 的理论比容量为 335mAh/g，与石墨碳（372mAh/g）相当，是 $Li_4Ti_5O_{12}$（175mAh/g）比容量的两倍，使 TiO_2 成为锂离子电池负极材料的最佳候选者之一。尖晶石型钛酸锂（$Li_4Ti_5O_{12}$）在脱、嵌锂离子的过程中其晶体结构几乎不发生变化，是一种“零应变”材料。在充放电过程中由于电极电位较高，不易形成锂枝晶，安全性较高，而且该材料的锂离子扩散系数较高，循环稳定性良好。但该材料导电性能差，在高倍率下的电化学性能也较差，无法进行快速充放电。为了克服这一缺点，研究者已采用多种方法对其进行改性，如采用新的合成方法、掺杂、表面修饰等。

嵌入型负极材料在循环稳定性和成本上有一定的优势，然而较低的储锂容量导致这类材料难以满足人们的需要，此外，TiO_2 和 $Li_4Ti_5O_{12}$ 等材料的电位较高，进一步降低了材料的能量密度，可谓是雪上加霜。由此可见，新型高容量嵌入型负极材料的探索之路依然坎坷而漫长。

2.5.2 合金化负极

合金/去合金化反应机制（alloying/dealloying meachanism）储锂，是指在放电条件下，从正极脱出的 Li^+ 经电解液在负极发生锂合金化（锂化）反应生成金属间化合物 Li_xM（M=Si、Sn、Ge 等），充电时金属间化合物失去 Li^+ 发生去锂化反应从而实现可逆储锂的过程，如图 2-16 所示，反应表达式如下：

$$M+xLi^++xe^- \rightleftharpoons Li_xM \tag{2-13}$$

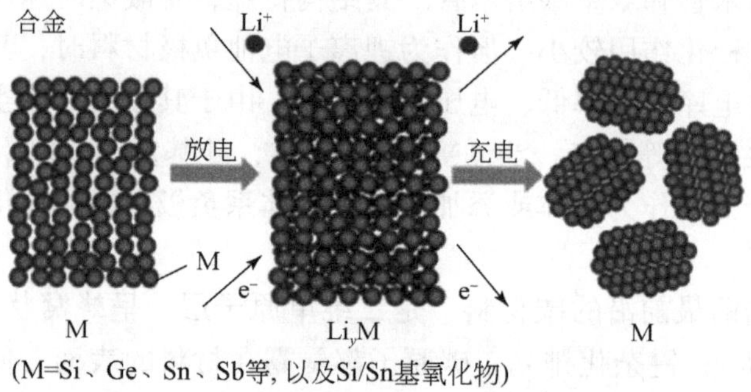

图 2-16　合金型负极材料锂化机制示意图[35]

(1) 硅基负极材料

在合金化型的负极材料中，硅电极的研究近年来引起了人们的极大关注。硅材料在自然界中含量丰富，环境友好。此外，Si 作为锂离子电池负极材料时，具有较低的电位（0.37V *vs.* Li/Li^+）和超高的理论容量（3579mAh/g），相当于目前商业使用石墨负极（372mAh/g）的 10 倍以上。然而，硅电极也存在许多问题：①在充放电过程中会发生严重的体积膨胀和收缩（约 400%），循环过程中反复的膨胀和收缩会导致电极粉化和脱落因而造成容量损失严重；②硅的电子电导率（约 10^{-3}S/cm）和离子扩散系数（$10^{-12}cm^2/s$）非常低，会造成十分严重的极化，多次膨胀和收缩后电极材料失去电接触，使得容量损失更为严重，阻碍了活性材料的充分利用；③多次循环后，由于硅电极严重的膨胀/收缩导致电极表面的 SEI 膜反复地破碎/形成，使得电极表面的 SEI 膜不断积累，消耗大量的电解液，增长锂离子的扩散路径，也降低了电子传递能力，库仑效率低下，最终导致电池失效[36]。

(2) 锡基负极材料

锡基负极材料作为一种合金和转化类的负极材料，在锂离子脱嵌可逆反应过程中形成 $Li_{4.4}Sn$ 合金，理论比容量为 994mAh/g，是石墨的 2.6 倍。由于在自然界中，其储量丰富、价格低廉而备受研究者的关注。锡基氧化物主要是氧化锡、氧化亚锡及复合锡氧化物三种。该类材料由于在充放电过程中严重的体积膨胀、电极粉化和颗粒之间团聚导致其循环性能差和首次不可逆容量损失较大。针对这些问题，研究者将锡氧化物或锡基复合氧化物合成具有特定形貌和不同纳米尺寸，如氧化锡纳米片、纳米空心球、纳米管、SnO_2@TiO_2 纳米管阵列、SnO_2@Co_3O_4 空心纳米球等，这些措施在一定程度上缓解了材料的体积变化，有效地提高了锂离子和电子的传导率，增强了材料的电化学性能[37,38]。

(3) 锑基合金材料

锑基复合氧化物负极是锑合金负极材料的重要组成部分。吕成学等采用共沉淀法，分别制备了 $SbFeO_3$ 和 $SbPbO_{2.5}$ 氧化物，将其分别作为锂离子电池负极材料的活性物质，利用恒电流电池测试仪研究它们的电化学性能。这两种锑基复合氧化物都有较高的电化学容量，$SbFeO_3$ 的可逆容量为 550mAh/g，$SbPbO_{2.5}$ 的可逆容量为 1270mAh/g。这两种锑基复合氧化物的电化学容量远高于碳质材料（石墨的理论容量为 372mAh/g），因此，可以作为锂离子电池负极的候选材料。但由于活性物质中的氧与锂反应，生成 Li_2O，使得 $SbFeO_3$ 和 $SbPbO_{2.5}$ 的首次充放电的不可逆容量损失较大；循环充放时体积膨胀，电极结构变化导致极化电阻增大，致使循环时容量衰减也较快。而 SantosPen 使 $SbPO_4$ 在 1.25～0.25V 之间循环时，循环容量可稳定在 165mAh/g，比绝大多数磷酸盐都高[39]。

2.5.3 转化型负极

转换反应机制（conversion reaction mechanism）储锂，是指在放电条件下，随着 Li^+ 与阴离子反应形成相应的锂盐，同时金属氧化物得到电子原位还原成金属纳米晶单质。充电条件下，发生氧化反应的金属纳米晶失去电子转变为金属阳离子，与锂盐中的阴离子结合恢复原状。这种体系的可逆性是由电化学驱动而存在的，金属的还原态和氧化态之间的吉布斯自由能差是驱动力的本质。如图 2-17，

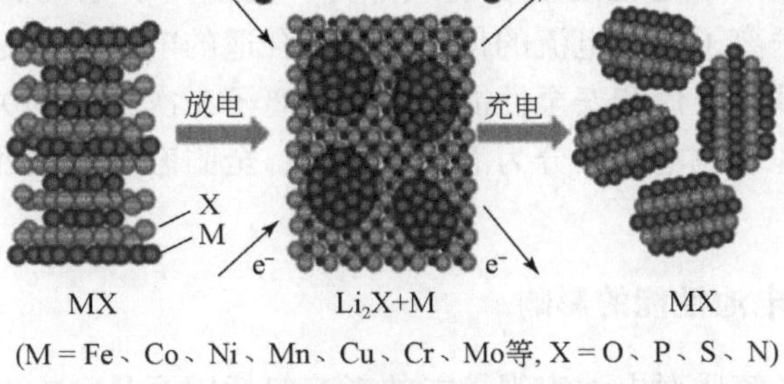

图 2-17 转化型负极材料的充放电机理[35]

该储锂过程反应方程式如下：

$$M_nX_m+(a\cdot m)Li^++(a\cdot m)e^-\longleftrightarrow m\ Li_aX+n\ M \tag{2-14}$$

过渡金属氧化物是转换反应储锂最具代表性的材料，M_nX_m 和 Li^+之间发生氧化还原反应，其中 M 为过渡金属元素，包括 Fe、Ni、Co、Mn、Cu 等，X 为非金属或聚阴离子，如 O、S、Se、Te、PO_4^{3-} 等。金属阳离子在被还原成金属单质时伴随多个电子转移，从而保证高的理论容量（约 400～1200mAh/g）。虽然在热力学上金属单质 M 和 Li_aX 反应生成金属氧化物 M_nX_m 同时放出 Li^+，这个过程是可行的，但由于动力学原因，这种可逆反应很难发生，事实证明在纳米尺度的单质 M 能够催化 Li_aX 发生分解反应，当过渡金属材料的尺寸降低至纳米尺度时，由表面效应和小尺寸效应引起的表面自由能增加，催化了电化学惰性物质 Li_aX 的活性。

尽管 TMOs 负极材料具有超过石墨负极 2 倍左右的理论容量，但想要替代石墨进一步发展仍需要克服一些问题。一般地，TMOs 属于本征半导体材料，由于其电导率低，在高倍率充放电时，电子迁转速率和活性物质内部 Li^+迁移速率小于表面发生的电化学反应速率，这种由电子/离子传输迟滞引起的电极极化现象导致材料的倍率性能并不理想。其次，在 Li^+首次嵌入过程中，电解液在电极材料与电解液接触的表面发生分解形成的 SEI 膜消耗了一定量的 Li^+，导致首次不可逆容量的增加。TMOs 材料与 Li^+反应的电化学过程也是其不同相之间可逆价态的转变过程，同时伴随 Li^+嵌入-脱嵌的 TMOs 材料会发生体积膨胀和收缩应变，易导致电极/电解液接触面的 SEI 膜开裂破损，裸露的电极表面会重构 SEI 膜，电解质的过渡分解导致可逆容量和循环稳定性的严重衰减。因此，大量的研究工作也集中在优化设计材料结构，提升电导率和离子迁移速率[40]。

2.6 锂离子电池电解质

电解质作为锂离子电池的重要组成部分，是锂离子电池的“血液”，在正、负极之间起着输送离子传导电流的作用，选择合适的电解质也是获得高能量密度和功率密度、长循环寿命和安全性能良好的锂离子二次电池的关键。根据电解质的存在状态可将锂电池电解质分为液态电解质、全固态电解质和凝胶型聚合物电解质。

2.6.1 电解质对电池性能的影响

锂离子电池电解质对电池宏观性能的影响包括以下几个方面。

①对电池容量的影响：虽然电极材料是决定锂离子电池比容量的先决条件，但电极材料的嵌、脱锂过程和循环过程始终是与电解质相互作用的过程，这些相

互作用对电极材料的界面状况和内部结构的变化有重要影响。

②对电池内阻及倍率性能的影响：电解质部分的导电机制是离子导电，导电过程中受到的阻力通常要比电子导电部分受到的阻力大得多。电池的倍率充放电性能取决于锂离子在电极材料中的迁移率、电解质的电导率、电极/电解质相界面的锂离子迁移率，其中后两者都与电解液的组成和性质密切相关。

③对电池工作温度范围的影响：低温下锂离子在电解液中传输缓慢，电池的性能因而明显下降，甚至无法正常使用。升高温度时，电极/电解质相界面的副反应加剧，这些副反应往往对电池有很大的破坏性，电池的性能受到影响。液态锂离子电池操作温度范围通常在 −10 ~ 45℃；最低工作温度一般不低于 −20℃，最高工作温度一般不超过 60℃。

④对电池储存和循环寿命的影响：锂离子电池老化的原因是多方面的，其中电解质的性质与集流体的腐蚀和电极材料在其中的稳定性密切相关，因而电解质在很大程度上影响甚至决定着电池存储寿命。循环寿命是评价二次电池优劣的一个重要指标，由于电解质在电极界面的氧化或还原反应，致使电解质中杂质大量增加，进而影响电池寿命。

⑤对电池安全性的影响：液态锂离子电池安全性问题的根源仍然是有机液体电解质自身的挥发性和高度的可燃性，开发安全性更高或使用根本不燃烧的电解质体系至关重要。

⑥对电池自放电性能的影响：电解质中杂质的出现也是造成电池自放电的重要原因，这是因为杂质的氧化电位一般低于锂离子电池的正极电位，容易在正极表面氧化，其氧化物又会在负极还原，从而不断消耗正负极材料的活性物质，引起自放电。

⑦对电池过充电和过放电行为的影响：电解质的修饰和改性是防止电池过充放的重要途径，研究较多的是在有机液体电解质内部建立一种内在过充放保护机制。如在电解质中添加氧化还原电对，该物质在过充条件下，在正极发生氧化反应，氧化剂到负极表面还原，从而避免了电池电压的持续升高。

2.6.2　电解质的分类

电解质的研究主要包括有机液态电解质、凝胶型聚合物电解质和固态电解质。目前，商业化锂电池电解质多以有机液态电解液为主，但有机液态电解液的锂电池也存在着易漏液、易燃、易爆等安全问题。使用不可燃、高弹性模量的固态电解质代替有机液态电解液构筑全固态锂离子电池，不仅可以避免有机液态电解液所带来的安全隐患，防止锂枝晶刺穿隔膜造成电池短路，解决电池的安全问题，还能减轻电池质量，提升电池能量密度。凝胶聚合物电解质集合了固体的柔韧性与液体易扩散的特点，克服了液体电解质易在电极表面生成易燃物质及漏液的缺点，使电池的设计更自由。因此，为提升安全性、满足更高的能量密度需求，开发新型的电解质体系如全固态电解质、凝胶聚合物电解质也逐渐成为锂离子电池的重要研究方向。

（1）有机液态电解质

液态电解质一般由高纯度的有机溶剂、电解质锂盐、必要的添加剂等原料，在一定条件下、按一定比例配制而成。

①有机溶剂：有机溶剂是电解质的主体部分，起到溶解电解质锂盐、传递锂离子的作用。电解质的性能与溶剂的性能密切相关。一般来说溶剂的选择应该满足如下一些基本要求：a. 具有较高的介电常数，从而使其有足够高的溶解锂盐的能力；b. 具有较低的黏度，从而使电解液中 Li^+ 更容易迁移；c. 对电池中的各个组分必须是惰性的，尤其是在电池工作电压范围内必须与正极和负极有良好的兼容性；d. 有机溶剂或者其混合物必须有较低的熔点和较高的沸点，换言之有比较宽的液程，使电池有比较宽的工作温度范围；e. 具有较高的安全性（高闪点）、无毒无害、成本较低。

碳酸酯是最早应用于锂电池工业的有机溶剂，在锂电池工业中具有不可替代的位置。目前商用或在研的有机溶剂种类很多，例如碳酸乙烯酯（EC）、氟代碳酸乙烯酯（FEC）、碳酸丙烯酯（PC）、碳酸亚乙烯酯（VC）、碳酸二甲酯（DMC）、碳酸二乙酯（DEC）、碳酸甲乙酯（EMC）等，实际应用中一般将高介电常数溶剂与低黏度溶剂混合使用，达到相互协作的目的。充放电过程中，PC 会嵌入石墨片层中引起石墨层的剥落，造成电池的循环性能下降。而 EC 能在石墨表面建立起稳定的 SEI 膜，因而 EC 与一种链状碳酸酯的混合溶剂是锂离子电池优良的电解液，如 EC+DMC、EC+DEC 等。

②锂盐：锂盐即电解液中锂离子的主要提供者，应用于锂离子电池的锂盐需要满足如下一些基本要求：a. 在有机溶剂中具有比较高的溶解度，易于解离，从而保证电解液具有比较高的电导率；b. 具有比较高的抗氧化还原稳定性，与有机溶剂、电极材料和电池部件不发生电化学和热力学反应；c. 锂盐阴离子无毒无害，环境友好；d. 生产成本较低，易于制备和提纯。

锂盐是电解液的重要组成部分，其很大程度上决定了电解液的物理和化学性质。锂盐种类众多，主要包括六氟磷酸锂（$LiPF_6$）、四氟硼酸锂（$LiBF_4$）、高氯酸锂（$LiClO_4$）；还有一些有机锂盐，如 $LiCF_3SO_3$、$LiN(SO_2CF_3)_2$ 及其衍生物。由于六氟磷酸锂（$LiPF_6$）具有良好的导电性和电化学稳定性，成为商用最广泛的锂盐。但同时 $LiPF_6$ 也存在很多需要改进的问题，因此 $LiBF_4$（四氟硼酸锂）、LiFSI（双氟磺酰亚胺锂）、LiBOB（二草酸硼酸锂）、LiDFOB（草酸二氟硼酸锂）等新型锂盐近年来备受重视。其中 LiFSI 由于能够克服 $LiPF_6$ 热稳定性、导电性和对水敏感不足等特点，被认为是有可能取代 $LiPF_6$ 的新型锂盐之一。四氟硼酸锂（$LiBF_4$）有较好的综合性能，其中高低温性能均优于 $LiPF_6$，但是它的电导率不高、容易与金属锂发生反应。很多锂盐普遍都具有比较好的综合性能，但都存在个别的缺陷，因此限制了它们的大规模应用。

各种锂盐的性能对比见表 2-6。

表 2-6　各种锂盐的性能对比

锂盐	特点	结构式
六氟磷酸锂（$LiPF_6$）	溶解度、电化学稳定性、电导率、高低温性能、循环寿命等各项性能指标都比较均衡；热稳定性差、易水解、低温电导率较低	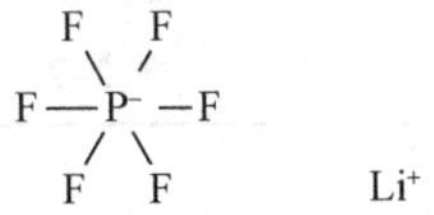
双氟磺酰亚胺锂（LiFSI）	电导率高、热稳定性高、耐水解、耐高温、抑制电池气胀，低温放电性能及高温性能优异；成本较高，高于 4.2V 会腐蚀铝箔集流体	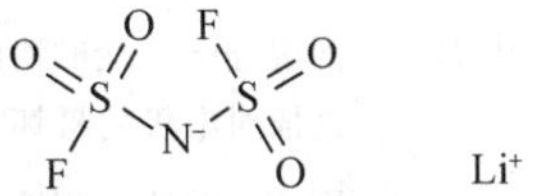
四氟硼酸锂（$LiBF_4$）	工作温度区间宽，热稳定性好，低温性能优，能增强电解液对电极的成膜能力，抑制铝箔腐蚀性；离子电导率较低，常与电导率较高的锂盐配合使用	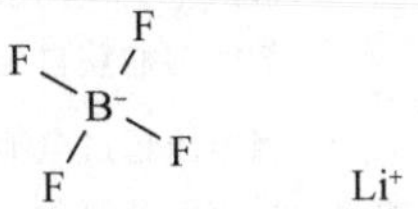
二草酸硼酸锂（LiBOB）	较高的电导率、较宽的电化学窗口、良好的热稳定性和循环稳定性，对正极铝箔具有钝化保护作用；溶解度较低，在部分低介电常数溶剂中几乎不溶解	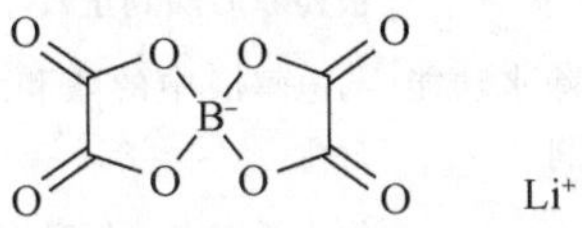
二氟磷酸锂（$LiPF_2O_2$）	较好的低温性能；作为添加剂使用，有利于降低电池界面阻抗，有效提升电池的循环性能；溶解度较低	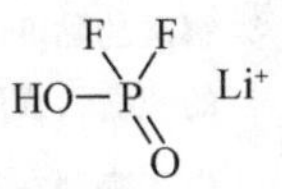
草酸二氟硼酸锂（LiDFOB）	成膜性、低温性能好，溶解度、电解液电导率高、高低温性能好、能在 Al 箔表面形成一层钝化膜；售价较高，常以添加剂形式使用	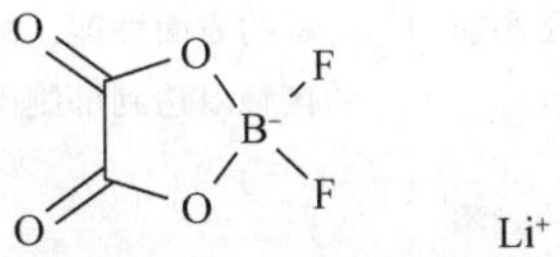
高氯酸锂（$LiClO_4$）	较好的热稳定以及抗水性能；高价的 Cl 具有较强的氧化性，高温高压下易发生爆炸	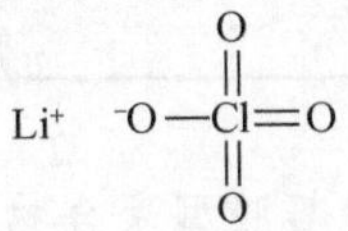
双三氟甲基磺酰亚胺锂（LiTFSI）	有较高溶解度、较高的电导率、热分解温度超过 360℃、不易水解；溶于有机溶剂后的黏度高，3.7V 时就会腐蚀 Al 箔	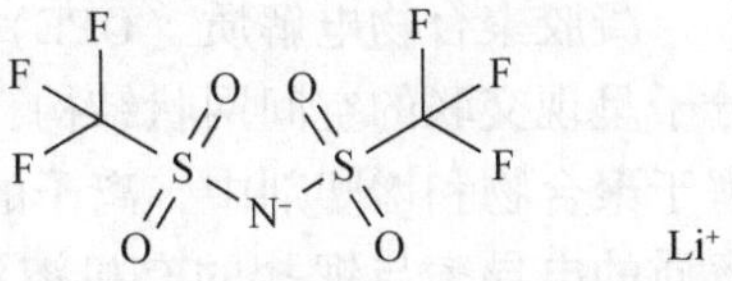

③添加剂：除有机溶剂和锂盐之外，必要的添加剂也尤为重要。商品锂离子电池可能包含10种以上的添加剂，这些添加剂的特点是用量少，但能显著改善电解液某一方面的性能。它们的作用一般有提高电解液的电导率，提高电池的循环效率，增大电池的可逆容量，改善电极的成膜性能，提高电池的安全性等。添加剂种类繁多，按具体功能可分为改善SEI膜性能的成膜添加剂、正极保护剂、$LiPF_6$盐稳定剂、防过充保护剂、阻燃添加剂、离子溶剂化增强剂、集流体腐蚀抑制剂、隔膜润湿剂、降黏剂等[2]（表2-7）。

表2-7　各种功能添加剂的作用机理及具体的添加剂

添加剂种类	作用机理	具体的添加剂
成膜添加剂	优先于溶剂在电极表面氧化或还原	FEC、VC、PS、ES等
离子导电添加剂	促进导电锂盐的溶解和电离以及防止溶剂共插对电极的破坏	12-冠-4醚、阴离子受体化合物和无机纳米氧化物等
阻燃添加剂	锂离子电池电解液在受热的情况下会发生自由基引发的链式加速反应，而阻燃添加剂能够捕获自由基，阻断链式反应	磷酸三甲酯（TMP）、磷酸三乙酯（TEP）等磷酸酯，二氟乙酸甲酯（MFA）、二氟乙酸乙酯（EFA）等氟代碳酸酯
防过充保护剂	当电压超过电池截止电压时，添加剂在正极表面被氧化，氧化产物扩散到负极表面被还原后回到正极	邻位和对位的二甲氧基取代苯、丁基二茂铁和联苯等
除酸除水功能添加剂	与电解液中的酸和水结合来降低它们的含量	锂或钙的碳酸盐、氧化铝、氧化镁和氧化钡，以及各种硅烷等
改善低温的添加剂	加入低熔点、低黏度的组分降低低温下电解液的黏度和共熔点；使用低温下性能好的锂盐；成膜添加剂降低低温下的阻抗	*N*,*N*-二甲基三氟乙酰胺、甲基乙烯碳酸酯（MEC）和氟代碳酸乙烯酯（FEC）等
高电压添加剂	先于溶剂在正极表面成膜，从而改善正极材料的表面性能，减少正极材料与电解液的接触以达到抑制电解液分解	苯的衍生物（如联苯、三联苯）、杂环化合物（如呋喃、噻吩及其衍生物）、1,4-二氧环乙烯醚和三磷酸六氟异丙基酯等
其他功能添加剂		LiBOB和LiODFB等抑制铝箔腐蚀的添加剂，三（2,2,2-三氟乙基）亚磷酸酯（TTFP）等提高$LiPF_6$稳定性的添加剂等

（2）凝胶型聚合物电解质

凝胶聚合物电解质（GPE）是介于液态和固态之间的半固态电解质，聚合物分子呈现交联的空间网状结构，在其结构孔隙中间充满了液体增塑剂，锂盐则溶解于聚合物和增塑剂中，离子的输运主要发生在包含液体电解质的部分。这类电解质的电导率与锂盐的有机溶液相当，在室温下一般可以达到10^{-3} S/cm以上。由于具有聚合物的良好加工性能，同时又具有液体电解质的高离子电导率，可连续生产，安全性高，不仅可充当隔膜，还能取代液体电解质，再加上聚合物的热塑性和成型技术，凝胶聚合物电池可制成各种形状。目前商业化运用的聚合物锂离子电池主要是凝胶聚合物电解质电池。常用的凝胶聚合物基体包括：聚偏氟乙烯（PVDF）、偏氟乙烯六氟丙烯共聚物［P（VDFHFP）］、聚氧化乙烯（PEO）、聚丙烯腈（PAN）、聚甲基丙烯酸甲酯（PMMA）等。聚合物电解质常用的增塑剂有二甲基甲酰胺（DMF）、碳酸二乙酯（DEC）、γ-丁内酯（BL）、碳酸乙烯酯（EC）、碳酸丙烯酯（PC）、聚乙二醇（PEG400）等，这些增塑剂均可用于 PVDF 体系，其黏度和介电常数均影响电导率。增塑剂对电导率贡献顺序通常为 DMF>BL>EC>PC>PEG400。两种增塑剂的混合物对电导率贡献的顺序通常为 ECDMC>ECDEC>ECBL>ECPC。其中 ECPC 具有最大介电常数，但是由于具有最大黏度，所以电导率最小。随着增塑剂和锂盐浓度的增加，聚合物的黏度减小。在凝胶聚合物中，所用锂盐与有机液态电解质所用锂盐类似，锂离子的迁移类似于在液体电解质中的迁移，温度对锂离子迁移数影响较小，锂离子迁移数随着锂盐含量增加而减小，减小的程度取决于离子之间相互作用强度和形成离子聚集体的能力。具有大阴离子的盐不易形成离子聚集体，其锂离子迁移数几乎不随锂盐浓度改变发生变化。

(3) 全固态电解质

固体电解质（有时也叫超离子导体或快离子导体），顾名思义就是电解质以固态形式在正负极之间传递电荷，要求固态电解质有高的离子电导率和低的电子电导率。固体电解质是全固态锂二次电池的核心部件，其进展直接影响全固态锂二次电池产业化的进程。固体电解质大致分为无机物固态电解质、聚合物固态电解质和复合物固态电解质。其中，无机物固态电解质又可根据阴离子类型分为氧化物固态电解质和硫化物固态电解质。

①氧化物固态电解质。按照物质结构可以将氧化物固态电解质分为晶态和玻璃态（非晶态）两类，其中晶态电解质包括钙钛矿型、NASICON 型以及石榴石型等，玻璃态氧化物电解质的研究热点是用在薄膜电池中的 LiPON 型电解质。LLTO 固态电解质还具有结构稳定、制备工艺简单、成分变化范围较大等优势；基于不同的制备条件，LLZO 有四方相和立方相两种形态。其中，立方相 LLZO 具有离子电导率高和化学性能好等优点。通过固相法制备的四方相 $Li_7La_3Zr_2O_{12}$ 电解质，其离子电导率可达 5.96×10^{-8}S/cm。NASICON 型固态电解质的结构通式为 $LiM_2(PO_4)_3$。其中，M 为 Ti、Ge、Zr、Sn 等四价阳离子。$LiTi_2(PO_4)_3$（LTP）是其中最具代表性的一种，但 LTP 制片后孔隙率太高，导致其电导率较差。后研究发现将三价阳离子（Al^{3+}、Sc^{3+}、Ga^{3+}、Fe^{3+}等）部分掺杂取代 Ti^{4+}，通过降低其孔隙率来提升电导率。选用 Al^{3+}掺杂取代得到的 $Li_{1+x}Al_xTi_{2-x}(PO_4)_3$（LATP）效果最好。尽管 LiPON 薄膜型固态电解质的锂离子电导率不高，但由于

其综合性能良好，稳定性高，仍具有良好的发展前景。制备超薄电池一直是 LiPON 薄膜型固态电解质的发展趋势。LiPON 是当前唯一进行商业应用的非晶固态电解质材料，能够满足当前人们对于电池小型化的需求。

②硫化物固态电解质。硫化物固态电解质是由氧化物固态电解质衍生而来的，氧化物电解质中的氧被硫取代即为硫化物电解质。硫化物固态电解质可分为两大体系，分别为 LPS 和 LGPS。其中，LPS 有玻璃态和玻璃陶瓷态，LGPS 为晶态。硫化物电解质不但锂离子电导率高，同时具有热稳定高、安全性能好、电化学稳定窗口宽（达 5V 以上）等特点，相对于氧化物，硫化物由于相对较软，更容易加工，通过热压法可以制备全固态锂电池，是研发全固态电池的大方向之一。

③聚合物固态电解质。聚合物固态电解质是由极性高分子和金属盐络合而成，与有机液态电解质组分相似。与有机液态电解质相比，聚合物固态电解质具有优良的安全性、优异的热稳定性、宽的电化学窗口（略高于有机液态电解质）、良好的灵活性和可加工性等优点。常见的聚合物固态电解质包括 PEO 基（聚环氧乙烷、聚氧乙烯）固态电解质、聚碳酸酯基固态电解质、塑晶固态电解质、聚硅氧烷基固态电解质。其中，PEO 基固态电解质因其高强的解离盐离子能力、良好的化学稳定性、低廉的价格等优点吸引了广泛关注，成为聚合物固态电解质的研究热点。

④复合固态电解质。复合固态电解质是指将无机固态电解质与聚合物固态电解质进行复合。与无机固态电解质相比，复合型固态电解质与电极之间的界面相容性更高，界面阻抗得到改善，电解质柔韧性优良。与单一的聚合物固态电解质相比，复合物固态电解质的熔融温度（T_m）和玻璃化转变温度（T_g）均有所提升，其锂离子电导率与力学性能均有显著提高。

2.7　锂离子电池隔膜

隔膜是锂离子电池的关键组成部分之一，主要功能是将电池的正极和负极分隔开防止电池短路，并且能使电解质中的离子通过。隔膜的性能决定了电池的界面结构、内阻等，直接影响电池的容量、循环以及安全性能等特性，性能优异的隔膜对提高电池的综合性能具有重要的作用。

2.7.1　隔膜的要求

隔膜除了具备隔离正负极防止短路的作用外，而且还具备吸附电化学反应中需要的电解液的作用，确保离子的导电率高，好的隔膜还能避免对电池有害的物质在正负极间来回迁移，同时能在电池出现异常的时候终止反应，保证电池使用的安全性。因此，隔膜应该尽可能满足以下特性：①高的电绝缘性；②低的电阻率，使电解质离子穿透率高；③化学及电化学稳定性高；④对电解质吸附性强；

⑤机械强度尽量高，厚度尽量小。

由于锂电子电池使用非水溶剂，其离子电导率比水系溶剂要低1～2个数量级。因此对隔膜有特殊的要求：①隔膜对电解质体系包括锂盐和溶剂惰性；②隔膜厚度小，在电池结构中所占体积小，而且可以制备薄膜电池；③隔膜的机械强度大，包括拉伸强度和穿刺强度；④孔隙高，有利于离子的传导，通常商业化隔膜的孔隙率在30%～70%，孔径在0.03～0.05nm。

2.7.2　隔膜的种类

锂电池多采用多微孔膜作为隔膜材料，它一般是由合成树脂、非织物或纤维素纸制成。锂离子电池通常采用聚烯烃多空膜材料，因其具备薄膜化、高强度的优点。市场化的锂离子电池隔膜材料重要是以聚乙烯（polyethylene，PE）、聚丙烯（polypropylene，PP）为主的聚烯烃（polyolefin）类隔膜，其中PE产品重要由湿法工艺制得，PP产品重要由干法工艺制得。至于PE和PP这两种锂离子电池隔膜材料的特性，总体而言：①PP相对更耐高温，PE相对耐低温；②PP密度比PE小；③PP熔点和闭孔温度比PE高；④PP制品比PE脆；⑤PE对环境应力更敏感。

重要的锂离子电池隔膜材料产品有单层PP、单层PE、PP+陶瓷涂覆、PE+陶瓷涂覆、双层PP/PE、双层PP/PP和三层PP/PE/PP等，其中前两类产品重要用于3C小电池领域，后几类产品重要用于动力锂离子电池领域。

在动力锂离子电池用隔膜材料产品中，双层PP/PP隔膜材料主要由我国公司生产和使用，这主要是因为目前阶段还没有我国公司能将PP与PE制成双层复合膜的技术和能力。而全球汽车动力锂离子电池使用的隔膜以三层PP/PE/PP、双层PP/PE以及PP+陶瓷涂覆、PE+陶瓷涂覆等隔膜材料产品为主。

2.7.3　隔膜性能的测试

影响隔膜性能的主要有外观、厚度、紧度、定量、电阻、抗拉强度、孔径、孔率、吸液率、吸液速率、耐电解液腐蚀力、胀缩率等。不同种类、系列、规格的电池需要不同性能的隔膜。一般检测隔膜性能的方法如下：

①紧度：可用密度计测量隔膜紧度的指标；②孔径：可用电子显微镜测量半透膜；③孔径大于10μm可用气泡法测量；④抗拉强度：可用纸张拉力机检测干态以及湿态的拉力程度；⑤电阻：直流法或交流法可以测定隔膜的电阻；⑥吸液率：先将干试样称重，然后将其浸泡在电解液中，待吸收平衡后，取出湿隔膜再称重；⑦隔膜的耐电解液腐蚀力：将隔膜浸泡在50℃的电解液中4～6h，将其取出洗净、烘干后，再与干的样品比较；⑧胀缩率：测试浸泡于电解液4～6h的隔膜尺寸，减去原始干样品尺寸，差值除以原始干样品尺寸即为胀缩率。

2.7.4　隔膜的制造技术

锂离子电池隔膜制备的核心工艺为微孔制备技术，根据其工艺的不同主要分为干法工艺、湿法工艺和纺丝工艺。干法与湿法的区别主要在于生产过程中是否需要溶剂（图 2-18）。

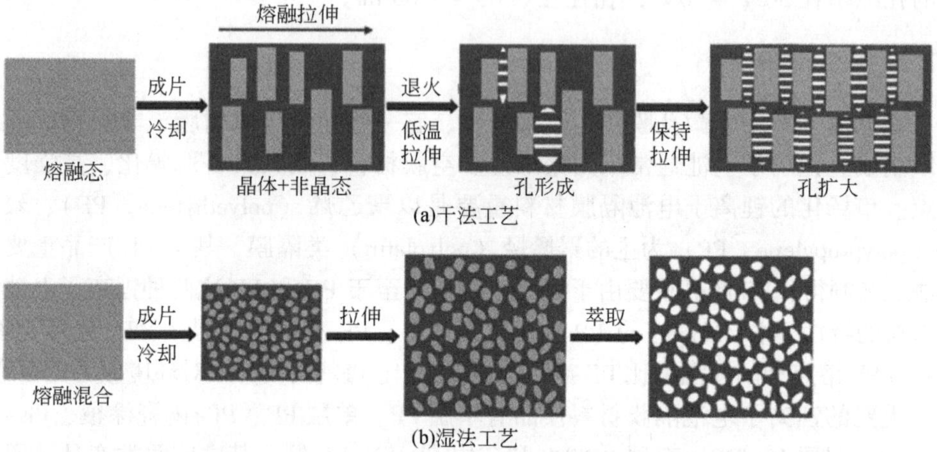

图 2-18　干法和湿法的工艺原理对比[3]

(1) 干法工艺

干法工艺生产隔膜主要分为四步：加热熔融、挤压、退火、拉伸。干法工艺首先将聚合物原料加热至熔点，熔融状态的聚合物通过挤出机的作用被挤成无孔聚合物薄膜，将无孔聚合物薄膜进行热退火处理来促进微晶（高度取向的片层晶体）的生成。退火后生成的高结晶度无孔聚合物薄膜通过拉伸（低温拉伸、高温拉伸和松弛）产生孔隙。根据拉伸过程在单轴或双轴方向的区别，干法工艺又可分为干法单向拉伸和干法双向拉伸，前者只是在纵轴方向上拉伸（隔膜具有各向异性），后者一般在较低温度下先进行纵向拉伸，然后在较高温度下进行横向拉伸。干法单向拉伸工艺主要以 PP 为原料。国外的干法单向拉伸技术原来由 Celgard 公司掌握。国内干法单向拉伸技术由星源材质在 2008 年成功突破。经过多年发展，国内干法单向拉伸技术已非常成熟，国产化率较高，成本较低。但干法单向拉伸隔膜的横向强度较低，孔状结构呈狭缝状，孔径分布和孔隙率较难控制，隔膜厚度较大，这些指标都会影响锂离子的交换。单向拉伸的隔膜在高温下易收缩甚至熔化，威胁电池安全。干法双向拉伸是单向拉伸的改进工艺，由中国科学院化学研究所开发，该法生产的隔膜通常具有较宽的孔径分布，导致电池在使用过程中电流传输不均匀，易出现循环性能差、微短路等问题，且该工艺提升空间有限。目前，美国 Celgard 公司、日本 UBE 公司、星源材质等厂商均采用干法单向拉伸工艺生产隔膜制品。

（2）湿法工艺

湿法工艺又称为热致相分离法（TIPS），主要利用热致相分离原理生产单层PE隔膜。湿法工艺的基本过程为：在高温下将聚合物溶于高沸点、低挥发性的溶剂中形成均相液，然后降温冷却，形成液固或液液相分离，再将其中的高沸点溶剂萃取，经过干燥、热处理等工序获得一定结构形状的高分子微孔膜。微孔膜制造的单向或双向拉伸可以在溶剂萃取前或萃取后进行。与干法相比，湿法工艺需要横纵双向拉伸，因而生产难度更高、工艺流程更长，且对设备要求精度高，同时产品孔径也更加均匀、性能更出色。湿法工艺制备的隔膜适用于大功率电池，在动力电池中渗透率较高。目前，日本Asahi Kasai、Toray，韩国SK，我国的恩捷股份、中材科技、沧州明珠等厂商均采用湿法工艺路线。

（3）纺丝工艺

隔膜纺丝工艺主要包括静电纺丝工艺和熔喷纺丝工艺。静电纺丝工艺用于制备纳米纤维及非织造隔膜，所制造的隔膜孔隙率高、耐热性能好，但存在强度差的问题。Wu等利用静电纺丝法制备了复合纳米纤维膜，采用该隔膜的电池安全性能大幅提升。Bao等采用静电纺丝法制备了掺杂有石墨烯的纳米纤维薄膜，发现石墨烯的加入有效增强了薄膜的力学性能。熔喷纺丝工艺以单一聚合物或多种聚合物共混料为原料，通过熔喷拉丝后热黏合固结成网，其隔膜制品孔隙率和安全性能有较大提升，但存在耐热性较差的缺陷。高会普利用熔喷纺丝工艺制备出聚偏氟乙烯（PVDF）-六氟丙烯（HFP）/SiO_2复合隔膜，与商业化PE隔膜相比，表现出更优良的孔隙率，由该隔膜组装的电池表现出较高的容量保持率。

锂离子电池隔膜行业发展呈现两种态势：一种是倾向于更加轻薄的消费类锂离子电池隔膜，主要针对手机、笔记本电脑以及物联网应用等分布式应用架构体系，提升锂离子电池的容量和便携性；另一种是倾向于使用厚膜或者多层复合隔膜的动力锂电池类隔膜，主要针对电动汽车、大规模储能电站等大型动力类应用，要求能量输出和功率特性较好，对安全性要求苛刻，能够兼顾锂离子电池的容量和安全性能。总之，锂离子电池隔膜材料行业集中度较高，隔膜是锂离子电池的四大关键材料之一，其性能提升对锂离子电池质量和安全的影响不言而喻。

2.8　锂离子电池导电剂及其他材料

2.8.1　导电剂

常用的锂离子电池导电剂可以分为传统导电剂（如炭黑、导电石墨、碳纤维等）和新型导电剂（如碳纳米管、石墨烯及其混合导电浆料等）。市面上的导电剂型号有 SPUERLi、S-O、KS-6、KS-15、SFG-6、SFG-15、350G、乙炔黑（Ab）、科琴黑（Kb）、气相生长碳纤维（VGCF）、碳纳米管（CNT）等。

①炭黑。炭黑在扫描电镜下呈链状或葡萄状，单个炭黑颗粒具有非常大的比表面积（$700m^2/g$）。炭黑颗粒的高比表面积、堆积紧密有利于颗粒之间紧密接触在一起，组成了电极中的导电网络。比表面较大带来的工艺问题是分散困难、具有较强的吸油性，这就要通过改善活物质、导电剂的混料工艺来提高其分散性，并将炭黑量控制在一定范围内（通常是1.5%以下）。

②导电石墨。导电石墨也具有较好的导电性，其本身颗粒较接近活物质颗粒粒径，颗粒与颗粒之间呈点接触的形式，可以构成一定规模的导电网络结构，提高导电速率的同时用于负极时更可提高负极容量。

③导电碳纤维。导电碳纤维具有线性结构，在电极中容易形成良好的导电网络，表现出较好的导电性，因而减轻电极极化，降低电池内阻及改善电池性能。在碳纤维作为导电剂的电池内部，活物质与导电剂接触形式为点线接触，相比于导电炭黑与导电石墨的点接触形式，不仅有利于提高电极导电性，更能降低导电剂用量，提高电池容量。

④碳纳米管（CNT）。CNT 可以分为单壁 CNT 和多壁 CNT，一维结构的碳纳米管与纤维类似呈长柱状，内部中空。利用碳纳米管作为导电剂可以较好地布起完善的导电网络，其与活物质也是呈点线接触形式，关于提高电池容量（提高极片压实密度）、倍率性能、电池循环寿命和降低电池界面阻抗具有很大的用途。目前，比亚迪、中航锂电部分产品使用 CNT 作为导电剂，具有不错的效果。碳纳米管可分为纠缠式和阵列式两种成长状态，无论是哪种形式其使用于锂离子电池中都存在一个问题就是分散，目前可以通过高速剪切、添加分散剂、做成分散浆料、超细磨珠静电分散等工艺处理。

⑤石墨烯。石墨烯作为新型导电剂，由于其片状结构（二维结构），与活性物质的接触为点-面接触而不是常规的点接触形式，这样可以最大化发挥导电剂的用途，减少导电剂的用量，从而可以多使用活性物质，提升锂离子电池容量。但是由于其成本较高，分散困难、具有妨碍锂离子传输等弊端尚未完全被工业化使用[41]。

2.8.2 其他材料

（1）黏结剂

锂离子电池黏结剂是一种高分子化合物，是锂离子电池电极片中的非活性成分，是制备锂离子电池电极片必须应用的重要材料之一。锂离子电池专用黏结剂的重要用途有：①保证活性物质制浆时的均匀性和安全性；②对活性物质颗粒间起到黏结用途；③将活性物质黏结到集流体上；④保持活性物质间以及和集流体间的黏结用途；⑤有利于在碳材料（石墨）表面上形成 SEI 膜；⑥提高锂离子电池的循环性能、快速充放能力，同时降低电池内阻。对锂离子电池专用黏结剂的要求：黏结力、柔韧性、耐碱性、亲水性、电导率等性能的合适与稳定。得到广泛应用的锂离子电池黏结剂主要有：聚偏氟乙烯（PVDF）、丁苯橡胶（SBR）乳液和羧甲基纤维素（CMC）。聚偏氟乙烯（PVDF）是一种具有高介电常数的聚合物材料，具有良好的化学稳定性和温度特性，具有优良的机械性能和加工性，对提高黏结性能有积极的用途。PVDF 作为正负极黏结剂被广泛应用于锂离子电池中。CMC 胶液与金属箔有良好的黏结性，且具有导电性能。CMC 胶液黏度会随着温度的升高而降低，容易吸潮，弹性较差。丁苯橡胶（SBR）是一种水性黏结剂，一种高分子材料具有良好的耐水和耐老化性能。相对来说 SBR 黏结性更强，但是其在长时间的搅拌下容易破乳，从而结构破坏，降低其黏结性，一般情况下 SBR 选择在搅拌后期加入。同时 SBR 分散效果并没有 CMC 好，过多的 SBR 会出现较大溶胀，所以也不能完全用 SBR 作为黏结剂[42]。

(2) 集流体

集流体的作用主要是通过涂覆将粉状的活性物质连接起来，将活性物质产生的电流汇集输出、将电极电流输入给活性物质。对集流体纯度的要求较高并且电导率较好，化学与电化学稳定性好，机械强度高，能够与电极活性物质结合得比较牢固。锂电集流体通常采用铜箔和铝箔。由于铜箔在较高电位时易被氧化，主要用于电位较低的负极，厚度通常为 6 ~ 12μm。铝箔在低电位时腐蚀问题较为严重，主要用于正极集流体，厚度通常为 10 ~ 16μm。集流体成分不纯会导致表面氧化膜不致密而发生点腐蚀，甚至生成 LiAl 合金。铜和铝表面都能形成一层氧化膜：铜表面氧化层属于半导体，电子能够导通，但是氧化层太厚会导致阻抗较大，而铝表面氧化层属绝缘体，不能导电，但氧化层很薄时可以通过隧道效应实现电子电导，氧化层较厚时导电性极差。因此，集流体在使用前最好经过表面清洗，去油污和氧化层。

(3) 壳体

锂离子电池外壳的用途。锂离子电池具有能量密度高、安全性能好和成本低廉等优点，在新能源领域中具有广阔的应用前景。一般的电池都有保护外壳，锂离子电池也不例外，外壳的用途主要是起到保护锂离子电池内部材料不受损害的用途。锂离子电池的外壳主要有钢壳和铝壳两种类型：铝壳是一种用铝合金材料制造出来的电池外壳，主要应用于方型锂离子电池上，锂离子电池采用铝壳包装的原因在于它的轻质量与比钢壳更安全。铝壳合金材料构造有显著的安全性能考虑，这种安全性能可以用材质厚度与鼓胀系数来表示。同样容量的锂离子电池之所以比钢壳的轻，就是因为铝壳可以做得更薄。早期方形锂离子电池大多为钢壳，多用于手机电池，后由于钢壳质量比能量低且安全性差，逐步被铝壳和软包装锂离子电池所替代。但在柱式锂离子电池当中绝大部分厂商都以钢材作为电池外壳材质，因为钢质材料的物理稳定性、抗压力远远高于铝壳材质，在各个厂家的设计结构优化后，安全装置已经放置在电池芯内部，钢壳柱式锂离子电池的安全性已经达到了一个新的高度[43]。

（4）极耳

这是锂离子聚合物电池产品的一种原材料。极耳分为三种材料，电池的正极使用铝（Al）材料，负极使用镍（Ni）材料，负极也有铜镀镍（NiCu）材料，它们都是由胶片和金属带两部分复合而成。胶片是极耳上绝缘的部分，它的用途是电池封装时防止金属带与铝塑膜之间发生短路，并且封装时通过加热（140℃左右）与铝塑膜热熔密封黏合在一起防止漏液。目前市场使用的胶片有黑胶、白胶和单层胶三种。常用的黑胶片是三层结构：黑色素，熔点 66℃；PE，熔点 105℃；PP，熔点 137℃。极耳的成品包装分为盘式（整条金属带通过设备加上胶片后整条卷绕成盘）和板式（金属带加上胶片后裁切成单个的，然后成排摆放用两片薄透明塑料片夹在中间）。

思 考 题

（1）三元正极材料中 Ni、Co、Mn 各有什么作用？如何在保证稳定性的情况下提高三元锂电池的放电容量？

（2）请写出 $LiFePO_4$/石墨电池的电池反应式，并写出充电状态为 50% 时正负极活性材料的化学组成，进一步以该电池为例简述锂离子电池的工作原理。

（3）钛酸锂和硅是两种特性截然相反的负极材料，从储锂机制和电化学特征方面简要分析两种材料的显著差异。

参 考 文 献

[1] Cheng F，Liang J，Tao Z，et al. Functional materials for rechargeable batteries [J]. Advanced Materials，2011，23（15）：1695-1715.

[2] Cano Z，Banham D，Ye S，et al. Batteries and fuel cells for emerging electric vehicle markets [J]. Nature Energy，2018，3（4）：279-289.

[3] Kwade A，Haselrieder W，Leithoff R，et al. Current status and challenges for automotive battery production technologies [J]. Nature Energy，2018，3（4）：290-300.

[4] 刘柏男．锂离子电池高容量硅基负极材料研究 [D]. 北京：中国科学院大学，2018.

[5] Kim T，Song W，Son D，et al Lithium- ion batteries：outlook on present，future，and hybridized technologies [J]. Journal of Materials Chemistry A，2019，7（7）：2942-2964.

[6] Arfwedson A. Untersuchung einiger bei der Eisen-Grube von Utö vorkommenden fossilien und von einem darin gefundenen neuen feuerfesten Alkali [J]. J. Chem. Phys.，1818，22：93-117.

[7] Lewis G N，Keyes F G. The potential of the lithium electrode [J]. J. Am. Chem. Soc，1913，35

(4)：340-344.

[8] Harris W S. Electrochemical studies in cyclic esters [R]. University of California, Lawrence Radiation Laboratory, 1958.

[9] Godshall N, Raistrick I, Huggins R. Thermodynamic investigations of ternary lithium- transition metal- oxygen cathode materials [J]. Mater. Res. Bull, 1980, 15 (5)：561-570.

[10] Godshall N A. Electrochemical and thermodynamic investigation of ternary lithium- transition metal- oxygen cathode materials [J]. Stanford University, 1980.

[11] Mizushima K, Jones P, Wiseman P, et al, Li_xCoO_2 [J]. Materials Research, Bulletin, 1980, 15 (6)：783-789.

[12] Poizot P, Laruelle S, Grugeon S, et al Towards the next generation of Li- ion batteries based on nanomaterials [J]. Nature, 2000, 407：496-499.

[13] Godshall N, Huggins R, Raistrick I. Ternary compound electrode for lithium cells [P]. US4340652, United States Patent and Ttademark Office, Jan. 1982.

[14] Fong R, vonSacken U, Dahn J R. Studies of lithium intercalation into carbons using nonaqueous electrochemical cells [J] . J. Electrochem. Soc, 1990, 137：2009-2013.

[15] Dudley J T, Wilkinson D P, Thomas G, et al. Conductivity of electrolytes for rechargeable lithium batteries [J] . Journal of power sources, 1991, 35 (1)：59-82.

[16] AbuaqilahMasoud K, Amina Ahmed Saeed R. Ion Lithium Battery. 2019.

[17] Padhi A K, Nanjundaswamy K S, Goodenough J B. Phospho- olivines as positive electrode materials for rechargeable lithium batteries [J]. J. Electrochem. Soc, 1997, 144 (4)：1188.

[18] Johnson C, Li N, Vaughey J, et al. Lithium- manganese oxide electrodes with layered- spinel composite structures $xLi_2MnO_3 \cdot (1-x)\ Li_{1+y}Mn_{2-y}O_4\ (0<x<1,\ 0\leqslant y\leqslant 0.33)$ for lithium batteries [J] . Electrochem. Commun, 2005, 7：528-536.

[19] 张怡南. 锂离子电池产业发展现状及市场前景分析 [J]. 行业思考, 2021：111-113.

[20] Chen T, Jin Y, Lv H, et al. Applications of lithium- ion batteries in grid- scale energy storage systems [J]. Transactions of Tianjin University, 2020, 26 (03)：208-217.

[21] Kim T H, Park J S, Chang S K, et al. The current move of lithium ion batteries towards the next phase [J]. Advanced Energy Materials, 2012, 2 (7)：860-872.

[22] Levasseur S, Ménétrier M, Shao- Horn Y, et al. Oxygen vacancies and intermediate spin trivalent cobalt ions in lithium- overstoichiometric $LiCoO_2$ [J]. Chemistry of materials, 2003, 15 (1)：348-354.

[23] 戴新义. 锂离子电池正极材料 $LiCoO_2$ 的改性及其薄膜制备研究 [D]. 成都：电子科技大学, 2016.

[24] 聂帅. 锂离子电池正极材料 $LiCoO_2$ 高电压性能研究 [D]. 北京：北京交通大学, 2021.

[25] 王潇. 高电压钴酸锂电池的表面工程改性研究 [D]. 杭州：浙江大学, 2021.

[26] Park O K, Cho Y, Lee S, et al. Who will drive electric vehicles, olivine or spinel [J]. Energy & Environmental Science, 2011, 4 (5)：1621-1633.

[27] 赵佳琦. 锂离子电池八面体尖晶石 $LiMn_2O_4$ 的制备及改性研究 [D]. 北京：北京交通大

学，2021.
[28] Noh H J, Youn S, Yoon C S, et al. Comparison of the structural and electrochemical properties of layered Li [$Ni_xCo_yMn_z$] O_2 ($x=1/3$, 0.5, 0.6, 0.7, 0.8 and 0.85) cathode material for lithium-ion batteries [J]. Journal of Power Sources, 2013, 233: 121-130.
[29] 董庆雨. 高镍三元正极材料的界面化学及调控策略 [D]. 合肥：中国科学技术大学，2021.
[30] Tarascon J M, Armand M. Issues and challenges facing rechargeable lithium batteries [J]. Nature, 2001, 414 (6861): 359-367.
[31] 李银. 锂离子电池 $LiFePO_4$ 正极材料的可控合成及改性研究 [D]. 昆明：昆明理工大学，2021.
[32] 王焱. 锂离子动力电池正极材料 $LiFePO_4$ 的改性及机理研究 [D]. 成都：电子科技大学，2015.
[33] 黄新萍. 锂离子电池富镍无钴正极材料 $LiNi_{0.8}Fe_{0.1}Al_{0.1}O_2$ 的制备与改性研究 [D]. 广州：广东工业大学，2022.
[34] Xu Z L, Liu X, Luo Y, et al. Nanosilicon anodes for high performance rechargeable batteries [J]. Progress in Materials Science, 2017, 90: 1-44.
[35] Manthiram A. An outlook on lithium ion battery technology [J]. ACS Central Science, 2017, 3 (10): 1063-1069.
[36] 罗汉卿. 硅碳-石墨负极材料的干法制备及改性研究 [D]. 南昌：南昌大学，2021.
[37] 张盼盼. 锂电池锡负极材料嵌锂状态下力学性能的第一性原理研究 [D]. 湘潭：湘潭大学，2019.
[38] 孙煜坤. 锂离子电池锡基负极材料的掺杂改性及其电化学性能研究 [D]. 广州：广东工业大学，2022.
[39] 李少军. 锂/钠离子电池锑基负极材料的制备及电化学性能研究 [D]. 深圳：深圳大学，2020.
[40] 刘骥飞. 高比容量锂离子电池负极材料制备及其电化学性能研究 [D]. 兰州：兰州理工大学，2019.
[41] 陈志金，张一鸣，田爽，等. 锂离子电池导电剂的研究进展 [J]. 电源技术，2019, 43 (02): 333-337.
[42] 朱伟伟，张建，刘一凡，等. 先进锂离子电池用黏结剂介绍 [J]. 浙江化工，2020, (10): 26-32.
[43] 郝永辉，陈军，焦萌. 高比能锂离子电池壳体设计 [J]. 电源技术，2016, (08): 1578-1579, 1629.

第 3 章　固相反应法

3.1　固相反应概述

固相反应是固相参与的一种化学反应。广义地讲，凡是有固体参加的反应都称为固相反应。比如固体的氧化、还原、相变、分解，固体与固体、液体、气体的反应等都属于固相反应的范畴。狭义地讲，是指固体与固体之间发生化学反应生成新的固体产物的过程。固相反应不仅在固体无机化合物的制备过程中普遍存在，在日常生活中也广泛存在。比如各类金属的腐蚀，木材或者煤炭之类的燃烧等，从广义上来说都属于固相反应的范畴，其反应动力学都符合固相反应动力学的特征。作为材料制备技术，固相反应法因其显著优势在工业实践中被广泛应用：其工艺简单、易于制备，成本较低，适用于大规模工艺化生产。在新能源材料研发领域，固相合成法因其成熟的工艺体系成为关键制备技术之一，牢固掌握固相反应合成方法具有重要意义。

3.1.1　固相反应的分类

固相反应从不同的观点出发，可有不同的分类。若从组成变化方面出发可分为组成发生变化的反应（如固体与固体、液体、气体的反应，分解反应等）和组成不发生变化的反应（如相变、烧结反应等）两类。如果从固体成分输运的距离来划分，又可分三类：短距离输运的反应，如相变等；长距离输运的反应，如固体与气体、液体、固体的反应，烧结反应等；介于上述两者之间的中距离输运反应，如固相聚合等。按照反应机理可分为扩散控制、化学反应控制以及晶体成核速率控制等。若按参与反应的物质形态来分类，可归纳为下列几类：①单一固相反应，如固体物质的热解、聚合等；②固–固相反应；③固–气相反应；④固–液相反应；⑤粉末和烧结反应。

3.1.2　固相反应的特点

从反应体系的特征分析，通常的液相、气相反应是均相反应体系，也就是反应物与产物之间的分布是均匀的，对这类反应的研究主要从热力学平衡与动力学速度考虑，也就是反应是否能进行，进行到什么程度以及反应速率有多快；而固相反应由于固体材料的流动性、扩散性较差，反应物之间的混合是不均匀的，是一种非均相的反应过程，反应过程明显不同于均相反应，其反应热力学和动力学速率与反应条件、混合程度等有明显关系。结合固相反应在反应条件、反应机理、反应过程、反应速度和反应产物等方面的研究，固相反应有以下共同特点：

①固体质点（原子、离子或分子）间具有很大的作用键力，故固态物质的反应活化能垒较高、动力学过程迟缓始，终局限于固-固接触界面区域进行。对于粒状物料，反应首先是通过颗粒之间的接触点和面进行，随后是反应物通过产物层进行扩散迁移，使反应得以继续。因此，固相反应一般包括相界面上的反应和物质迁移两个过程，参与反应的固相间相互接触是反应物间发生化学作用和物质输送的先决条件。其中反应物之间的接触面积大小是影响反应速率的重要因素。泰曼观点认为，固态物质间的反应是直接进行的，气相或液相没有或不起重要作用，但是随着对固相反应研究的深入，金斯特林格等提出，固态反应中，反应物可能转为气相或液相，然后通过颗粒外部扩散到另一固相的非接触表面上进行反应，也就是说气相或者液相也可能对固态反应过程起重要作用，能大大提高固相反应的速率。当然，气相和液相的参与取决于反应物的挥发性和系统的低共熔温度。

②在低温时，固体在化学上一般是不活泼的，在温度阈值以下，晶格振动能不足以克服原子迁移势垒，导致反应动力学基本停滞。因而固相反应通常需要在高温下进行。由于固相反应属非均相反应体系，因而传热与传质过程都对反应速度有重要影响。伴随反应的进行，反应物和产物的物理化学性质将会发生变化，导致固体内温度和反应物浓度分布及其物性变化，反过来又会对传热、传质和化学反应过程产生重要影响。在固相反应中，物质和能量的传递是通过晶格振动、缺陷运动和离子与电子的迁移来进行的。故固相反应物质的晶体结构、内部缺陷、形貌（粒度、孔隙度，表面状况）以及组分的能量状态等决定了物质与能量的传递。

③固相反应过程中，往往包含复杂的物理化学变化，如蒸发、热分解、化学反应、质点扩散、传热、晶核形成、晶体生长、相变、核化、晶化、再结晶、晶体熔融、冷凝、升华等。因此整个反应速度将受到各动力学阶段相应速度的影响。也就是说，每一步都对总的固相反应速度产生影响，而反应最慢的阶段对总的固相反应速率起决定性作用。

④对于大多数固相反应而言，化学反应只能在反应物接触界面上进行，物质输运过程（特别是界面扩散行为）往往成为控制整体反应动力学的关键环节。只是在一些特殊的场合下，如高度分散体系，其他化学过程才可能成为反应的关键性步骤。离子扩散速率的大小主要取决于离子的大小和价态，尺寸较小、价态较低的离子往往具有更高的扩散速率。另外，扩散也受到扩散介质结构的疏松程度、温度、杂质、气氛等的影响。由于固体中质点间结合力远大于液体或气体中

质点间的作用力，固体中质点的运动更不自由，扩散更慢，因此固相反应的速度通常都较慢。

⑤固相反应开始的温度往往远低于反应物的熔点（T_m）或者体系的低共熔温度，这个温度一般相当于一种反应物开始呈现显著扩散的温度，这个温度也叫作泰曼温度或者烧结温度。实验研究表明，不同类别物质的泰曼温度与其熔点呈现显著规律性关联：金属物质的泰曼温度约为熔点的30%～40%，无机盐类的泰曼温度约为熔点的50%～80%，硅酸盐的泰曼温度较高，在熔点的80%～90%之间。而当反应物之一存在多晶转变时，则此转变温度往往就是反应开始变得显著的温度，这一规律称为海德华定律。这是因为多晶转变的过程中伴随着离子的迁移和扩散，有助于固相反应的发生。

⑥跟液相、气相反应不同的是，固相反应不存在反应物浓度的概念。这是因为参与反应的组分原子或离子不能自由地运动，受到晶格势垒的束缚，其空间位置具有点阵固定性，它们参加反应的机会是不能用简单的统计规律来描述的。对于固相反应来说，决定的因素是固态反应物质的晶体结构、内部的缺陷、形貌（粒度表面状况）以及组分的能量状态等。这些因素中，晶体的结构和缺陷、物质的化学反应活性和能量等是内在的因素；反应温度、参与反应的气体物质的分压、电化学反应中电极上的外加电压、射线的辐照、机械处理等是外部的因素。有时外部因素也可能影响甚至改变内在的因素，例如，对固体进行某些预处理时，如辐照、掺杂、机械粉碎、压团、加热、在真空或某种气氛中反应等，均能改变固态物质内部的结构和缺陷的状况，从而改变其能量状态。而对于广义上的固相反应来说，当反应中间物或者产物存在气相或液相时，气相、液相参与的反应还受到浓度的影响。

3.2　固相反应的机理

3.2.1　固相反应的驱动力

传统理论框架下，固相反应被认为总是在晶体物相中发生物质的局部输运时产生。此时晶格点阵中原子的电子构型发生改变，这种改变涉及晶体部分的化学势（偏摩尔自由能）的局域变化。因此，固相化学反应就表现为组分原子或离子在化学势场或电化学势场中的扩散。原子或离子的化学势的局域变化便是固相反应的驱动力。扩散速率与驱动力成正比，比例常数就是扩散系数。

固相中组分的化学势或电化学势梯度只是固相反应的驱动力之一，温度、外电场、表面张力等因素也是固相反应的驱动力。例如，一个初始是均匀的固溶体体系，在温度梯度的作用下，可以发生分离（demix）现象，即热扩散作用；离子晶体中的离子在电场的作用下发生迁移或电解；烧结过程中固体趋向最小表面积，因而使原子从表面曲率大的地方向曲率小的地方扩散等。

综合来看，无论是化学势或电化学势梯度，亦或者是温度、外电场、表面张力，固相反应都是沿着自由能减少（$\Delta G<0$）的方向进行，而且自由能降低越多，该反应方向进行的概率也越大，也就是说固相反应是热力学驱动的。比如原子或离子在化学势或电化学势梯度下的扩散是伴随着自由能降低的，温度梯度下的热扩散也是基于温度对自由能的影响而发生的，比表面积越小，自由能越低，因此烧结过程中固体趋于最小表面积。

3.2.2　相界面上化学反应机理

固相反应一般由界面化学重构与体相扩散输运两个过程构成。但不同类型的反应既表现出一些共性规律，也存在差异与特点。傅梯格（Hlütting）研究了 ZnO 和 Fe_2O_3 合成的反应过程。综合各种性质随反应温度的变化规律，可把整个反应过程划分为 6 个阶段：

隐蔽期：约低于 300℃。此阶段内反应物对色剂的吸附能力降低，说明反应物混合时已经相互接触，随温度升高，接触更紧密，在界面上质点间形成了某些弱的键。在这阶段中，一种反应物“掩蔽”着另一种反应物，而且前者一般是熔点较低的。

第一活化期：所处的温度范围为 300～450℃。在此阶段，随着温度升高，质点的可动性增大，在接触表面某些有利的地方，形成吸附中心，开始互相反应形成“吸附型”化合物。吸附型化合物不具有产物的化学计量和晶格结构，缺陷严重呈现出极大的活性，密度增加，但 X 射线衍射强度没有明显变化，无新相生成。

第一活脱期：所处的温度范围约在 400～500℃。此时催化活性和吸附能力下降，说明先前形成的分子表面膜得到发展和加强，并在一定程度上对质点的扩散起阻碍作用。不过，这作用仍局限在表面范围。

二次活化期：所处温度范围为 550～620℃。该阶段特征是混合物催化能力第二次提高，X 射线衍射仍未显示出新相谱线，但 ZnO 谱线呈弥散现象，说明 Fe_2O_3 渗入 ZnO 晶格，反应在颗粒内部进行。常常伴随着颗粒表面的进一步疏松与活化。反应物的分散性在这一阶段还是非常高的，此时虽未出现新化合物，但是可以认为新相的晶核已经形成。

二次脱活期或晶体形成期：所处温度范围约在 620～750℃。此时催化活性再次降低，X射线谱开始出现 $ZnO \cdot Fe_2O_3$ 谱线，并由弱到强，密度逐渐增大。说明晶核逐渐成长，但结构上仍是不完整的。

反应产物晶格校正期：所处温度范围为 $T>750$℃。X 射线谱上 $ZnO \cdot Fe_2O_3$

谱线强度增强并接近于正常晶格的图谱。说明反应产物的结构缺陷得到校正、调整而趋于热力学稳定状态。

对于不同反应系统，并不一定都划分成上述 6 个阶段。但都包括以下 3 个过程：①反应物之间的混合接触并产生表面效应；②化学反应和新相形成；③晶体成长和结构缺陷的校正。反应阶段的划分主要决定于温度，因为在不同温度下，反应物质点所处的能量状态不同，扩散能力和反应活性也不同。对不同系统，各阶段所处的温度区间也不同。但是对应新相的形成温度都明显高于反应开始温度，其差值称为反应潜伏温差，其大小随不同反应系统而异。例如，上述的 $ZnO+Fe_2O_3$ 系统约为 300℃；$NiO+Al_2O_3$ 系统约为 250℃。当反应有气相或液相参与时，反应将不局限于物料直接接触的界面，而可能是沿整个反应物颗粒的自由表面同时进行。可以预期，这时固体与气体、液体之间的吸附和润湿作用将会对反应的速率有重要影响。

3.2.3　相界面上反应与离子扩散的关系

当在两反应颗粒间所形成的产物层达到一定厚度后，进一步的反应将依赖于一种或几种反应物通过产物层的扩散而得以进行，也就是离子的扩散对反应的速率起到了决定性的作用。在此，以合成 $MgAl_2O_4$ 尖晶石反应为例说明离子扩散与相界面上反应的关系。以 MgO 和 $A1_2O_3$ 为原料合成镁铝尖晶石的反应可以用以下反应式来描述：

$$MgO+Al_2O_3 \longrightarrow MgAl_2O_4 \tag{3-1}$$

该反应属于合成反应的范畴。根据瓦格纳（Wagner）理论，离子晶体中的扩散，主要是离子和电子的迁移。在晶格中，各种离子的迁移速度不同。由于阴离子的半径往往显著大于阳离子，因此在绝大多数情况下，阴离子的迁移率和阳离子比较起来非常小，在这类固相反应中的扩散往往是由阳离子的迁移来实现。Wagner 通过长期研究认为尖晶石形成是由两种阳离子逆向经过两种氧化物界面扩散所决定，氧离子则不参与扩散迁移过程。为了保持电中性，从左至右扩散的正电荷数目应等于从右至左扩散的正电荷数目，这样每向右扩散 3 个 Mg^{2+}，必有 2 个 Al^{3+} 从右向左扩散。而这种离子或电子的迁移，一般是通过同类的离子空位和电子空穴迁移来实现的，因此，在以上扩散过程中，必然伴随着一个空位从 Al_2O_3 扩散至 MgO 晶粒。显然，反应物离子的扩散包括相界面的扩散以及产物相中的扩散。反应产物中间层形成以后，反应物离子在其中的扩散便成为这类尖晶石型反应的控制速度的因素。当 $MgAl_2O_4$ 的产物层厚度增大时，它对离子扩散的阻力将大于相的界面阻力。最后，当相界面的阻力小到可以忽略时，相界面上就达到了局域的热力学平衡，这使实验测得的反应速率遵守抛物线规律。

严格意义上来说，固相反应中所有的离子都会进行扩散，只是在特定条件下某些离子的扩散速率显著低于其他离子，因此对反应速率的影响可以忽略。比如在 MgO 和 Al_2O_3 反应生成 $MgAl_2O_4$ 的过程中 O^{2-} 的扩散速率是远低于 Mg^{2+} 和 Al^{3+} 的。如果界面层是 O^{2-} 导体，适合 O^{2-} 的扩散，那么 O^{2-} 的扩散也会对固相反应的速率起到重要作用。

3.2.4 不同固相反应的基本历程

(1) 固-固相反应

固-固相反应包括两种类型：加成反应和交换反应。它们都属于多相体系的反应。

加成反应是指两个固相 A 和固相 B 作用生成一个固相 C 的反应。A 和 B 可以是单质，也可以是化合物。A 和 B 之间被生成物 C 所隔开，在反应过程中，原子或离子穿过各物相之间的界面，并通过各物相区，形成了原子或离子的交互扩散。整个反应的推动力是反应物和生成物之间自由能之差。本节只讨论晶体或单晶体之间的反应，反应熵很小，反应界面也小，反应速度慢，单位时间内放热很少，因此，可以认为是等温反应。但是反应界面较大的粉末物质的反应则大不相同。由于反应放热多，而使反应速度加快。反应热一部分传导到晶体的内部，一部分通过辐射或对流传导到周围的气相中。

这里以尖晶石 $MgAl_2O_4$ 的反应为例。尖晶石 $MgAl_2O_4$ 的合成是典型狭义上的固相反应，其过程可以简单分为成核反应与晶体生长。如图 3-1 所示，在反应的初始阶段，MgO 和 Al_2O_3 界面形成新相 $MgAl_2O_4$ [图 3-1 (a)]。从热力学性质来讲，$MgO(s)+Al_2O_3(s)$ ═══ $MgAl_2O_4(s)$ 完全可以进行。然而实际上，在 1200℃ 以下几乎观察不到反应的进行，即使在 1500℃ 反应也得数天才能完成。在一定的高温条件下，MgO 与 Al_2O_3 的晶粒界面间将发生反应而生成尖晶石型化合物 $MgAl_2O_4$ 层。这种反应的第一阶段是在晶粒界面上或界面邻近的反应物晶格中生成 $MgAl_2O_4$ 晶核，实现这步是相当困难的，因为生成的晶核结构与反应物的结构不同。因此，成核反应需要通过反应物界面结构的重新排列，其中包括结构中键的断裂和重新结合 MgO 和 Al_2O_3 晶格中 Mg^{2+} 和 Al^{3+} 离子的脱出、扩散和进入缺位。高温下有利于这些过程的进行和晶核的生成。新相形成后，体系中就形成了两种不同的界面，一个是 MgO 和 $MgAl_2O_4$ 界面，另一个是 Al_2O_3 和 $MgAl_2O_4$ 界面。而进一步的反应需要 Mg^{2+} 和 Al^{3+} 分别通过 $MgAl_2O_4$ 扩散到相对的界面发生反应，持续生成 $MgAl_2O_4$ 产物，其反应方程式如下：

$MgO/MgAl_2O_4$ 界面

$$2Al^{3+}-3Mg^{2+}+4MgO \xlongequal{} MgAl_2O_4 \tag{3-2}$$

$Al_2O_3/MgAl_2O_4$ 界面

$$3Mg^{2+}-2Al^{3+}+4Al_2O_3 \xlongequal{} 3MgAl_2O_4 \tag{3-3}$$

从上述界面反应可看出，由反应（3-3）生成的产物将是由反应（3-2）生成的三倍。如图 3-1（b）所示，产物层右方界面的增长（或移动）速度将为左面的三倍，这点已为实验结果所证明。在后续产物层的增长过程中，原料中的 Mg^{2+} 和 Al^{3+} 需要横跨两个界面的扩散才有可能发生晶体生长反应，并使原料界面间的产物层加厚。决定此反应的控制步骤应该是晶格中 Mg^{2+} 和 Al^{3+} 离子的扩散，这里 Mg^{2+} 和 Al^{3+} 离子的扩散速率不仅与 $MgAl_2O_4$ 层的疏松程度、厚度等因素相关，也会受到互相之间扩散速率的影响，平衡状态下两种离子扩散速率的比例为 3∶2（Mg^{2+}∶Al^{3+}）。其次，升高温度是有利于晶格中离子扩散的，因而能明显促进反应的发生和反应速率的提高。另一方面，随着反应物层厚度的增加，扩散距离的增加会导致反应速率的下降。

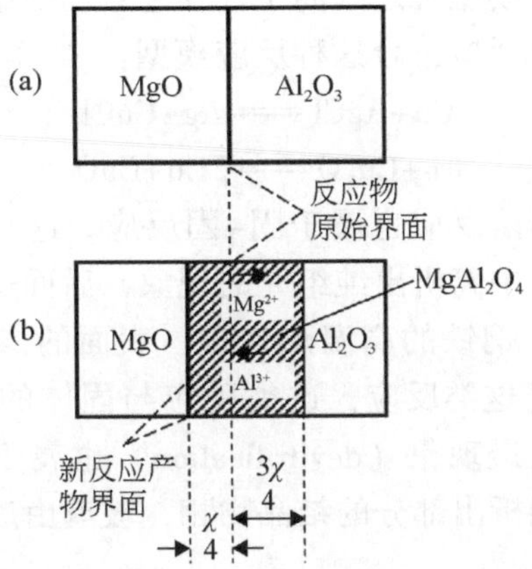

图 3-1　$MgAl_2O_4$ 的固相合成过程示意图

（a）反应物原始界面；（b）新反应产物界面

固相交换反应的形式是：AX+BY ══ BX+AY。例如

$$ZnS+CuO = CuS+ZnO \tag{3-4}$$

$$PbCl_2+2AgI = PbI_2+2AgCl \tag{3-5}$$

根据反应体系的热力学、各种离子在各物相中的迁移度以及各反应物质的交互溶解度，可以认识这类反应的机理。乔斯特（Jost）和瓦格纳（Wagner）规定了交换反应的两个条件：在 AX+BY ══ BX+AY 这个类型的反应中，参加反应的各组分之间的交互溶解度很小；阳离子的迁移速度远远大于阴离子的迁移速度。乔斯特认为，反应物 AX 和 BY 是被产物 BX 和 AY 所隔开。由于离子扩散得比较快，因此，BX 形成一致密的层紧贴在 AX 上，AY 形成一致密层紧贴在 BY 上。只有当 A 能在 BX 层中溶解并能在 BX 层中迁移时，B 能在 AY 层中溶解并迁移时，反应才能继续进行。要想定量地讨论这个机理是比较困难的。例如，如果

BX/AY 物相界处于局域的平衡，那么就有四个组分和两个物相，这就意味着在给定的温度和静压还需要再确定两个独立的热力学变量，才能推导出扩散流的方程，评价其反应动力学。在 AX/BX 或 AY/BY 界面的平衡中，则只需要再确定一个独立的变数。乔斯特利用这种模型研究过下列反应：

$$PbS+CdO \xlongequal{} CdS+PbO \tag{3-6}$$

$$ZnS+CdO \xlongequal{} CdS+ZnO \tag{3-7}$$

$$AgCl+NaI \xlongequal{} NaCl+AgI \tag{3-8}$$

瓦格纳（Wagner）提出了一种镶嵌式模型，即交换反应所生成的两个产物构成两个镶嵌块。瓦格纳指出，在 AY 中一个杂原子 B 的溶解度和迁移率均很小，同样，在 BX 中杂原子 A 的溶解度和迁移率也很小，因此乔斯特模型的反应速度是很低的。而镶嵌式模型规定阳离子只在它自己所组成的晶体中运动，因此扩散速度很快。下列置换反应符合这种反应模型：

$$Cu+AgCl \xlongequal{} Ag+CuCl \tag{3-9}$$

$$Co+Cu_2O \xlongequal{} 2Cu+CuO \tag{3-10}$$

此外，固溶反应和离溶反应也属于固-固反应。这是指多组元体系中，各组元形成固溶体或由固溶体中离析出纯组元的现象，后面这种反应和由过饱和溶液中析出沉淀的情况相似。钢铁的高温热处理、表面的渗碳（carburization）和脱碳（decarburization）属于这类反应，这类反应与固体的物理和机械性能有很大的关系。另外，玻璃的失透现象（devitrification）也属于这类反应。玻璃长期放置或长时间加热时，可能析出部分的结晶物相，玻璃由透明变成乳白色。

(2) 单一固相反应

由热或光化学方法引发的固体无机化合物的分解和固体有机化合物的分子聚合都属此类反应，本节只介绍分解反应。

分解反应往往开始于晶体中的某一点，首先形成反应的核心。晶体中易成为初始反应核心的位置，就是晶体的活性中心。活性中心总是位于晶体结构中缺少对称性的位置，例如，晶体中那些存在点缺陷、位错、杂质的地方。晶体表面、晶粒间界、晶棱等处，也缺少对称性，因此也容易成为分解反应的活性中心。这些都属于所谓局部化学因素（topochemical factors）。用中子、质子、紫外线、X 射线、γ 线等辐照晶体，或者使晶体发生机械变形，都可以增加这种局部化学因素，从而能促进固相的分解反应。核的形成速度以及核的生长和扩展的速度，决定了固相分解反应的动力学。核的形成活化能大于生长活化能，因此当核一旦形成，便能迅速地生长和扩展。

在一定温度下，测定反应容器中分解产物的蒸气压随时间的变化情况（图 3-2）。纵坐标表示某一时刻分解压与完全分解后总压之比，即分解的百分率 $\alpha(\%)$，横坐标为时间。这种 S 形的图形是固相分解反应的典型动力学曲线。如果利用热重法测定等温下试样的质量变化，也可以得到类似的曲线。曲线的 *AB* 段相当于与分解反应无关的物理吸附气体的解吸，*BC* 段相当于反应的诱导期，这时发生着一种缓慢的、几乎是线性的气体生成反应。在 *C* 点反应开始加速，反应速度迅速上升到最大值 *D* 点，然后反应速度又逐渐减慢，直到 *E* 点反应完成。*BE* 间的 S 形曲线对应于三个阶段，即 *BC* 对应于核的生成，*CD* 对应于核的迅速长大和扩展，*DE* 对应于许多核交联一起后反应局限于反应界面上。因此，分解反应是受控制于核的生成数目和反应界面的面积这两个因素。

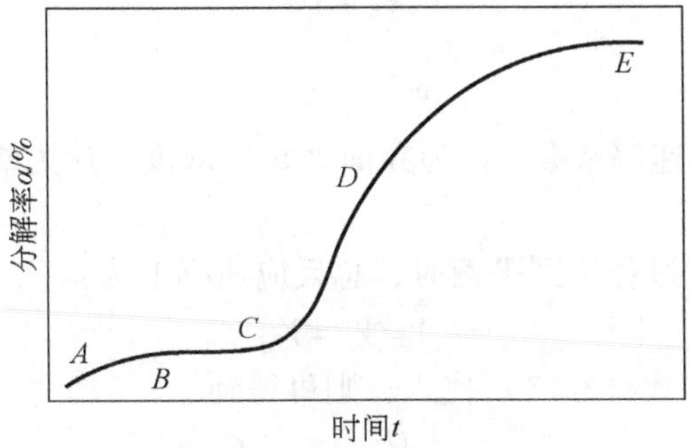

图 3-2　分解率随时间变化图

3.3　固相反应动力学

3.3.1　固相反应动力学关系

固相反应通常是由简单的物理、化学过程构成，如化学反应、扩散、结晶、熔融、升华等。其中，速度最慢的过程对整体反应速度有决定性的影响，是反应的决速步骤。对于不同的固相反应，在不同的条件下，不同过程的速率具有显著区别，其决速步骤也是不一样的。这里以金属氧化反应为例来分析介绍固相反应在不同情况下的反应速率。

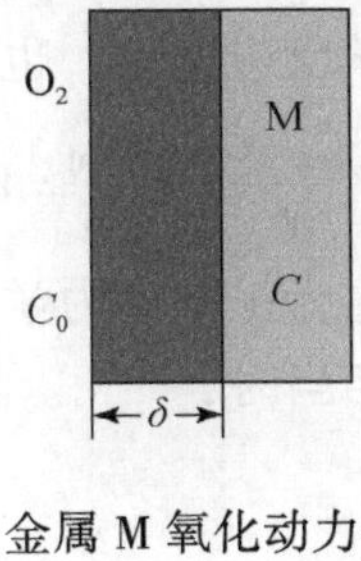

图 3-3　金属 M 氧化动力学示意图

金属的氧化反应方程式如式（3-11）所示：

$$M(s)+1/2\ O_2(g) \longrightarrow MO(s) \tag{3-11}$$

经过一段时间的反应后，金属 M 的表面形成一层厚度为 δ 的 MO 产物层（图 3-3），后续的继续氧化包括两步，一个是 O_2 通过 MO 扩散到 M-MO 界面，一个是 O_2 在界面上与 M 进行反应将 M 氧化为 MO。

根据化学反应动力学一般原理和菲克第一定律，单位面积界面上金属氧化速度 V_R 和氧气扩散速率 V_D 可以表示为：

$$V_R = KC \tag{3-12}$$

$$V_D = D\left.\frac{dC}{dX}\right|_{x=\delta} \tag{3-13}$$

式中，K 为化学反应速率常数，C 为界面处氧气浓度，D 为氧气在产物层中的扩散系数。

当整个氧化反应过程达到平衡时，总反应速率 V 为：

$$V = V_R = V_D \tag{3-14}$$

将式（3-12）和式（3-13）代入，则可得到

$$KC = D\left.\frac{dC}{dx}\right|_{x=\delta} = D\frac{C_0 - C}{\delta} \tag{3-15}$$

换算得到

$$C = C_0 \Big/ \left(1 + \frac{K\delta}{D}\right) \tag{3-16}$$

将 $V = V_R = KC$ 代入得到：

$$\frac{1}{V} = \frac{1}{KC_0} + \frac{1}{DC_0/\delta} \tag{3-17}$$

因此，由扩散和化学反应构成的固相反应历程，其总反应速率（V）为化学反应最大速率倒数和扩散最大速率倒数之和。也可以理解为总的反应阻力为扩散阻力和化学反应阻力之和，进一步拓展为总的反应阻力为各环节阻力之和。

当扩散速率远大于化学反应速率，也就是 $K \ll D/\delta$ 时，

$$V = KC_0 = V_{Rmax} \tag{3-18}$$

此反应为化学反应速率控制，称为化学动力学范围。

反过来当扩散速率远小于化学反应速率，也就是 $K \gg D/\delta$ 时，

$$V = D\frac{C_0 - C}{\delta} = D\frac{C_0}{\delta} = V_{Dmax} \tag{3-19}$$

此反应为扩散速度所控制，称为扩散动力学范围。

当扩散速度和化学反应速度相当时，

$$V=\frac{1}{\dfrac{1}{KC_0}+\dfrac{1}{\dfrac{DC_0}{\delta}}}=\frac{1}{\dfrac{1}{V_{\mathrm{Dmax}}}+\dfrac{1}{V_{\mathrm{Rmax}}}} \tag{3-20}$$

此为过渡范围。

对于由多种物理或化学成分组成的固相反应过程，其一般动力学关系则表示为：

$$V=\frac{1}{\dfrac{1}{V_{1\max}}+\dfrac{1}{V_{2\max}}+\cdots+\dfrac{1}{V_{n\max}}} \tag{3-21}$$

式中，$V_{1\max}$，$V_{2\max}$，…，$V_{n\max}$分别代表构成反应过程各环节的最大可能速率。

对于固-固反应来说，比如 $MgAl_2O_4$ 尖晶石的合成，其反应速率由扩散控制，也就是反应速率符合式（3-19）。同时在固相中没有浓度概念，所以在 $MgAl_2O_4$ 尖晶石的合成过程中，$MgAl_2O_4$ 尖晶石厚度的增长速率与尖晶石厚度成反比：

$$V=\mathrm{d}x/\mathrm{d}t=k/x \tag{3-22}$$

积分得：

$$x^2=2kt \tag{3-23}$$

因此反应层厚度的平方与反应时间成正比。

在粉末反应中，固体与固体之间的接触与反应动力学又有所不同，杨德尔（Jander）首先提出了关于粉末反应的动力学方程。他为了推导出动力学方程，对反应体系做了一些简化处理，设想反应物 A 是半径为 r 的球形颗粒，其分散在连续的反应物 B 的介质中，并假定在 A 微粒的表面上产生厚度为 x 的反应产物层。假定反应是受扩散控制的，反应产物的增厚速率与厚度成反比，如式（3-23）所示。

在时间 t 时，未反应物质的体积为：

$$V=(4/3)\pi(r-x)^3 \tag{3-24}$$

$$V=(4/3)\pi r^3(1-\alpha) \tag{3-25}$$

α 为已反应的原始球的分数。令上两式相等，得：

$$x=r[1-(1-\alpha)^{1/3}] \tag{3-26}$$

将 x 值代入式（3-23），就得到著名的杨德尔方程：

$$[1-(1-\alpha)^{1/3}]^2=2kt/r^2=Kt \tag{3-27}$$

式中，k 是实际的抛物线速率常数。将$[1-(1-\alpha)^{1/3}]^2$ 对 t 作图得到一直线。我们应注意到在推导出这个方程时，曾经忽略基本的因素，必须加以修正：①抛物线增长是适合于一维的扩散控制反应的，而并不一定适合球形对称的反应，顶多它只能适用于反应初始阶段。②推导过程中令方程的右边相等。实际上，这两个体积相等，只有当由未反应的组元 A 部分和反应部分组成的总体积等于组元 A 的初始体积时才能成立。这样的情况，在 $\alpha=0$，即开始或如果 1mol 的组元 A 的体积和 1mol 产物的体积相等时才能出现。③A 分散在连续的反应物 B 的介质中这个假定，只有在比值很大时才能成立。

卡特（Carter）考虑到以上不完善的地方，提出了另一个反应模型。该模型设想一个半径为 r_0 的 A 组分的球，在整个球的表面上与很细的粉末反应，进一步的反应将受到扩散的控制。令 r_1 为组分 A 的临时半径，当 α 从 0 变到 1 时，r_1 必须从 r_0 减小到零。r_c 是当 $\alpha=1$ 时，反应产物球的半径。r_2 是未反应的组分 A 加上反应产物的球的临时半径。反应的结果，r_2 必须从 r_0 变到 r_c。最后用 z 表示消耗一个单位体积的组分 A 所生成的产物的体积，即等价体积比。

根据该模型，卡特推导出另一个粉末反应的动力学方程：

$$[1+(z-1)\alpha]^{2/3}+(z-1)(1-\alpha)^{2/3}=z+2(1-z)kt/r_0^{\,2} \tag{3-28}$$

这就是卡特方程。把方程的左边对 t 作图应得到一条直线。当反应进行到完全的程度（$\alpha=1$）时，实验值和计算值也是吻合的。

$$ZnO+Al_2O_3 \rightleftharpoons ZnAl_2O_4 \tag{3-29}$$

应该指出，这个反应是在 1400℃ 的高温下，在充满 ZnO 的坩埚中悬浮一些大小相同的 α-Al_2O_3 微粒进行的，实际是当 Al_2O_3 微粒被活度 $\alpha_{ZnO}=1$ 的 ZnO 蒸气的包围下进行的，是一个气-固相反应。但是杨德尔或卡特方程的确能圆满地解释许多粉末反应，因此就必须假定：在高温下，反应物的颗粒表面上扩散是很快的，或者反应物之一的蒸发速度很快，能保证其蒸气充分包围着另一反应物的表面，也就是说，粉末反应可能是按照气-固相反应的方式进行的。有人做了下面实验来证实粉末反应的这种机理，利用热天平将 Al_2O_3 单晶体悬浮在 ZnO 坩埚的里面，使得反应 ZnO(气)+Al_2O_3(固)══$ZnAl_2O_4$(固)仅仅是在 ZnO 的蒸气中进行：结果发现这样一个反应的速度常数，完全和固-固反应 ZnO(固)+Al_2O_3(固)══$ZnAl_2O_4$(固)的速度常数一致。从另一方面也可以证明，如果粉末反应中，不是由于表面上扩散迅速或通过气相输运，使得反应物之一的活度保持恒定，那么反应的动力学不仅要受 r_A/r_B 比值的影响，而且还要受 r_A 和 r_B 的绝对值的影响。

因为当 r_A 大到超过一定限度时，A 颗粒本身就要互相接触，不再可能被 B 包围着，反应也就不能按照上述动力学方程进行了。在较低的温度下进行粉末反应时，反应物粒度的大小和粒度分布、装紧程度、接触面积等就变得重要了，在推导反应动力学方程时，必须考虑进去。

金斯特林格（Ginsterlinger）针对杨德尔方程只能适用于反应程度不大的情况先于卡特对它进行了修改。金斯特林格认为杨德尔方程之所以不能适用于反应程度大的情况，在于实际上反应开始后生成产物层是一个球面而不是一个平面，其次反应物与反应产物的密度是不同的，因此反应前后体积不等。

金斯特林格提出一种反应模型。当A和B反应生成AB时，认为在B表面上A可以通过接触B借助于表面扩散而布满B的表面，也可以通过气相而布满B的表面。当产物层生成之后，反应要继续进行，就必须有通过产物层扩散到B-AB的界面才能与B反应，而且一到界面上立即生成AB。因此在B-AB界面上A的浓度等于零，而在AB产物层的外表面上A的浓度不变。反应由通过产物层的扩散所控制。根据这个反应模型，推导出了产物层厚度与反应时间的关系：

$$x^2(1-2/3x/r)=kt \tag{3-30}$$

这是金斯特林格方程的一种形式。当产物层厚度很小时即 $x \leqslant R$，式（3-30）就变成杨德尔的抛物线方程：

$$x^2=Kt \tag{3-31}$$

将产物层厚度改用反应分数 α 表示，经整理即得：

$$1-(2/3)\alpha-(1-\alpha)^{2/3}=(K_2/R)t=K't \tag{3-32}$$

此式就是著名的金斯特林格方程。杨德尔方程可写为：

$$1+(1-\alpha)^{2/3}-2(1-\alpha)^{1/3}=Kt \tag{3-33}$$

实验结果证明，与杨德尔方程相比，金斯特林格方程可适应于更大的反应程度。例如，碳酸钠与二氧化硅在820℃下的固相反应，根据金斯特林格方程计算的 K' 值，在较大的实验范围内，即 α 由0.24到0.61都无变化，均为 1.83×10^{-4}。根据杨德尔方程计算的 K' 值，则从 1.81×10^{-4} 变到 2.25×10^{-4}。

3.3.2 影响固相反应的因素

从前面固相反应动力学关系的推导过程可以看出，由于固相反应过程涉及相界面的化学反应和相内部或外部的物质输送等若干环节，因此除了像均相反应一样，反应物的化学组成、特性和结构状态以及温度、压力等因素外，凡是能活化晶格、促进物质的内外传输作用的因素均会影响反应的进行。

反应物的化学组成和结构是影响固相反应的内因，是决定反应方向和反应速率的重要因素。如原料固体结构与产物结构相似，则结构重排比较容易，易于成核。比如MgO和 $MgAl_2O_4$ 尖晶石中氧离子排列结构相似，因此比较容易在MgO界面上或者界面临近的晶格内通过局部规正反应或取向规正反应生成 $MgAl_2O_4$ 晶核和进一步晶体生长。反应物内能的高低也是影响反应速率的关键因素，内能较高的反应物，包括本身结构较为疏松，离子之间距离较大，晶格内能低的情况；也可以是晶体中缺陷较多，稳定性较差的情况，都会促进反应的发生。例如 γ-Al_2O_3 和 α-Al_2O_3 两种变体中，γ-Al_2O_3 的结构比较松弛，密度为3.47～3.60g/cm^3；而 α-Al_2O_3 比较紧密，密度为3.96g/cm^3，晶格能较大，内能较低。两者与MgO合成尖晶石时，开始反应时间可以相差220℃左右。反应物分解生成的新生态晶格，也往往具有较多的缺陷，因此活性较高，有利于固相反应的发生。例如在合成镁铬尖晶石时，采用 MgO 和采用 $MgCO_3$ 作为反应原料的反应速度具有显著差异，采用 $MgCO_3$ 的反应速率显著高于 MgO。

另外反应物的反应活性还与反应物的来源与制备条件、存在状态，尤其是表面结构有密切的关系。例如在用 Al_2O_3 和 MgO 反应制备 $MgAl_2O_4$ 尖晶石的过程中，分别采用轻烧 Al_2O_3 和重烧 Al_2O_3 作为原料，其反应速度可以相差十倍。这是因为在轻烧 Al_2O_3 中存在部分介稳态的 γ-Al_2O_3，加热过程中会发生结构重排生成 α-Al_2O_3，提高了 Al_2O_3 的反应活性。同时，固相反应中反应物多为多晶粉末，由于晶体的不完整，其表面会同时出现不同的晶面。如图 3-4 所示，MgO 多晶粉体的不同表面情况，可以为（111）晶面，也可能为（100）晶面或者其他。其中（100）晶面中为 Mg^{2+} 和 O^{2-} 交替排列，而（111）可全部为 Mg^{2+}，也可以全部为 O^{2-}（图 3-5），这些不同的表面结构也会表现出不一样的反应活性。

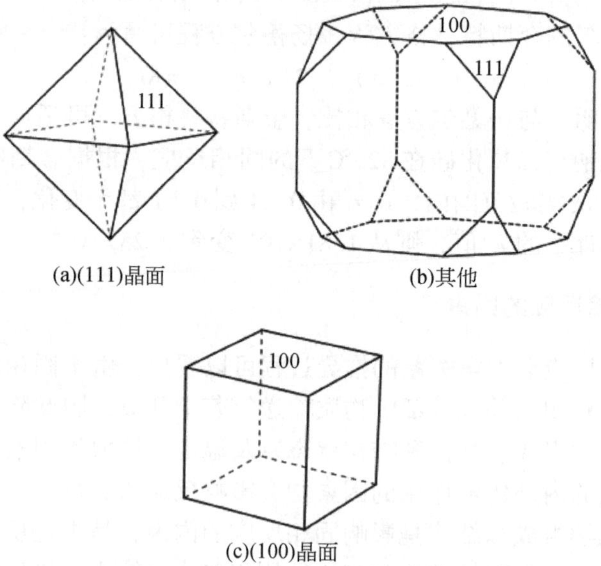

图 3-4　MgO 晶体中的不同表面

颗粒尺寸大小对反应速率的影响，是通过改变反应截面和扩散截面以及改变颗粒表面结构等效应来完成的。颗粒尺寸越小，反应比表面积越大，反应界面和扩散截面也相应增加，因此反应速率增大。在实际生产中，往往不可能控制均等的物料粒径。这时反应物料粒径的分布对反应速率的影响同样是重要的。理论分析表明，由于物料颗粒大小以平方关系影响反应速率（反应需要的时间），颗粒尺寸分布越集中，对反应速率越是有利。因此，在生产工艺中，在减少颗粒尺寸的同时，应尽量缩小颗粒尺寸分布范围，以避免由于少量较大尺寸的颗粒的存

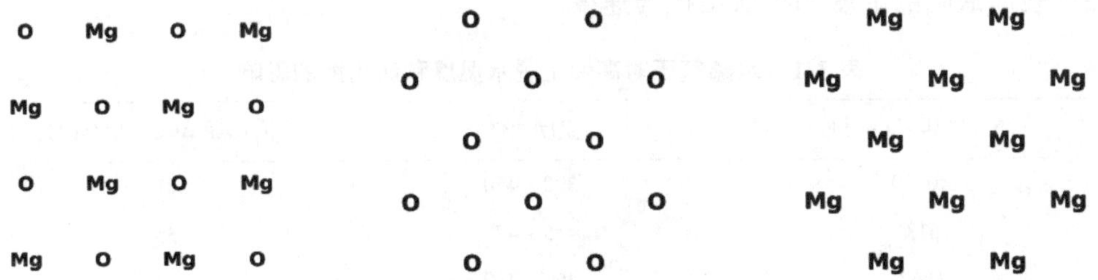

(a)MgO(100)面　(b)MgO(111)面(O)　(c)MgO(111)面(Mg)

图 3-5　MgO 晶体不同晶面的离子排布情况

在，而显著延缓反应进程。

温度是影响固相反应速度的重要外部条件之一。一般认为，温度升高均有利于反应进行。这是由于温度升高，固体结构中质点热振动的动能增大、反应能力和扩散能力均得到增强的原因所致。

对于化学反应，其速率常数：

$$K = A\exp\left\{-\frac{\Delta G_R}{RT}\right\} \tag{3-34}$$

式中，ΔG_R 为化学反应活化能，A 是与质点活化能相关的指前因子。

对于扩散，其扩散系数：

$$D = D_0\exp\left\{-\frac{Q}{RT}\right\} \tag{3-35}$$

式中，Q 为扩散活化能，D_0 为频率因子。

因此，无论是化学反应控制还是扩散控制的固相反应，温度的升高都将促进反应的进行。通常情况下，扩散活化能 Q 比反应活化能 ΔG_R 更小，因此温度的变化对化学反应的影响是显著大于对扩散的影响的。

压力是影响固相反应的另一个外部因素。对于纯固相反应，压力的提高可显著地改善粉料颗粒之间的接触状态，如缩短颗粒之间距离，增加接触面积，从而提高固相反应速率。对于有液相、气相参与的固相反应中，扩散过程不是通过固相粒子直接接触进行的。因此，提高压力有时并不表现出积极作用，甚至会适得其反。例如，黏土矿物脱水反应和伴有气相产物的热分解反应以及某些由升华控制的固相反应等，增加压力会使反应速率下降。由表 3-1 所列数据可见，随着水蒸气压的增高，高岭土的脱水温度和活化能明显提高，脱水速度降低。

气氛对固相反应也有重要影响。它可以通过改变固体吸附特性而影响表面反应活性。对于一系列能形成非化学计量的化合物 ZnO、CuO 等，气氛可直接影响晶体表面缺陷的浓度和扩散结构与速度。

表 3-1 水蒸气压对高岭土脱水温度和活化能的影响

水蒸气压 P_{H_2O}/Pa	温度 T/℃	活化能 ΔG_R/(kJ/mol)
<0.10	390～450	214
613	435～475	352
1867	450～480	377
6265	470～495	469

在固相反应体系中，加入少量非反应物质或由于某些可能存在于原料中的杂质，则常会对反应产生特殊的作用，这些物质常被称为矿化剂。矿化剂的特点是：它们在反应过程中不与反应物或反应产物起化学反应，但以不同的方式和程度影响反应的某些环节。实验表明，矿化剂可以产生如下作用：

①影响晶核的生成速率；②影响结晶速率及晶格结构；③降低体系共熔点，改善液相性质等。

加入矿化剂可以加速固相反应：

①它可以通过与反应物形成固溶体使晶格活化，反应能力加强；②与反应物形成低共熔物，使物料在较低温度下出现液相，加速扩散和对固相的溶解作用；③与反应物形成某种活性中间体而处于活化状态；④通过矿化剂促使反应物断键，从而提高反应物的反应速度等。

例如，在 Na_2CO_3 和 Fe_2O_3 反应体系加入 NaCl，可使反应转化率提高 50%～60%之多。当颗粒尺寸越大，这种矿化效果越明显。例如，在硅砖中加入1%～3% [Fe_2O_3+$Ca(OH)_2$] 作为矿化剂，能使其大部分石英不断熔解而同时不断析出鳞石英，从而促使石英向鳞石英的转化。关于矿化剂的矿化机理，一般是复杂多样的，可因反应体系的不同而完全不同，但可以认为矿化剂总是以某种方式参与固相反应过程。

3.4 固相反应的工艺流程

从原料的选择与处理开始一直到最后的产物分析评测，固相反应的基本流程包括原料的筛选与预处理、原料的混合、热处理（固相反应）、产物的后处理以及产物的分析评测。

由于反应物的组成、结构、颗粒大小等对固相反应的速率有重要的影响，因此选择合适的反应物有助于加速固相反应的进行、降低反应温度和制备成本。原料的选择首先要具有确定的组成才能准确地控制原料中元素的摩尔比。在固相合成中，一般避免选择容易吸水的硝酸盐、易氧化的金属等，这些原料中的水含量和氧含量往往是不固定的。其次，为提高反应活性，加快反应的速率，一般选择颗粒尺寸较小的具有一定反应活性的原料，比如纳米碳酸盐具有更高的比表面积，同时可以在相对较低的温度下分解得到活性高的氧化物。当然颗粒尺寸越小，原料的稳定性和成本也会越高，因此原料的尺寸是综合考虑反应活性、稳定性及成本因素进行选择的。如果原料的尺寸太大，可通过球磨等方法进行预处理，达到降低颗粒尺寸的目的。

原料的质量比（摩尔比）根据目标产物的组成来确定，如采用 $SrCO_3$、Ta_2O_5和 Cr_2O_3 作为原料制备 Sr_2CrTaO_6，其反应方程式如下：

$$4SrCO_3+Ta_2O_5+Cr_2O_3 \longrightarrow 2Sr_2CrTaO_6+4CO_2 \tag{3-36}$$

则原料中 $SrCO_3$、Ta_2O_5和 Cr_2O_3 的摩尔比应为 4∶1∶1。对于一些挥发性比较强的原料，比如 Li 或者 Na，则需要适度过量。

混合是固相合成中非常重要的一环，对反应的均匀性、一致性以及反应速率都有显著的影响。实验室少量的原料混合可以采用研钵进行手动研磨，时间足够的情况下也可以达到足够的均匀性。工业上的物料混合一般通过球磨机、破碎机、搅拌磨等多种方式。其中球磨也分为干磨和湿磨两种，干磨时固体粉末的流动性较差，混合效果一般较差。湿磨由于液体溶剂的加入，流动性更好，混合效果也更好。球磨过程中溶剂的选择原则是不与原料发生副反应，包括氧化还原、溶解、化合等。如水溶性原料不能用水作为分散溶剂，有机类原料一般不使用乙醇等有机溶剂作为分散剂。球磨的作用除了混合外，还可以通过粉碎降低原料的颗粒尺寸，从而提升反应速率。而最终粉碎后的颗粒尺寸跟球磨的时间、速率以及球的大小、球料比等相关。提升球磨速率，增加球磨时间等都有助于降低球磨后颗粒的大小，促进固相反应的速率。

热处理是固相合成法的核心工艺流程，对于不同的固相反应，热处理的方式应该是有所区别的。热处理主要考察温度、气氛、升温降温速率、热处理时间等。其中温度可以通过泰曼定律来估算，如 Sr_2CrTaO_6 的合成制备中，原料 $SrCO_3$ 在 1643K 左右分解为 SrO，而 SrO 的熔点为 2700K，Ta_2O_5的熔点为 2070K，Cr_2O_3 的熔点为 2710K，根据泰曼定律，氧化物的烧结温度应该为熔点的 2/3，也就是 $2710K \times 2/3 = 1806K$（1532℃）左右。除通过泰曼定律估算外，固相反应温度也可以结合原位表征来确定，比如热分析、原位 XRD 等。

如图 3-6 所示，当固体中发生反应时，差热曲线会出现基线的改变、吸热或者放热峰。其中基线的变化代表着二级相变，比如玻璃化转变，放热峰代表结晶或者固相反应等，吸热峰代表融化或者其他可逆相变。一般来说，放热峰的位置就是固相反应发生的温度，通过差热分析可以更快地确定固相反应开始的温度。

对于一些特别的固相反应过程，差热曲线可能会比较复杂，同时差热曲线并

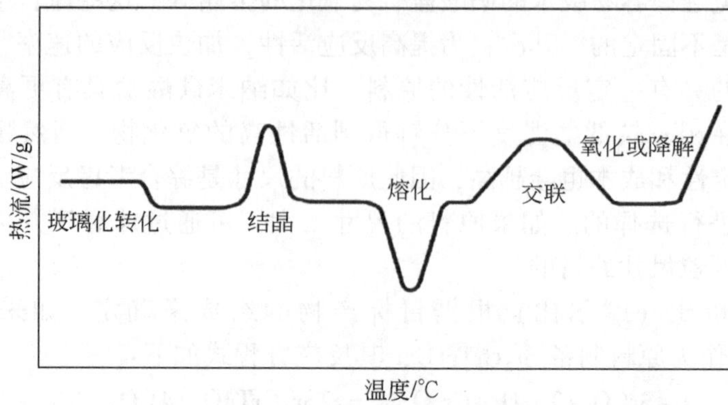

图 3-6　DTA 中的典型曲线

不能反映出固相反应的产物结构，也就是说反应生成的产物可能并不复合预期。原位 XRD 不仅可以分析固相反应发生的温度，也可以得到产物的结构信息，是否为预期的结构和组成。

通过热处理后的产物后续还会通过结构的表征分析确定产物是否为纯相，不符合的需要进一步处理以满足要求。同时，对于特殊用途的产物还需要对其性能进行分析表征，以确定是否达到预期目标。

3.5　固相反应法在新能源材料合成中的应用

3.5.1　固相反应法在新型二次电池材料合成中的应用

固相反应法在锂/钠离子电池材料中获得了广泛的应用，大部分的电池材料都可以在实验室通过固相反应法制备。但是考虑到固相反应法的缺点，即反应的完成依赖于离子的扩散，而固相中离子的扩散速率较慢，难以实现均匀分布。工业上采用固相法制备的电极材料相对较少，主要为组成比较简单、对离子扩散要求较低的材料。比如 $LiCoO_2$、$LiMn_2O_4$、$Li_4Ti_5O_{12}$、$LiFePO_4$ 等[1-4]，而掺杂 $LiCoO_2$、三元 $LiNi_xMn_yCo_{1-x-y}O_2$ 等组成元素较多，对离子分散均匀性和扩散要求较高的材料需要结合液相法进行制备。比如三元 $LiNi_xMn_yCo_{1-x-y}O_2$ 需要通过共沉淀法制备 Ni、Co、Mn 三元前驱体，后续通过三元前驱体与 Li_2CO_3 之间的固相反应制备[5-7]。

尖晶石 $Li_4Ti_5O_{12}$（钛酸锂）被称为“零应变”材料，充放电过程中体积和结构变化小，循环稳定性非常优异，同时嵌锂电位高（1.5V *vs.* Li/Li^+），能有效抑制循环过程中锂枝晶的生长，与其他负极材料相比具有安全、稳定、寿命长和倍率性能好等显著优点，是一种极具前景的锂电池负极材料。

高温固相合成是目前工业生产应用最多的$Li_4Ti_5O_{12}$制备工艺，通常使用TiO_2和Li_2CO_3或LiOH为原料，按一定的比例混合，在1000℃左右的高温下，经过12～24h的高温烧结，冷却后进行后处理，即得到尖晶石结构$Li_4Ti_5O_{12}$颗粒。高温固相合成制备$Li_4Ti_5O_{12}$的影响因素较多，Li用量一般过量8%左右，Li含量不足时，产物中会包含部分未锂化的TiO_2杂质，而Li含量过高则会有Li_2TiO_3杂质的生成，都会导致$Li_4Ti_5O_{12}$电化学性能的恶化。$Li_4Ti_5O_{12}$的固相反应过程中，反应的持续进行中涉及的主要是Li^+离子的扩散和Ti^{4+}或者O^{2-}的扩散，其中Li^+在合成温度下的扩散是较快的，因此产物的均匀性和一致性是相对较好的，这也是$Li_4Ti_5O_{12}$可以采用固相法合成的主要原因。

常规高温固相法合成的粉体由于长时间的高温热处理会导致粒径大、晶粒尺寸大、分布不均匀、团聚严重，同时对能源的消耗较大。晶粒尺寸过大也不利于电极材料的大电流充放电。如前所述，固相法制备的$Li_4Ti_5O_{12}$后期需要进行粉碎处理，将$Li_4Ti_5O_{12}$颗粒大小降下来，从而实现大电流快速充放电。微波固相法是一种新兴的固相合成方式，具有合成速度快、节能环保的优点，避免了长时间的高温处理，同时微波的非热效应对促进相结构的均匀化具有积极作用，能够更简单地制备颗粒和组成均匀的电极材料。

与传统烧结技术相比，微波烧结技术主要是加热方式不同。从物理学原理上可知，微波是由光子组成具有能量，物质与微波相互作用，分子运动会加剧，物体内能增加，从而产生加热的效果。与传统高温固相法相比，微波固相法具有以下几个优点：能够大幅度降低烧结温度，最多可以降低500℃；能源利用效率高，升温速度快，保温时间短；环境友好、安全无污染，微波烧结时间短，降低了烧结过程需要气体的用量，相应地也减少了排出的废气量。

Liu等[8]采用微波微区域合成技术，以Li_2CO_3、TiO_2、Nb_2O_5为原料，按摩尔比［$n(Li):n(Ti):n(Nb)=0.81:1:x$］称量原料，将称量好的原料分别放入球磨罐中，按比例加入球磨介质，以乙醇作为粉体分散剂进行球磨。将球磨15h之后的原料放入烘箱进行干燥，得到混合前驱体。在前驱体中引用SiC微球作为微波良导体，一起放入微波烧结炉中，升温到750℃保温20min，自然冷却后使用筛网分离粉料与SiC微球，得到了平均晶粒为1～2μm、分散性良好、晶体结构完整、电化学性能优异的纯相钛酸锂粉体。与传统高温固相法相比，温度降低，时间缩短90%以上。

钛酸锂的固相合成法是比较典型的电极材料合成工艺路线，类似的$LiCoO_2$、$LiMn_2O_4$等组成比较简单的电池材料都可以通过类似的工艺路线实现低成本合成，并获得良好的均匀性、一致性和优异的电化学性能。

橄榄石磷酸铁锂$LiFePO_4$（LFP）材料的主要优点是原料资源丰富、成本低、电池安全性和循环性能好，主要缺点是电压和比能量低，低温和倍率性能差。该材料不仅在电动自行车、电动大巴、电动公交车、特种车行业得到了广泛应用，也将在储能行业大规模得到广泛的应用。由于该材料中锂离子沿一维通道传输，因此材料具有显著的各向异性、对缺陷结构异常敏感，需要制备过程保障合成反应的高度均匀性和精确的 Fe 和 P 比例，才可能获得较好的容量和倍率性能。高温固相法是目前最简单的制备 $LiFePO_4$ 的方法，也是最成熟的方法。通常以 FeC_2O_4 或 $Fe(CH_3COO)_2$ 为 Fe 源、Li_2CO_3 或 LiOH 为 Li 源和 $NH_4H_2PO_4$ 为 P 源，按照一定的化学计量数比充分均匀地混合，在惰性气体的保护下高温加热焙烧制成。比如 Piana 等[9]首次采用固相法合成出 $LiFePO_4$，用 Li_2CO_3、$Fe(COO)_2$、$NH_4H_2PO_4$ 为原料，在 600℃的高温下焙烧制成的产物，首次放电可达 120mAh/g。Yan 等[10]改进固相法，将 LiH_2PO_4 和 $FeC_2O_4 \cdot 2H_2O$ 充分混合并加入柠檬酸，通入氮气并在 675℃下焙烧，得到放电比容量为 160mAh/g 的碳包覆 $LiFePO_4$。多次循环后比容量仍然十分稳定。采用这种方法合成 $LiFePO_4$ 正极要求 Li^+ 和 Fe^{2+} 同时扩散到磷酸盐表面从而发生反应生成 $LiFePO_4$ 正极，因此对原料的混合要求较高。当混合达不到要求的时候，在惰性气氛下烧结过程中容易出现部分 Fe^{2+} 过度还原生成 Fe 单质，不仅导致产物纯度的下降，磁性 Fe 单质还容易引起电池的短路，造成安全隐患。目前 $LiFePO_4$ 的制备多采用 $FePO_4$ 同时作为 Fe 源和 P 源，通过碳热还原的办法反应生成 $LiFePO_4$，其反应方程式如下：

$$FePO_4 + Li_2CO_3 + C \longrightarrow LiFePO_4 + CO \tag{3-37}$$

在这一过程中，只需要 Li^+ 和电子在 $LiFePO_4$ 中间层的扩散就可以实现 $LiFePO_4$ 的不断生长，其扩散速率要比 Fe^{2+} 的扩散更快。同时，$FePO_4$ 中的 Fe^{3+} 在合成条件下也不会被过度还原为 Fe 单质，$LiFePO_4$ 产物的综合性能更好[11]。

通过分步处理逐步实现产物中多种离子的混合是解决固相反应法中离子扩散较慢、产物均匀性和一致性较差的重要方法。如将 Fe 和 P 源反应生成 $FePO_4$ 并将其同时作为 Fe 源和 P 源，解决了 Fe 和 P 互相扩散的问题，在合成 $LiFePO_4$ 的过程中将 Li^+、Fe^{2+} 的扩散问题简化为 Li^+ 的扩散问题。Feng 等[12]通过两步法制备了均匀性良好的尖晶石 $LiNi_{0.5}Mn_{1.5}O_4$ 正极材料。首先通过混合 Ni 和 Mn 源并高温烧结制备了 $Ni_{1-x}Mn_2O_{4-\delta}$，第一步实现了 Ni 和 Mn 的均匀分布，再通过二次烧结将 $Ni_{1-x}Mn_2O_{4-\delta}$ 锂化制备 $LiNi_{0.5}Mn_{1.5}O_4$ 尖晶石正极材料。

固态电解质因其优秀的安全性能、较宽的电化学窗口以及良好的化学稳定性得到广泛研究。无机固态电解质是固态电解质中综合性能较好的一种，其中石榴石型固态电解质 $Li_7La_3Zr_2O_{12}$（LLZO）由于具有较好的电化学稳定性、热稳定性和宽的电化学窗口得到广大学者的关注。高温固相法是 LLZO 常用制备方法之一。

对于LLZO固态电解质的高温合成来说，产物LLZO的形成涉及Li^+、Zr^{4+}以及La^{3+}的扩散，除Li^+之外，其他离子的价态较高，离子半径较大，扩散是比较困难的。因此，LLZO的固相合成需要在较高的温度下进行，且通过多步烧结实现产物的均匀性。以$LiOH \cdot H_2O$为Li源、La_2O_3为La源、ZrO_2为Zr源，采用分段式高温固相法制备具有较高离子电导率的立方相LLZO电解质。其中La_2O_3在空气中化学性质不稳定，容易吸收H_2O反应生成La（$OH)_3$，所以在混料之前将La_2O_3放入炉子中在900℃加热处理12h。在高温煅烧过程中，Li元素容易出现挥发损失，因此加入过量的质量分数为15%的$LiOH \cdot H_2O$进行混合以弥补Li元素的损失。接下来对3种原料按照化学计量比7：3：2称取相应的质量，放入装有球料的球磨罐中，以异丙醇为溶剂，控制球磨转速600r/min，球磨时间12h，球料比10：1，球磨以后将原料放入烧杯，在温度为70～80℃的鼓风干燥箱中干燥6h，将干燥后的混合原料用玛瑙研钵研磨均匀后，移入刚玉坩埚中，盖上坩埚盖以减少锂元素的挥发损失，然后放入气氛炉中进行煅烧，温度设置为800℃，保温7h，加热速率5℃/min，待炉子中温度降到室温即可得到块状LLZO前驱体粉末，进行第2次球磨，球磨时间、转速、球料比与第1次相同，待球磨结束后将LLZO前驱体粉末放入干燥箱中，干燥后取出用玛瑙研钵进行研磨，再用0.075mm筛子进行过筛，即可得到尺寸均匀的LLZO前驱体粉末。称取1.35g LLZO前驱体粉末倒入直径15mm的不锈钢磨具中，在压力26MPa下保压3min，压制成尺寸大约为2.2mm的固态电解质片；将压完的片放入坩埚之后进行烧结，采用填埋母粉烧结有利于抑制电解质片中Li元素的挥发损失，烧结温度1000℃，保温12h，待烧结完毕，冷却到室温取出即可得到LLZO固体电解质片。

高温制备LLZO存在大量锂元素的挥发，产物中容易产生La、Zr的氧化物杂质。尽管在烧结过程中采用过量锂来补偿锂元素的挥发，但是高温下Li_2O蒸气压较高，挥发较快且各部分挥发速率不一致，容易出现不同位置LLZO组成不一致，产生杂质的现象。进一步的改进可以通过对坩埚进行密封处理，抑制Li_2O蒸气的溢出。另外，由于Li_2O为碱性氧化物，在使用两性Al_2O_3坩埚进行LLZO的合成时，挥发的Li_2O容易与Al_2O_3坩埚反应生成$LiAlO_2$等产物，一方面导致Al_2O_3坩埚的变质，另一方面会消耗Li_2O引起Li_2O的过度挥发，产生更多的杂相。而MgO和Pt坩埚属于碱性氧化物或惰性金属材料，基本不会跟LLZO以及挥发的Li_2O发生副反应，稳定性较好且不会影响LLZO的高温烧结过程。空气对流是导致Li_2O不断溢出，原料中Li源不断挥发的重要原因。通过对坩埚的密封处理，减少Li_2O的溢出能显著降低LLZO中Li的损失，从而降低原料中Li源的添加量。Huang等通过采用惰性坩埚并密封处理的方式制备LLZO，可以在Li过量5%左右的时候合成出纯相LLZO，且各部分一致性良好[13]。

在众多钠离子固态电解质中，硫化物电解质由于其具有较高的离子电导率，宽温区稳定性、优良的可变形性、简单的制备工艺、价格低廉等优点，使得其在固态钠离子电池中的应用备受关注。固相法是合成钠离子硫化物固态电解质的主要方法之一，其中合成工艺是影响电解质离子电导率的重要因素。钠离子硫化物固态电解质中，包括 Na_3PS_4、Na_3SbS_4 等多存在多种结构，比如四方相、立方相结构，其中离子电导率较高的立方相结构在热力学上是相对不稳定的，传统的固相合成法难以制备出离子电导率较高的立方相结构，实验上多采用机械化学合成法制备立方相固态电解质。机械化学合成法即高能球磨法，这种方法依赖于球磨介质与固体颗粒之间的高能碰撞，不但能将原料充分混合起来，球磨过程中产生的能量还能促进原料间的反应，形成玻璃态的固态电解质。后续通过退火处理进行初步结晶得到晶态或玻璃-陶瓷态产物。Na_3PS_4、Na_3SbS_4 等具有多种结构的电解质材料在退火过程中往往存在多个结晶过程，随着温度的升高会结晶得到不同结构。一般低温下结晶得到的为立方相结构，离子电导率较高，高温下结晶得到的为四方相结构，离子电导率较低。

Hayashi 等[14]通过机械化学合成的方法制备了玻璃陶瓷相 Na_3PS_4，玻璃态 Na_3PS_4 使用 Na_2S、P_2S_5 按照摩尔比 75 : 25 的比例混合后放入球磨罐中，以 510r/min的速度在球磨机中反应20h 后，分别在270℃和420℃下在马弗炉中退火 2h 得到不同晶型的 Na_3PS_4。通过 X 射线衍射（XRD）分析表明，270℃烧结得到了立方相的 Na_3PS_4，其室温离子电导率超过 10^{-4}S/cm。而在420℃烧结得到的是四方相的 Na_3PS_4，其室温离子电导率仅为 10^{-5}S/cm。通过机械化学合成法还可以对 Na_3PS_4 进行掺杂并提升电导率。例如在 Na_3PS_4 中掺杂 Na_4SiS_4，将 Na_2S、P_2S_5、SiS_4 经过 510r/min 球磨 1.5 ~25h 后在 220 ~360℃下退火 2h 得到高离子电导率的 $94Na_3PS_4 \cdot Na_4SiS_4$[15]；或在 Na_3PS_4 中掺杂元素 As，将 Na_2S、As_2S_5、P_2S_5混合放入玛瑙球磨罐中以 510r/min 球磨 15h 后在 270℃下经 2h 退火得到 $Na_3P_{0.62}As_{0.38}S_4$ 电解质[16]；还有 Ge^{4+}、Ti^{4+}、Sn^{4+} 掺杂的 $Na_{3+x}M_xP_{1-x}S_4$（$x=0$, 0.1），同样可以使用机械化学球磨法制得[17-19]。

机械化学法的优点是合成过程避免高温反应且能够使原料充分混合，缺点是对设备的要求较高，球磨时间长，效率较低，难以实现大批量的制备。而高温固相法是通过高温扩散反应，相对更容易实现大批量的制备，但是传统高温固相法难以合成高电导率的立方相结构，实现较高的离子电导率，因此需要对结构进行一定的优化。

Chu 等[20]采用高温固相法向 Na_3PS_4 中掺杂 Cl 元素制备出具有高离子电导率的 Cl 掺杂四方相 Na_3PS_4。将 Na_2S、P_2S_5、NaCl 等原料经过简单混合后在 800℃下加热 4h 后淬火，经研磨后压片，420℃静止 2h 再压片，用等离子体烧结（SPS）的方法成功合成出四方相 $Na_{2.9375}PS_{3.9375}Cl_{0.0625}$，其离子电导率可以达到

10^{-3}S/cm。Bo 等[21]通过高温固相法在 800℃下合成了具有超高离子电导率的 Na_3PSe_4，XRD 显示通过 Se 取代 S 后其结构从四方相转变为立方相，从而引起离子电导率的显著提升。

电解质锂盐是锂离子二次电池的重要组成部分，对电解液的离子电导率、稳定性等具有重要影响。与传统锂盐 $LiPF_6$ 相比较，双乙二酸硼酸锂（LiBOB）具有以下优点：不含 F 元素，不会产生 HF 腐蚀电极；分解温度高达 302℃，其电解液体系具有更强的热稳定性，能提高锂离子电池的安全性；能够在负极表面形成稳定的固态电解质（SEI）膜，甚至能够在纯聚碳酸酯（PC）中稳定石墨负极，从而使得在锂离子电池电解液体系中以 PC 替换碳酸乙烯酯（EC）成为可能，为解决电池低温使用问题提供了一种很好的选择。另外，LiBOB 是一种合成原料廉价易得、制备工艺简单、环境友好的产品，具有非常好的应用前景。

Wen 等[22]首先将 $H_2C_2O_4 \cdot 2H_2O$ 于 105～110℃烘干除去结晶水，得到无水 $H_2C_2O_4$，再称取一定量 $H_2C_2O_4$ 和 $LiOH \cdot H_2O$，研磨，混合均匀。将混合物于 60℃预加热 2h，然后分批加入化学计量比的 H_3BO_3。继续混合研磨，至原料彻底研细并混合均匀为止。将得到的混合物在真空干燥箱中于 70℃干燥 6h 后加入干燥剂，再将温度升至 100℃后继续真空干燥 3h，即得 LiBOB 粗产品。将粗产品溶于新鲜的无水乙腈中，稍微加热后滤去不溶物。滤液进行蒸发浓缩后，在-40℃冷冻结晶 4～5h，过滤进行固液分离，得到白色固体。将得到的固体在 70～100℃真空干燥 18h，所得白色粉末即为 LiBOB 样品。

3.5.2　固相反应法在固体氧化物燃料电池材料合成中的应用

$LaMO_3$（M=Cr、Co、Mn、Ga 等）钙钛矿材料[23]是一类较好的氧离子导体，因此可以被用于固体氧化物燃料电池中的电解质、阴极与阳极材料。根据用途的区别，其中的组成 M 也有所区别。其中电解质材料要求具有较高的氧离子电导和较好的电化学稳定性，M 为电化学稳定性较好的 Ga。阳极主要发生氧气的还原，因此阴极材料需要有一定的还原催化活性，M 主要为 Cr。而阴极材料主要催化燃料的氧化，需要有一定的氧化催化活性，M 主要为 Mn。钙钛矿材料的制备方法主要有固相反应法和溶胶-凝胶法，当组成比较简单或烧结温度较高时，可采用固相反应法。当组成比较复杂或者需要在低温下合成颗粒较小的粉体时，则多采用液相法，比如溶胶-凝胶法或燃烧法。

镓酸镧（$LaGaO_3$）基电解质[24]因其在中温范围内（400～800℃）离子电导率高、化学稳定性好和结构稳定性强，从而成为中温燃料电池中研究最深入、应用最为广泛的一类电解质材料。为进一步提高电解质的离子电导率，通常会对 $LaGaO_3$ 电解质进行离子掺杂，调控其结构和其中的缺陷。制备掺杂 $LaGaO_3$（LSGM）的方法很多，其中传统的固相反应法是最常用的方法。利用固相反应法制备 LSGM 的流程如下，首先对除 $SrCO_3$ 以外的氧化物原料进行烘干处理，条件是1000℃保温 10h，烘干后，按化学计量称取原料 Ga_2O_3（99.9%）、MgO（99.9%）、La_2O_3（99.9%）和 $SrCO_3$（99%）后，放入研钵中加无水乙醇手磨4h。其次再将样品放入球磨罐中，球磨 20h；将粉体干燥后进行压片（Φ22mm），条件是4～5MPa 压力，然后放入高温炉中进行预烧，预烧温度是1250℃，保温20h；取出后粉碎圆片手磨4h，在进行球磨48h，球磨后将样品干燥，压制成片（Φ13mm），放入高温炉中在1300～1450℃进行烧结，并保温相应时间即可得到最终样品。众多课题组采用高温固相法合成不同元素掺杂的 $LaGaO_3$ 基电解质，获得了不错的电化学性能[25,26]。

$LaCrO_3$ 基材料[27,28]是中温氧化物燃料电池（SOFC）最具有开发前景的阳极材料之一。$La_{1-x}Sr_xCr_{1-y}Mn_yO_{3-\delta}$（LSCM）[28,29]是该种阳极材料的代表。$LaCrO_3$ 属于钙钛矿（ABO_3）复合氧化物，钙钛矿中的 A、B 位元素有不同的作用，A 位的 La 元素可以稳定材料的结构，部分 Sr^{2+}取代 La^{3+}可以提高材料的电导性能；B 位的 Cr^{3+}元素不仅可以保证材料的稳定性还可以提高其作为材料对含硫燃料的容忍性，Mn^{4+}元素部分取代 Cr^{3+}元素可以提高材料的催化性能，还可以减少或消除阳极积炭现象。

Qi 等[27]以分析纯 La_2O_3（纯度 99.95%）、$SrCO_3$（纯度 99.00%）、Cr_2O_3（纯度99.99%）、$CaCO_3$（纯度99.99%）为原料，按化学式计量比称取各组分，采用固相法合成技术制备 $La_{0.8}Ca_{0.2}CrO_3$ 和 $La_{0.7}Ca_{0.2}Sr_{0.1}CrO_3$ 氧化物。因为 La_2O_3 在空气中易吸水受潮，在配料以前把 La_2O_3 在600℃进行干燥处理 3h。以无水乙醇为分散剂，将混合物料在玛瑙研钵内研磨，得到前驱体物料，然后将前驱体物料放入马弗炉内，在1200℃下空气气氛下进行焙烧处理24h，将经过焙烧处理的物料加入适量无水乙醇并研磨，空气气氛下继续在1450℃下进行烧结48h，最终都得到单一钙钛矿结构产物。

锰酸镧（$LaMnO_3$）经过低价离子在 A 位上的掺杂，不仅可以提高电导率，而且在氧化气氛下结构更加稳定。目前，Sr 掺杂的锰酸镧 $La_{1-x}Sr_xMnO_3$（LSM）被广泛应用于中高温固体氧化物燃料电池中阴极材料。He 等[30]采用固相法合成了 $La_{0.8}Sr_{0.2}MnO_3$（LSM）粉体。将 La_2O_3 原料粉体在800℃空气中焙烧 24h 后备用，将 La_2O_3、$SrCO_3$ 和 $MnSO_4 \cdot H_2O$ 按照化学计量比混合并加入异丙醇球磨 6h，干燥后将混合物放置马弗炉中，在 800～1000℃加热 12～24h。预烧后的粉体经再次球磨6h 后在6～8MPa 的压力下压成2cm 长、直径1cm 的圆柱体，在1200～1600℃烧结 10～12h 得到最终产物，烧结气氛为空气。

3.5.3 固相反应法在氢能及催化材料合成中的应用

在各种非均相催化剂中，负载型金属纳米催化剂（SMNC）因其高的内在活性、稳定性和可回收性而备受关注。发现 SMNC 的催化活性与金属纳米粒子（NP）的大小和分散性密切相关。通常，缩小金属 NP 的尺寸可以显著提高表面与体积的比率，暴露更多的表面原子，并在几何和电子上改变表面结构。这样的变化将显著增加活性位点并调节其内在活性，从而提高 SMNC 的催化性能。SMNC 的规模和分布直接取决于合成策略，虽然目前已经开发了浸渍、共沉淀、溶剂热合成和胶体合成等方法，以制备具有理想尺寸和分布的 SMNC，但是，精确控制载体上金属 NP 的状态仍然具有挑战性，尤其是在大规模制备中。此外，通常需要封端剂或表面活性剂来控制金属 NP 的尺寸并防止其聚集。NP 表面的这些有机物质会阻塞活性位点，导致催化活性和选择性的损失。尽管已经做出了许多努力来去除这些表面有机物，但金属 NP 的烧结和表面积损失几乎是不可避免的。此外，基于液相的合成使用大量溶剂，使得处理耗时且成本低，并引起环境问题。鉴于 SMNC 在工业中的广泛应用，制备具有超细尺寸和在载体上良好分布的金属 NP 的简便且成本效益高的策略是非常理想的。

金属基催化剂的固相合成，包括机械化学和热处理，已被认为是一种简单而经济的方法，因为它可以避免复杂的步骤以及使用有机溶剂和封端剂。虽然热处理方法已被确定为合成 SMNC 的有效方法，但它仍然受到严格的合成条件（如高退火温度和长时间煅烧）以及缺点（包括危险废物的产生以及尺寸和分布控制不足）的限制。

区别于以上几种合成方法，通过在玛瑙研钵中直接研磨混合前体，开发了一种简便的室温固态策略，以生产一系列高度分散在各种碳载体（M NP/C，M = Rh、Ru、Ir）上的纳米金属纳米颗粒。这种工艺允许大规模生产这种 M NP/Cs，而不需要有机溶剂和封端剂以及碳载体的任何预处理。

具体合成过程：首先在玛瑙砂浆中混合金属前体（$RhCl_3$、$RuCl_3$ 或 $IrCl_3$）、氢氧化钠（NaOH）、硼氢化钠（$NaBH_4$）和碳载体。然后在室温下研磨混合物的过程中原位还原贵金属前体；金属 NP 的合成，将 30mg XC-72Vulcan 碳和 0.10mmol 氯化铑水合物混合在一起。随后，将氢氧化钠加入到 Rh/NaOH 摩尔比为 1∶4 的混合粉末中。通过研杵研磨 30min。然后将硼氢化钠粉末转移到 $NaBH_4$/Rh 为 4∶1 的玛瑙砂浆中，然后再研磨 30min 以完成还原。洗涤和干燥后获得黑色产物 Rh NP/C（20.58wt%）。除分别使用 0.04mmol 和 0.19mmol 氯化铑水合物作为金属前体外，根据上述程序获得了另外两种 Rh-NP/C，Rh 负载量分别为 5.59wt% 和 35.71wt%。除了分别使用 0.11mmol 氯化钌水合物和 0.10mmol 氯化铱水合物作为金属前体外，根据上述程序制备了 Ru-NP/C（23.40wt%）和 Ir-NP/C（22.01wt%）[31,32]。

分散负载型金属纳米催化剂（SMNCs）的绿色可扩展合成对于工业中的多相催化具有重要意义。为了获得纳米尺寸的 SMNCs 并防止金属纳米颗粒（NPs）聚集，传统的液体合成通常需要有机封端剂和低金属负载量，这不利于 SMNCs 的实际生产，所以研发了一种绿色、简便的固态方法，用于通过室温砂浆研磨在不同碳载体上高度分散的 Rh、Ru 和 Ir 纳米颗粒的一般合成。该合成易于放大且不需要有机溶剂。金属 NP 不含封端剂，尺寸分布均匀，为几纳米。得益于上述特征和高本征活性，Rh-NP/C 在 $10mA/cm^2$ 条件下表现出超低过电位 7mV 和优异析氢反应活性、优于最先进的电催化剂。电池电压可输出 $10mA/cm^2$ 的稳定电流密度，对于带有 Rh NP/C 阴极的电解槽，仅为 1.53V。这些结果表明，目前可扩展的固态合成策略为大规模生产用于各种应用的高效 SMNC 铺平了新的道路。

$Mg(BH_4)_2$ 是目前储氢材料的研究热点之一，具有储氢量大（14.9wt%）、放氢温度较低、能够可逆吸放氢等优点，将在氢经济的发展中发挥重要作用。同时，$Mg(BH_4)_2$ 具有较强的还原性，可以替代现在广泛使用的一些还原剂，在化工产业中也有巨大的应用前景。目前，$Mg(BH_4)_2$ 的合成主要集中在离子交换反应。离子交换反应法指使用碱金属硼氢化物与卤化镁进行离子交换反应生成 $Mg(BH_4)_2$。主要的技术路线有：固相球磨–液相萃取和液相球磨。固相球磨–液相萃取即将碱金属硼氢化物和卤化镁按照化学计量比放入球磨罐中，在一定的球磨能量下球磨一定时间，然后将球磨产物取出，利用有机溶剂萃取出 $Mg(BH_4)_2$，再通过过滤、蒸馏和去溶剂过程得到 $Mg(BH_4)_2$。

也可以使用简单易行、易于控制、成本低廉的固相反应法制备 $Mg(BH_4)_2$。以硼化镁或硼化镁与氢化镁的混合物作为起始物质，使用过渡金属、过渡金属卤化物、过渡金属氢化物或过渡金属氧化物中的一种或多种作为催化剂，在高压氢气气氛下进行机械力化学反应制得 $Mg(BH_4)_2$。硼化镁与氢化镁的混合物中，硼化镁与氢化镁的摩尔比≥1。过渡金属、过渡金属卤化物、过渡金属氢化物或过渡金属氧化物催化剂的含量为混合原料总量的1% ~15%（质量分数）。高压氢气氛的压力为 30 ~100atm。使用机械化学的球磨法，球磨罐为装有开关阀门的不锈钢罐，球磨转速为 300 ~550r/min，球磨时间为 24 ~96h，球料比为 30：1 ~120：1（质量比）[33]。

通过在常温和高压氢气气氛下球磨硼化镁的方法，使硼化镁在催化剂的存在下直接氢化，避免了以碱金属硼氢化物和卤化镁为原料的方法中过滤、蒸馏、去溶剂等烦琐操作，避免了高温高压氢化硼化镁方法的危险性和复杂的高温高压反应器设计，避免了使用昂贵且有毒的硼烷的有机物加合物以及有机金属化合物，具有合成方法简便、反应过程易于控制、成本较低、无有机物污染等优点。

思 考 题

（1）什么是固相反应法？与湿化学法相比，列举 3 个显著特点。

（2）为什么固相反应通常需要高温？从动力学角度解释。

（3）固相反应可分为加成反应、置换反应和分解反应，各举一个材料合成实例（写出反应方程式）。

（4）描述固相反应的4个基本步骤（接触→扩散→反应→晶粒生长），并指出速率控制步骤通常是什么？为什么？

（5）如何通过实验手段（如XRD、SEM）判断固相反应是否完成？

（6）列举影响固相反应速率的3个因素，并说明如何通过工艺优化提高反应效率（例如，原料粒径、掺杂、助熔剂的作用）。

（7）为什么固相反应产物常存在组分不均匀性？提出两种改进方法。

（8）若需合成高纯度的 $Y_3Al_5O_{12}$（YAG）荧光粉，固相法可能面临哪些挑战？如何解决？

参考文献

[1] Yang X, Liu D, Xu X, et al. Mechanism and kinetic studies on the synthesis of $LiFePO_4$ via solid-state reactions [J]. CrystEngComm, 2013, 15: 10648.

[2] Gim J, Zhang Y, Gao H, et al. Probing solid-state reaction through microstrain: A case study on synthesis of $LiCoO_2$ [J]. Journal of Power Sources, 2020, 469: 228422.

[3] Kozawa T, Yanagisawa K, Murakami T, et al. Growth behavior of $LiMn_2O_4$ particles formed by solid-state reactions in air and water vapor [J]. Journal of Solid State Chemistry, 2016, 243: 241-246.

[4] Feng X Y, Li X, Tang M, et al. Enhanced rate performance of $Li_4Ti_5O_{12}$ anodes with bridged grain boundaries [J]. Journal of Power Sources, 2017, 354: 172-178.

[5] Nam K M, Kim H J, Kang D H, et al. Ammonia-free coprecipitation synthesis of a Ni-Co-Mn hydroxide precursor for high-performance battery cathode materials [J]. Green Chemistry, 2015, 17: 1127-1135.

[6] Nayoze C, Ansart F, Laberty C, et al. New synthesis method of $LiM_{1-x}M'_xO_2$ elaborated by soft chemistry for rechargeable batteries (M and M' = Ni, Co or Mn) [J]. Journal of Power Sources, 2001, 99: 54-59.

[7] Sun Y K, Bae Y C, Myung S T. Synthesis and electrochemical properties of layered $LiNi_{1/2}Mn_{1/2}O_2$ prepared by coprecipitation [J]. Journal of Applied Electrochemistry, 2005, 35: 151-156.

[8] Shi L, Hu X, Huang Y. Fast microwave-assisted synthesis of Nb-doped $Li_4Ti_5O_{12}$ for high-rate lithium-ion batteries [J]. Journal Of Nanoparticle Research, 2014, 16: 2332.

[9] Piana M, Arrabito M, Bodoardo S, et al. Characterization of phospho-olivines as materials for Li-ion cell cathodes [J]. Ionics, 2002, 8: 17-26.

[10] Yan X, Yang G, Liu J, et al. An effective and simple way to synthesize $LiFePO_4$/C composite [J]. Electrochimica Acta, 2009, 54: 5770-5774.

[11] Yang K, Deng Z, Suo J. Synthesis and characterization of $LiFePO_4$ and $LiFePO_4$/C cathode material from lithium carboxylic acid and Fe^{3+} [J]. Journal of Power Sources, 2012, 201:

274-279.

[12] Feng X Y, Shen C, Fang X, et al. Synthesis of $LiNi_{0.5}Mn_{1.5}O_4$ by solid-state reaction with improved electrochemical performance [J]. Journal of Alloys and Compounds, 2011, 509: 3623-3626.

[13] Huang X, Lu Y, Song Z, et al. Manipulating Li_2O atmosphere for sintering dense $Li_7La_3Zr_2O_{12}$ solid electrolyte [J]. Energy Storage Materials, 2019, 22: 207-217.

[14] Hayashi A, Noi K, Sakuda A, et al. Superionic glass-ceramic electrolytes for room-temperature rechargeable sodium batteries [J]. Nature Communications, 2012, 3: 856.

[15] Tanibata N, Noi K, Hayashi A, et al. Preparation and characterization of highly sodium ion conducting Na_3PS_4-Na_4SiS_4 solid electrolytes [J]. RSC Advances, 2014, 4: 17120-17123.

[16] Yu Z, Shang S L, Seo J H, et al. Exceptionally high ionic conductivity in $Na_3P_{0.62}As_{0.38}S_4$ with improved moisture stability for solid-state sodium-ion batteries [J]. Advanced Materials, 2017, 29: 1605561.

[17] Duchardt M, Ruschewitz U, Adams S, et al. Vacancy-controlled Na^+ superion conduction in $Na_{11}Sn_2PS_{12}$ [J]. Angewandte Chemie International Edition, 2018, 57: 1351-1355.

[18] Zhang Z, Ramos E, Lalère F, et al. $Na_{11}Sn_2PS_{12}$: A new solid state sodium superionic conductor [J]. Energy & Environmental Science, 2018, 11: 87-93.

[19] Richards W D, Tsujimura T, Miara L J, et al. Design and synthesis of the superionic conductor $Na_{10}SnP_2S_{12}$ [J]. Nature Communications, 2016, 7: 11009.

[20] Chu I H, Kompella C S, Nguyen H, et al. Room-temperature all-solid-state rechargeable sodium-ion batteries with a Cl-doped Na_3PS_4 superionic conductor [J]. Scientific Reports, 2016, 6: 33733.

[21] Bo S H, Wang Y, Ceder G. Structural and Na-ion conduction characteris tics of $Na_3PS_xSe_{4-x}$ [J]. Journal of Materials Chemistry A, 2016. 4: 9044-9053.

[22] Wen S, Han Y, Wang P, et al. An interfacial mechanism of Chelate-Borate electrolyte additives in Ni-rich $LiNi_{0.8}Mn_{0.1}Co_{0.1}O_2$ cathodes [J]. ACS Applied Energy Materials, 2021, 4: 12525-12534.

[23] Afzal S, Quan X, Zhang J. High surface area mesoporous nanocast $LaMO_3$ (M = Mn, Fe) perovskites for efficient catalytic ozonation and an insight into probable catalytic mechanism [J]. Applied Catalysis B: Environmental, 2017, 206: 692-703.

[24] Huang K, Tichy R S, Goodenough J B. Superior perovskite oxide-ion conductor, strontium-and magnesium-doped $LaGaO_3$: I, phase relationships and electrical properties [J]. Journal of the American Ceramic Society, 1998, 81: 2565-2575.

[25] Zhang J H, Lu D C, Mao H Y, et al. High-purity phase $La_{0.8}Sr_{0.2}Ga_{0.8}Mg_{0.2}O_{3-\delta}$ electrolyte with superior ionic conductivity for solid oxide electrochemical cells fabricated by solid-state reaction via phase-forming additive [J]. International Journal of Hydrogen Energy, 2025, 102: 1130-1139.

[26] Yang H K, Moon B K, Choi B C, et al. Up-converted luminescence in Yb, Tm co-doped

$LaGaO_3$ phosphors by high-energy ball milling and solid state reaction [J]. Solid State Sciences, 2012, 14: 236-240.

[27] Qi H, Luan Y, Che S, et al. Preparation, characterization and electrical properties of Ca and Sr doped $LaCrO_3$ [J]. Inorganic Chemistry Communications, 2016, 66: 33-35.

[28] Chen X H, Ma W H, Yu J. Research on LSCMCo-CDC composites as improved anode material for IT-SOFC [J]. Advanced Materials Research, 2009, 79-82: 123-126.

[29] Oishi M, Yashiro K, Sato K, et al. Oxygen nonstoichiometry and defect structure analysis of B-site mixed perovskite-type oxide (La, Sr) (Cr, M) $O_{3-\delta}$ (M = Ti, Mn and Fe) [J]. Journal of Solid State Chemistry, 2008, 181: 3177-3184.

[30] He H, Huang Y, Regal J, et al. Low-temperature fabrication of oxide composites for solid-oxide fuel cells [J]. Journal of the American Ceramic Society, 2004, 87: 331-336.

[31] Al shaikh H. Ruthenium nanoparticle immobilised on ionic liquid polymer as efficient catalyst for the hydrolysis of $NaBH_4$ [J]. International Journal of Hydrogen Energy, 2024, 87: 630-640.

[32] Wen J, Yu Y, Pei Q, et al. Catalytic hydrogenation of phenoxide at room temperature using ultrafine Ru-B amorphous alloy [J]. International Journal of Hydrogen Energy, 2024, 51: 212-218.

[33] Zhang Z G, Zhang S F, Wang H, et al. Feasibility study of the direct synthesis of $Mg(BH_4)_2$ complex hydrides by mechanical milling [J]. Journal of Alloys and Compounds, 2010, 505: 717-721.

第 4 章　溶胶–凝胶法

4.1　新能源材料溶胶–凝胶法概述

4.1.1　溶胶–凝胶法技术的发展历程

湿化学法是指将各种原料溶解在溶液中，在一定条件下，通过发生化学反应来得到粉末材料的方法。其原理是根据要制备的产物合理地选择可溶的金属无机盐或有机材料作为原料，将各种原料按制备产物的化学式中的比例计量配置得到溶液，使原料的原子或分子分散均匀地分布在溶液中，再选择合适的催化剂或通过一定的操作将金属离子均匀沉淀出来或以络合剂成凝胶的形式固化出来，再经过后续的干燥、煅烧等处理来制备粉体的一种技术。湿化学法通常包括喷雾热解法、溶胶–凝胶法（sol-gel 法）、共沉淀法、水热法等，这一部分主要介绍溶胶–凝胶法。

溶胶–凝胶法是作为制备玻璃和陶瓷等材料的工艺发展起来的合成无机材料的重要方法。溶胶–凝胶法的传统定义为“用溶胶（sol）制备陶瓷材料，即去除溶胶中的溶剂，使溶胶凝胶（gel）化”。其中 sol 就是溶解在流体中的最小的胶质粒子，具备足够的活性进行布朗运动。gel 是由两种或多种组分组成的半固体体系，其中一种组分（通常是液体）被另一种组分（通常是固体）形成的三维网状结构所包围和固定。这种网状结构赋予了凝胶一定的机械强度，同时保留了液体的某些特性。而现在文献中广泛使用的“sol-gel”，其中并不包含 sol，也不包含 gel，sol-gel 演化成了固溶体和胶质前驱液的陶瓷制备技术。

虽然溶胶–凝胶法可追溯到古代的豆腐制作，但是从 19 世纪开始才在现代科学中逐渐发挥作用。1846 年，Ebelmen 发现 $SiCl_4$ 的乙醇溶液在湿空气中水解并形成了凝胶，由此得到了纯度很高的氧化物（SiO_2），但此发现当时未引起广泛关注。20 世纪 30 年代，Geffcken 证实了金属醇盐通过水解和凝胶化可以制备成氧化物薄膜，用溶胶–凝胶法和浸渍法在玻璃板制备出了可以改变玻璃光学性质的涂层，并由此中请了专利，这是溶胶–凝胶法制备功能氧化物薄膜的开创性研究。Schroeder 总结除 SiO_2 薄膜外，AI、Zn、Ti 和 Co 等氧化物的涂层也极易用溶胶–凝胶法获得，进一步拓宽了溶胶–凝胶法制备薄膜的领域。1971 年德国的 Dislich 开拓性地用溶胶–凝胶法获得陶瓷氧化物材料，引起材料工业的大飞跃，这被认为是现代溶胶-凝胶法技术的真正开端。现代溶胶-凝胶法技术的最大飞跃在于得到凝胶材料的干燥时间是以天来计算，而不像从前那样以年计算，极大加速了制备无机材料的速度和质量，由此溶胶-凝胶法得到了广泛的应用。20 世纪 80 年代以来，溶胶-凝胶法在玻璃、氧化物涂层、功能陶瓷粉料以及传统方法难以制得的复合氧化物材料等方面得到成功应用。进入 21 世纪，溶胶-凝胶法开始广泛用于制备铁电薄膜、氧化物燃料电池、介电薄膜以及能源类薄膜，并且在制备纳米晶体方面也开始发挥相当大的作用。现在，这一方法已在世界各地的实验室中广泛使用，研究学者先后用此法合成出了多组分功能陶瓷氧化物涂层、超细粉体材料、玻璃材料、光导纤维、玻璃旋涂材料、浸涂材料等。

4.1.2　溶胶-凝胶法的基本概念

了解溶胶-凝胶法首先要了解分散系的概念。分散系指一种物质（或几种物质）以粒子形式分散到另一种物质里所形成的混合物，其中分散成粒子的物质叫分散质，另一种物质叫分散剂。根据分散质粒子的大小可以将分散系分为三种：溶液（<1nm）、胶体（1～1000nm）和悬浊液（>1000nm）。胶体分散体系是指分散介质中含有分散相胶体粒子，即颗粒大小在 1～1000nm 之间的粒子。根据分散介质的不同又可以分为气溶胶、液溶胶和固溶胶，即分散介质分别为气体，液体和固体。更具体的气溶胶又可细分为气固溶胶，如烟或者含尘空气，或气液溶胶，如雾、云等；液溶胶分为液固溶胶，即本章重点讨论的溶胶，或液液溶胶，如牛奶、石油等，或液气溶胶，如泡沫等；固溶胶包括固固溶胶，如有色玻璃和不完全互溶的合金，或固液溶胶，如珍珠和某些宝石，或固气溶胶，如泡沫塑料等。

溶胶-凝胶技术是一种由金属有机化合物、金属无机化合物或者上述两种混合物经过水解缩聚过程，逐渐凝胶化及进行相应的后处理从而获得其他化合物的工艺。溶胶-凝胶法研究的主要是胶体分散体系中的一些物理化学性能，此范围内的粒子，具有特殊的物理化学性质。分散相的粒子可以是气体、液体或固体，其中比较重要的就是本章讨论的溶胶，即固体分散在液体中的胶体分散体系。

溶胶是具有液体特征的胶体体系，分散的粒子是固体或者大分子，分散的粒子大小在 1～1000nm 之间。根据粒子与溶剂间相互作用的强弱，习惯上将溶胶分为亲液溶胶和憎液溶胶。前者指分散相和分散介质之间有较好的亲和能力和较强的溶剂化作用，因此这类分散相在分散介质中往往会自动分散开，形成亲液溶胶。亲液溶胶的固-液之间没有明显的相界面，例如蛋白质、淀粉水溶液及其他高分子溶液等。亲液溶胶虽然具有某些溶胶特性，但本质上与普通溶液一样属于热力学稳定体系。憎液溶胶的分散相与分散介质之间亲和力较弱，两者之间具有疏远倾向，固液之间有明显的相界面，分散相之间有一定的团聚倾向，因此属于热力学不稳定体系。

凝胶指胶体颗粒或者高聚物分子互相交联，空间网络状结构不断发展，最终使得溶胶液体逐步失去流动性，在网状结构的空隙中充满液体的非流动半固态的分散体系，是具有固体特征的胶体体系。凝胶中分散相的含量很低，一般在1%～3%之间。凝胶在干燥后形成干凝胶或气凝胶，这是一种充满孔隙的多孔结构。一般来说，凝胶结构可分为四种：①有序的层状结构；②完全无序的共价聚合网络；③由无序控制，通过聚合形成的聚合物网络；④粒子的无序结构。

溶胶是否向凝胶发展，决定于胶粒间的作用力是否能够克服凝聚时的势垒作用。因此，增加胶粒的电荷量、利用位阻效应和溶剂化效应等，都可以使溶胶更稳定，凝胶更困难；反之，则容易形成凝胶。通常由溶胶制备凝胶的方法有溶剂挥发、冷冻法、加入非溶剂法、加入电解质法和利用化学反应产生不溶物法等。

溶胶–凝胶法（sol-gel 法，S-G 法）就是以无机物或金属醇盐作前驱体，在液相中将这些原料均匀混合，并进行水解、缩合化学反应，在溶液中形成稳定的透明溶胶体系，溶胶经陈化，胶粒间缓慢聚合，形成三维空间网络结构的凝胶，凝胶网络间充满了失去流动性的溶剂，形成凝胶。凝胶经过干燥、烧结固化制备出分子乃至纳米结构的材料。溶胶–凝胶法就是将含高化学活性组分的化合物经过溶液、溶胶、凝胶而固化，再经热处理而成的氧化物或其他化合物固体的方法。

近年来，溶胶–凝胶技术在玻璃、氧化物涂层和功能陶瓷粉料，尤其是传统方法难以制备的复合氧化物材料、高临界温度氧化物、超导材料的合成中均得到成功的应用。从应用角度看，溶胶–凝胶法实质上是采用介质层次上性能受到控制的各种源物质，取代传统工艺中那些既未进行几何控制，又未实施化学控制或者仅有几何控制（如普通超微、单分散材料）的原材料。

胶体分散系是分散程度很高的多相体系。溶胶的粒子半径在 1～1000nm 之间，具有很大的相界面，表面能高，吸附性能强，许多胶体溶液之所以能长期保存，就是由于胶粒表面吸附了相同电荷的离子。由于同性相斥使胶粒不易聚沉，因而胶体溶液是一个热力学不稳定而动力学稳定的体系。如果在胶体溶液中加入电解质或者两种带相反电荷的胶体溶液相互作用，这种动力学上的稳定性立即受到破坏，胶体溶液就会发生聚沉，成为凝胶。这种制备无机化合物的方法叫做溶胶–凝胶法，例如 Al_2O_3 溶胶中的胶体离子吸附 Al^{3+}、Al(OH) 等阳离子而带正电叫正溶胶。SiO_2 溶胶中的胶体离子因吸附 OH^-、SiO_3^{2-} 或 $HSiO_3^-$ 等阴离子而带负电叫负溶胶。这两种带不同电荷的溶胶相互混合，由于胶粒表面电荷被中和，胶粒可以直接接触，这时胶体开始凝聚，变成凝胶。通过调节体系的 pH 可以改变凝胶流动状态，从而达到充分均化，最终经干燥、焙烧制得超细粉。采用该方法制备的超细粉具有较高的均匀性。

4.1.3　溶胶–凝胶法的特点

溶胶–凝胶法是一种可以制备从零维到三维材料的湿化学制备方法。该方法的主要特点是利用液体化学试剂或溶胶为原料，反应物在液相下均匀混合并进行反应，生成物是稳定的溶胶体系，经放置一段时间后转变为凝胶，其中包含大量液体成分，经蒸发除去液体成分后在溶胶或凝胶状态下成型为最终形状产物，在低于传统烧结温度下进行烧结。溶胶–凝胶法与其他方法相比具有许多独特的优点：

(1) 制备过程温度较低

通过简单的工艺和低廉的设备，即可得表面积很大的凝胶或粉末。与通常的固相烧结法相比，溶胶凝胶法的烧结温度一般比传统方法低约 400 ~ 500℃。因为所需生成物在煅烧前已部分形成，且凝胶的表面积很大。此技术可以制得一些传统方法难以得到或根本无法制备的陶瓷或玻璃材料。比如用熔融法制备玻璃很容易产生相分离，用溶胶–凝胶法却可以制得多组分玻璃，不会产生液相分离现象。

(2) 样品均匀性好

多元组分体系的化学均匀性，这是溶胶–凝胶法一个重要的优点。通过各种反应物溶液的混合容易获得需要的均相多组分体系（0.5nm 尺寸内达到化学均匀），远高于传统使用的 5 ~ 50μm 粉末的混合物的均匀度。若在醇溶胶体系中，金属醇盐的水解速度与缩合速度基本上相当，则其化学均匀性可达分子水平在水溶胶的多元组分体系中，若不同金属离子在溶液中发生共沉积，其化学均匀性可达到原子水平。总之由于该工艺是由溶液反应开始的，从而得到的材料可达到原子级、分子级均匀。这对于控制材料的物理性能及化学性能至关重要。通过控制反应物的成分可以严格控制最终合成材料的成分，这对于合成精细功能材料来说非常关键。

(3) 过程易于控制

溶胶–凝胶法可以通过过程的控制实现凝胶微观结构的调控和最终产物的调控。影响溶胶凝胶材料结构的因素很多，包括前驱体、溶剂、水含量、反应条件如温度时间、后处理条件等。通过对这些因素的调节，可以制备不同微观结构和不同性质的凝胶。

(4) 适用范围广

由于溶胶–凝胶法中所用的原料首先被分散到溶剂中而形成低黏度的溶液，因此，就可以在很短的时间内获得分子水平的均匀性，在形成凝胶时，反应物之间很可能是在分子水平上被均匀地混合；由于经过溶液反应步骤，那么就很容易均匀定量地掺入一些微量元素，实现分子水平上的均匀掺杂，实现更宽的掺杂范围。

另外溶胶-凝胶法可以对制成产物的形状进行精准的控制，因此可以用来合成不同形状的材料，包括块状、圆棒状、空心管状、纤维、薄膜等。尤其在薄膜制备方面，溶胶-凝胶法凸显出独特的优越性。与其他薄膜制备工艺，如磁控溅射、化学气相沉积等不同，溶胶-凝胶法不需要昂贵的设备和严苛的条件，并且可以在大面积或任意形状的基底上成膜。溶胶-凝胶法成膜可采取浸涂、喷涂或流延，厚度可在纳米到微米范围内调整，产物纯度较高。

溶胶液的成纤性能较好，可以用来生产氧化物，尤其是难熔氧化物的纤维。溶胶-凝胶法也可以用来制备一些用传统方法无法得到的材料，比如有机-无机复合材料。该类材料兼具有机材料和无机材料的特点，如能实现纳米尺度甚至分子水平的复合，其无机与有机界面的特性使其具有更广泛的应用。但是无机材料的制备大多需要经过高温处理，而有机物在此温度下会分解，通过溶胶-凝胶法较低的反应温度可以阻止分解的发生，从而获得较好的有机-无机纳米复合材料。可见，溶胶-凝胶法是一种宽范围、亚结构、大跨度的全维材料制备的湿化学方法。

但是，溶胶-凝胶法也不可避免地存在一些问题。首先，原料金属醇盐成本较高且对人体有一定的危害性（可通过防护消除）。其次，反应涉及大量的过程变量，如pH、温度、杂质等都会影响溶胶或晶粒的大小、分布和比表面积，从而影响材料的功能性。另外整个溶胶-凝胶过程所需时间较长，常需要几天或几周甚至长达1～2个月。同时凝胶干燥过程中由于液体挥发引起的体积收缩，制样容易发生开裂，烧结不彻底的情况下产物中会存在残留的碳。通过溶胶-凝胶法制备薄膜时，薄膜的厚度难以精确控制，均匀性也很难控制。最后，在成型过程中维持黏度是非常重要的，而在凝胶过程中往往伴随着黏度的迅速增加。对于少数的金属离子来讲，获得没有絮凝的均匀溶胶是比较困难的，这种金属离子就不太适用于溶胶-凝胶法。

关于溶胶-凝胶技术的基本理论、工艺方法和应用尚待探索的问题有：①更多体系的详细动力学过程；②惰性溶剂的应用；③对凝胶在陈化过程中物理化学变化的深入认识；④多组分体系有关络合物的形成和反应特性；⑤非氧化物的溶胶-凝胶法制备；⑥溶胶-凝胶过程的理论模拟。在工艺方面值得进一步探索的问题有：①较长的制备周期；②应力问题，毛细管力的产生和消除，孔隙尺寸及其分布对凝胶干燥方法的影响；③凝胶干燥过程中加入化学添加剂的影响以及新型干燥方法的探索；④凝胶烧结理论与动力学。

由于上述特点，一些必须在特殊条件下制备的特种聚集态如膜等就可以用此法获得。下面以 $YBa_2Cu_3O_{7-a}$ 超导氧化物膜的制备为例来进行说明。超导氧化物可从多种合成路线制备，如传统的高温固相反应、共沉淀技术、电子束沉积溅射和激光蒸发等。如用高温固相合成则为了使产品均匀须将半成品经多次反复地研磨和烧结，而用其他方法时则又须在特种合成条件下进行。与上述方法相比，溶胶-凝胶法不仅方法简单而且相对花费低。此外利用该方法的流变特性可将产品制成性能良好的膜等。应用溶胶-凝胶法制备 $YBa_2Cu_2O_{7-a}$超导氧化物膜可以采用两条不同的原料路线：一条是以化学计量比相关的硝酸盐 $Y(NO_3)_3 \cdot 5H_2O$、$Ba(NO_3)_2$和 $Ca(NO_3)_2 \cdot H_2O$ 作起始原料溶于乙二醇中生成均匀的混合溶液，然后在一定的温度下（如 130 ~ 180℃）回流，并蒸发出溶剂，生成的凝胶在高温（950℃）氧气气氛下进行灼烧即可获纯相正交型 $YBa_2Cu_3O_{7-a}$；另一条是以计量比的金属有机化合物为起始原料：$Y(OCH)_3$、$Cu(O_2CCH_3)_2H_2O$ 和 $Ba(OH)_2$，将其溶于乙二醇中加热同时猛烈搅拌，蒸后将得到的凝胶涂在一定的载体如蓝宝石的［110］面上、$SrTO_3$ 单晶的［100］面上或 ZO_2 单晶的［001］面上。然后再经过以下过程：

①在 O_2 气氛中，用程序升温法升温至 400℃（2℃/min），然后继续升温至 950℃（5℃/min），再用程序降温法（3℃/min）冷却至室温。将上述步骤重复 2 ~ 3次。最后将膜在 800℃氧气气氛下退火 12h 并在氧气气氛下以 3℃/min 速度冷却至室温。

②将涂好的膜在空气中 950℃下灼烧 10min，再涂再灼烧重复数次，最后在 550 ~ 950℃下氧气气氛中退火 5 ~ 12h。上述方法均可制得 10 ~ 100mm 厚度的均匀 $YBa_2Cu_3O_{7-a}$超导薄膜，且具有良好的超导性能。

4.2　溶胶-凝胶的物理化学特性

4.2.1　溶胶的运动性质

溶胶中的粒子和溶液中的溶质分子一样，总是处在不停的、无秩序的运动之中。从分子运动的角度看，胶粒的运动和分子运动并无本质区别，它们都符合分子运动理论，因此胶粒的运动也包括布朗运动（Brownian motion）、扩散（diffusion）和沉降（sedimentation）等。不同的是胶粒比一般分子大得多，故运动强度小。

和真溶液中的小分子一样，溶液中的质点也具有从高浓度区向低浓度区的扩散作用，最后使浓度达到“均匀”。当然，扩散过程也是自发过程。若胶粒大小相同，且沿方向胶粒浓度随距离的变化率为 dc/dx（即浓度梯度，图 4-1），则 x 在方向上的扩散速度应与 dc/dx 成正比

$$\frac{dm}{dt}=-D\frac{dc}{dx}A \tag{4-1}$$

这就是 Fick 第一扩散定律。式中，dm/dt 表示单位时间通过截面 A 扩散的物

质数。因为在扩散的方向上，浓度梯度为负值，故式（4-1）右端加一负号，使扩散速度为正值。比例常数 D 为扩散系数（diffusion coefficient），D 越大，质点的扩散能力越大。Einstein 指出，扩散系数 D 与质点在介质中运动时阻力系数（frictional coefficient）f 之间的关系为

$$D=\frac{RT}{N_{A}f} \tag{4-2}$$

式中，N_A 为阿伏伽德罗常数；R 为摩尔气体常数。若粒子为球形，可据 Stokes 定律确定阻力系数 f：

$$f=6\pi\eta r \tag{4-3}$$

式中，η 为介质的黏度；r 为质点半径。将式（4-3）代入式（4-2）得

$$D=\frac{RT}{N_{A}}\times\frac{1}{6\pi\eta r} \tag{4-4}$$

此式常称为 Einstein 第一扩散公式。据此式可以求出扩散系数 D(m^2/s)。反之，若已知 D 和 η，则亦可求出质点半径 r，并计算出“质点量”。

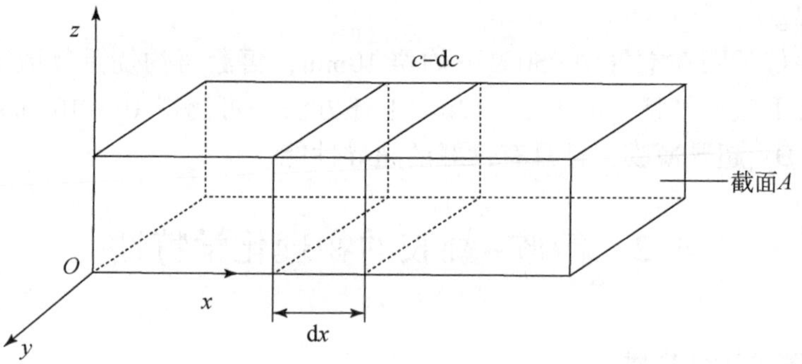

图 4-1　胶粒的扩散和浓度梯度关系

由以上介绍可知，就体系而言，浓度梯度越大，质点扩散越快；就质点而言，半径越小，扩散能力越强，扩散速度越快。胶体质点之所以能自发地由浓度大的区域向浓度小的区域扩散，其根本原因在于存在化学位。胶粒扩散的方式与布朗运动有关。

1827 年英国植物学家布朗（Brown）在显微镜下观察到悬浮在水中的花粉粒子处于不停的无规则的运动之中，后来发现其他微粒（如炭末和矿石粉末等）也有这种现象。如果在一定时间间隔内观察某一颗粒的位置，则可得如图 4-2 所示的情况，这种现象习惯上称为布朗运动。

关于布朗运动的起因，经过几十年的研究，才在分子运动学说的基础上作出了正确的解释。悬浮在液体中的颗粒处在液体分子的包围之中，液体分子一直处

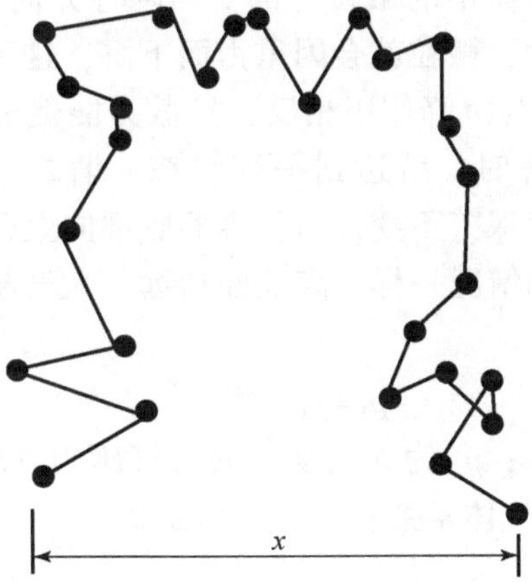

图 4-2　布朗运动

于不停的热运动状态，撞击着悬浮粒子。如果粒子相当大，则某一瞬间液体分子从各方向对粒子的撞击可以彼此抵消，但当粒子相当小时（例如胶粒那样大），此种撞击可以是不均衡的。这意味着在某一瞬间，粒子从某一方向得到的冲量要多些，因而粒子向某一方向运动，而在另一时刻，又从另一方向得到较多的冲量。因而又使粒子向另一方向运动。这样就能观察到微粒作如图 4-2 所示的、连续的、不规则的折线运动（zigzag motion）。

由于布朗运动是无规则的，因而就单个质点而言，它们向各方向运动的概率均等。但在浓度较高的区域，由于单位体积内质点数较周围多，因而必定是“出多进少”，使浓度降低，而低浓度区域则相反，这就表现为扩散。所以扩散是布朗运动的宏观表现，而布朗运动是扩散的微观基础。

1905 年 Einstein 曾研究过在布朗运动中，粒子的平均位移 $\overline{X}$ 与粒子半径 r、介质黏度 η、温度 T、位移时间 t 之间的关系为

$$\overline{X}=\sqrt{\frac{RT}{N_{\mathrm{A}}}\times\frac{t}{3\pi\eta r}} \tag{4-5}$$

此式常称为“Einstein 布朗运动”公式。

式（4-5）表明，当其他条件不变时，微粒的平均位移的平方 $\overline{X}^2$ 与时间及温度 T 成正比，与 r 成反比。由于式中诸变量均可由实验确定，故利用此式可以求出微粒半径 r，当然也可求得 N_{A}。用这个公式求出的 N_{A} 值与用其他方法求得的 N_{A} 值相当一致，这不仅表明此公式本身是正确的，同时又反过来证明全部分子运动学说的正确性。这也是研究布朗运动的理论意义。

总之，在运动性质方面，胶体体系和分子分散体系并无本质区别，其中的质点运动都服从同样的普遍规律——分子运动理论。

分散在气体或液体介质中的微粒，都受到两种方向相反的作用力：①重力，如微粒的密度比介质的大，微粒就会因重力而下沉，这种现象称为沉降；②扩散力（由布朗运动引起），与沉降作用相反，扩散力能促进体系中粒子浓度趋于均匀。当这两种作用力相等时，就达到平衡状态，谓之"沉降平衡"。平衡状态下，各水平面内粒子浓度保持不变，但从容器底部向上会形成浓度梯度，这种情况正如地面上大气分布的情况一样，离地面越远，大气越稀薄，大气压越低。大气压随高度的分布为：

$$p_h = p_0 e^{-Mgh/(RT)} \tag{4-6}$$

式中，ρ_0 为地面大气压力；p_h 为 h 高度处的大气压力；M 为大气的平均分子量；g 为重力常数；R 为摩尔气体常数；T 为绝对温度。

4.2.2　溶胶的光学性质

溶胶的光学性质（optical properties）是其高度分散性和不均匀性的反映。通过光学性质的研究，不仅可以帮助我们理解溶胶的一些光学现象，而且还能使我们直接观察到胶粒的运动，对确定胶体的大小和形状具有重要意义。

当光线射入分散体系时，只有一部分光线能自由通过，另一部分被吸收、散射或反射。对光的吸收主要取决于体系的化学组成，而散射和反射的强弱则与质点大小有关。低分子真溶液的散射极弱；当质点大小在胶体范围内，则发生明显的散射现象，即通常所说的光散射（light scattering）；当质点直径远大于入射光波长时（如悬浮液中的粒子），则主要发生反射，体系呈现浑浊。

（1）丁达尔效应（Tyndall effect）

许多溶胶入射光胶后，在入射光的垂直方向可以看到一道明亮的光带（图 4-3），这个现象首先被 Tyndall 发现，故称为丁达尔效应（或丁达尔现象）。用纯水或真溶液做试验，肉眼观察不到此种现象。悬浮液中的粒子大于入射光波

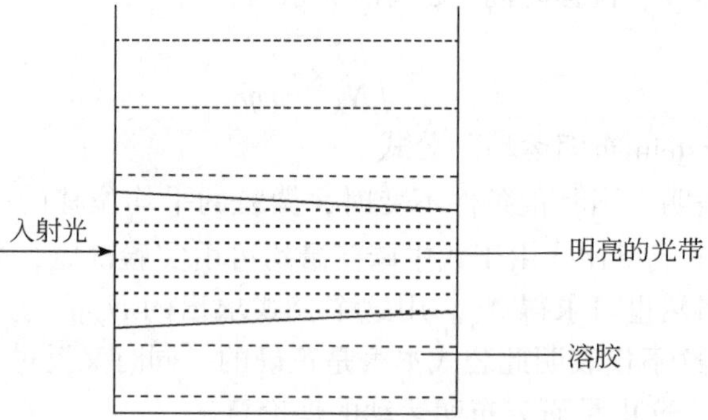

图 4-3　丁达尔效应

长，故主要是反射光，体系呈混浊状。丁达尔现象在日常生活中能经常见到。例如夜晚的探照灯或由电影机所射出的光线在通过空气中的灰尘微粒时，就会产生丁达尔现象。

溶胶为什么会有丁达尔效应？简言之，是胶粒对光的散射的结果。所谓散射，就是在光的前进方向之外也能观察到光的现象。

光本质上是电磁波。当光波作用到介质中小于光波波长的粒子上时，粒子中的电子被迫振动（其振动频率与入射光波的频率相同），成为二次波源，向各个方向发射电磁波，这就是散射光波，也就是我们所观察到的散射光（亦称乳光），在正对着入射光的方向上我们看不到散射光，这是因为背景太亮，就像我们白天看不到星光一样，因此，丁达尔效应可以认为是胶粒对光散射作用的宏观表现。

（2）Rayleigh 散射定律

Rayleigh 曾详细研究过丁达尔现象，并发现非导电性球形粒子如硫溶胶的散射光强度 I 与入射光强度 I_0 之间有如下关系

$$I=\frac{24\pi^3 cv^2}{\lambda^4}\left(\frac{n_2^2-n_1^2}{n_2^2+2n_1^2}\right)^2 I_0 \tag{4-7}$$

式中，c 为单位体积中的质点数；v 为单个粒子的体积（其线性大小应远小于入射光波长）；λ 为入射光波长；n_1 和 n_2 分别为分散介质和分散相的折射率。

式（4-7）称为 Rayleigh 散射定律，由此定律可知以下几点。

①散射光强度与入射光波长的 4 次方成反比，即波长越短的光越易被散射（散射的越多）。因此，当用白光照射溶胶时，由于蓝光（λ 约为 450nm）波长较短，较易被散射，故在侧面观察时，溶胶呈浅蓝色，波长较长的红光（λ 约为 650nm）被散射的较少，从溶胶中透过的较多，故透过光显浅红色。人们曾用这个事实来解释天空呈蓝色，以及日出日落时太阳呈红色的原因。

②散射光强度与单位体积上的质点数 c 成正比，通常所用的“浊度计”就是根据这个原理设计而成的。当测定两个分散度相同而浓度不同的溶胶的散射光强度时，若知一种溶胶的浓度，便可计算出另一种溶胶的浓度。目前测定污水中悬浮杂质的含量时，主要使用浊度计。

③散射光强度与粒子体积的平方成正比。在粗分散体系中，由于粒子的线性大小大于可见光波长，故无乳光，只有反射光。在低分子溶液中，由于分子体积甚小，故散射光极弱，不易被肉眼所观察，因此利用丁达尔现象可以鉴别溶胶和真溶液。

④粒子的折射率与周围介质的折射率相差越大，粒子的散射光越强。若 $n_1=n_2$，则应无散射现象，但实验证明，即使纯液体或纯气体，也有极微弱的散射。Einstein 等认为这是由于分子热运动所引起的密度涨落造成的。局部区域的密度

涨落，也会引起折射率发生变化，从而造成体系的光学不均匀性。因此光散射是一种普遍现象，只是胶体体系的光散射特别强烈而已。

应当注意，式（4-7）中的散射光强度是粒子所散射的光的总能量。实际上散射光在各个方向上的强度是不同的。细小粒子各方向的散射光强度 I 可由式（4-8）表示：

$$I_{\theta}=\frac{9\pi^{3}cv^{2}}{2\lambda^{2}R^{2}}I_{0}\left(\frac{n_{2}^{2}-n_{1}^{2}}{n_{2}^{2}+2n_{1}^{2}}\right)^{2}(1+\cos^{2}\theta) \tag{4-8}$$

式中，I_{θ} 为 θ 方向的散射光强度；θ 为观察者与入射光方向的夹角；R 为观察者距样品的距离；其他符号的意义均同式（4-7）。

若质点较大，例如线性大小大于 $\lambda/10$，超过 Rayleigh 定律的限制，则散射光强度的角分布将发生改变，其对称性受到破坏，在这种情况下，在与入射光射出的方向呈锐角时，散射光强度最大。根据这个现象，可以估计溶胶的分散度和粒子形状。

（3）溶胶的颜色

有些溶胶是无色透明的，但许多溶胶常有各种颜色，例如 $Fe(OH)_3$ 溶胶是红色的，CdS 溶胶是黄色的，金溶胶因粒子大小不同可以是红色的、紫色的或蓝色的。溶胶产生各种颜色的主要原因，是溶胶中的质点对可见光产生选择性吸收。金属溶胶的散射光强度和波长与粒子大小的关系相当复杂，不符合 Rayleigh 散射定律。

金属溶胶中，散射光强与粒子大小和波长有关。由于金属胶粒对光有强的选择吸收作用，所以 Rayleigh 定律在此不适用。实验证明，金溶胶的散射光强度，在一定波长下，与粒子大小之间的关系均有一极大值。散射光强度极大值随粒子变大向长光波方向移动，即主要散射长光波，散射光强度极大值随粒子变小移向短波长方向，即主要散射短光波，金溶胶的颜色主要取决于光被粒子的吸收和散射。一般来说，粒子较小时，吸收占优势（散射很弱），长波长的光不易被吸收，所以透过光趋向于波长较长的红光部分，溶胶显红色；当粒子较大时，散射增强，且峰值向长波长方向移动，所以透过光趋向于波长较短的蓝光部分，故溶胶显蓝色。与粒子半径为 20nm、50nm 和 70nm 的金溶胶相对应的消光最大值处在光谱为绿光、黄光和红光区，故溶胶分别呈现其补色，即红色、紫色和蓝色。有人曾做过一个很有意思的试验：将蓝色的金溶胶在离心机中分离。由于溶胶是多分散性体系，较大的粒子首先下沉，故溶胶的颜色由蓝变紫，最后呈深红色。

4.2.3　溶胶的电学性质

早在 1809 年 Pehcc 就发现，在一块湿黏土上插入两只玻璃管，用洗净的细砂覆盖两管的底部，加水使两管的水面高度相等，管内各插入一个电极，接上直流电源，经过一段时间后便发现：在正极管中，黏土微粒透过细砂层逐渐上升，使水变得浑浊，而水层却慢慢下降。与此同时，在负极管中，水不浑浊，但水面渐渐升高。这个实验充分说明，黏土颗粒带负电，在外电场的作用下，向正极移动。后来发现，任何溶胶中的胶粒都有这样的现象：带负电的胶粒向正极移动，带正电的胶粒向负极移动，人们把这种现象称为电泳（electrophoresis）。在 Pehcc 实验中，水在外加电场的作用下，通过黏土颗粒间的毛细通道向负极移动的现象称为电渗（electroosmosis）。实验证明，液体通过其他多孔性物质（如素瓷片、凝胶甚至棉花等）皆有电渗现象。

电泳和电渗都是外加直流电场作用于胶体体系所引起的电动现象。与这些现象相反，人们还发现：在无外加电场作用的情况下，若使分散相粒子（如黏土粒子）在分散介质（如水）中迅速沉降，则在沉降管的两端会产生电位差，这就是沉降电位（sedimentation potential）。显然，这种现象是电泳的逆过程。

与电渗相反，若用压力（例如使用压缩空气）将液体挤过毛细管网或由粉末压成的多孔塞，则在毛细管网或多孔塞的两端也会产生电位差，这就是流动电位（streaming potential），是电渗的逆过程。在多孔地层中，水通过泥饼小孔所产生的流动电位在油井电测工作中具有重要意义。此外，在通过硅藻土、黏土等滤床的过滤中，流动电位也可沿管线造成危险的高电位，因此这种管线往往需要接地。

①电泳。通过电泳试验可以确定胶粒的电荷符号，研究胶粒电泳的仪器称为电泳仪。有色溶胶可直接观察溶胶界面的移动，无色溶胶可在仪器的侧面用光照射，使产生丁达尔现象以判定胶粒的泳动方向。实验证明，氢氧化铁、氢氧化铝溶胶以及次甲蓝等碱性染料带正电，而金、银、铂、硫、三硫化二砷、硅酸等溶胶以及淀粉颗粒、微生物等常带负电。要注意的是，胶体颗粒所带电荷往往与溶胶制备的条件和介质的 pH 有关，例如碘化银溶胶。当 $AgNO_3$ 过量时，胶粒带正电；当 KI 过量时，胶粒带负电（原因见后）。而高分子电解质——蛋白质，当介质的 pH 大于等电点时荷负电，小于等电点时仍带正电。

通过电泳实验发现，胶粒的绝对泳动速度与普通离子的泳动速度非常相近。这就说明，胶粒所带的电荷量是相当多的，否则质量比离子大很多倍的胶粒不可能具有和普通离子相似的运动速度。

电泳的应用相当广泛，生物化学中常用电泳来分离各种氨基酸和蛋白质等，医学中利用血清的“纸上电泳”可以协助诊断患者是否有肝硬变。

目前工业上的“静电除尘”实际上就是烟雾气溶胶的电泳现象。带有尘粒的气流在高压直流电场（30～60kV）下因电极放电而使气体电离，尘粒吸附阴离子而荷负电并迅速向正极（集尘极）移动，最后也因放电而下落。静电除尘的效率可达99%，但成本较高。

陶瓷工业中利用电泳使黏土与杂质分离，可得很纯的黏土，用以制造高质量瓷器。

电泳电镀在工业上也有广泛的应用。例如电泳镀漆就是将油漆配成稀乳状液，以欲镀之金属部件为一电极，通电后，油漆质点因电泳而均匀地沉积在镀件上。

②电渗。当固体与液体接触时，固-液两相界面上就会带有相反符号的电荷，并形成双电层。因此，在外电场的作用下，导电离子及其溶剂化层将向某电极移动，从而使该极区水面上升，这种现象就是前节所说的电渗。实际上，实验时用的是充满液体的多孔填料，或由粉末（如 SiO_2）拌成的糊状物。在这种情况下，多孔物为连续相，表面带有某种电荷而孔洞中的液相是高度分散的（其中含有导电离子)，所以也可将电渗看成是电泳的反现象。

电渗在科学研究中应用很多，在生产上目前应用较少。对于一些难于过滤的浆液（如黏土浆、纸浆等）的脱水可用电渗法；用金属丝切砖坯时，为防止黏土附于金属丝上，可将切砖用的金属丝连于电源负极，砖坯连于正极，因电渗可使水膜附于金属丝的表面，它起到润滑剂的作用，使切出的砖十分光洁。

电动现象的存在，说明了胶体质点在液体中是带电的。质点表面电荷的来源大致有以下几个方面。

①电离：黏土颗粒、玻璃等皆属硅酸盐，在水中能电离，故其表面荷负电，而与其接触的液相荷正电。硅溶胶在弱酸性和碱性介质中带负电，也是因为质点表面硅酸电离的结果。高分子电解质和缔合胶体的电荷，均因电离而引起。例如蛋白质分子含有许多羧基（—COOH）和氨基（$—NH_2$），当介质的 pH 大于其等电点（isoelectric point）时，蛋白质带负电；反之，当介质的 pH 小于其等电点时，蛋白质带正电。

②离子吸附：有些物质（如石墨、纤维、油珠等）在水中不能离解，但可以从水或水溶胶中吸附 H^+、OH^-或其他离子，从而使质点带电，许多溶胶的电荷常属于此类。凡经化学反应用凝聚法制得的溶胶，其电荷亦来源于离子选择吸附。实验证明，能和组成质点的离子形成不溶物的离子，最易被质点表面吸附，这个规则通常称为 Fajans 规则。根据这个规则，用 $AgNO_3$ 和 KBr 反应制备 AgBr 溶胶时，AgBr 质点易于吸附 Ag^+或 Br^-，而对 K^+和 NO_3^- 吸附极弱。AgBr 质点的带电状态，取决于 Ag^+或 Br^-中哪种离子过量。

③晶格取代：这是一种比较特殊的情况。例如黏土晶格中的 Al^{3+}往往有一部分被 Mg^{2+}或 Ca^{2+}取代，从而使黏土晶格带负电。为维持电中性，黏土表面必然要吸附某些正离子，这些正离子又因水化而离开表面，并形成双电层。晶格取代是造成黏土颗粒带电的主要原因。

④在非水介质中质点荷电的原因研究得比较少。比较古老的说法是，质点和介质间因摩擦而引起带电。但此种说法并无直接的证据。Coehn 曾研究过非水介质中质点的荷电规律。他认为，当两种不同的物体接触时，介电常数（dielectric constant）D 较大的一相带正电，另一相带负电。例如玻璃（$D=5\sim6$）在水（$D=81$）中或丙酮（$D=21$）中带负电，在苯（$D=2$）中带正电。这个规则常称为 Coehn 规则。但玻璃在二氧杂环己烷（dioxane，$D=2.2$）中荷负电，不符合 Coehn 规则，因此 Coehn 规则并没有得到公认。

目前许多人认为，非水介质中质点的电荷也起源于离子选择吸附。体系中离子的来源，有可能是某些有机液体本身或多或少地有些解离，也可能是占有某些微量杂质（例如，水）造成的。

（1）胶团结构

胶粒的大小常在 1～1000nm 之间（图 4-4），由许多分子或原子聚集而成。例如用稀 $AgNO_3$ 溶液和 KI 溶液制备 AgI 溶胶时，由反应生成的 AgI 首先形成不溶性的质点，即所谓的“胶核”（colloidal nucleus），它是胶体颗粒的核心。研究证明，AgI 胶核也具有晶体结构，它的比表面很大，故制备 AgI 溶胶时，如 $AgNO_3$ 过量，按 Fajans 规则，胶核易从溶液中选择性地吸附 Ag^+而荷正电。留在溶液中的 NO_3^- 离子，因受 Ag^+的吸引必围绕于其周围。但离子本身又有热运动，因此只可能有一部分 NO_3^- 紧密地吸引于胶核近旁，并与被吸附的 Ag^+一起组成所谓“吸附层”，而另一部分 NO_3^- 则扩散到较远的介质中去，形成所谓“扩散层”。胶核与吸附层组成“胶粒”（colloidal particle），而胶粒与扩散层中的反离子组成

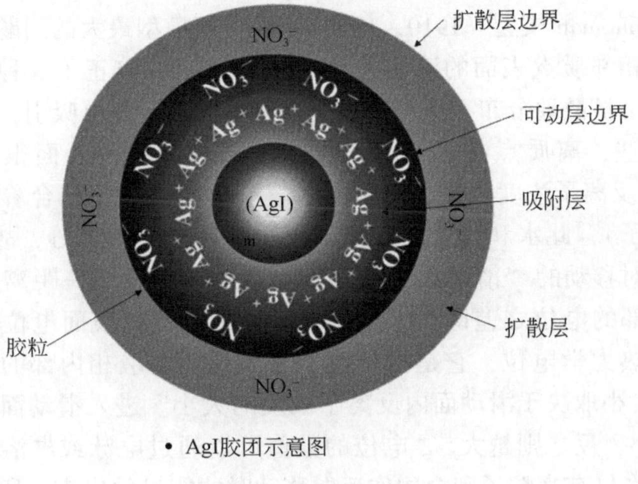

图 4-4　胶粒结构

“胶团”（micelle）。胶团分散于液体介质中便是通常所说的溶胶。相反，若KI过量，则I^-优先被吸附，并使胶粒荷负电。

大分子物质（如蛋白质、石花菜、淀粉、藻酸等）质点上的电荷大多是表面基团电离的结果。比如土壤胶体中的腐殖质多以胶态形式存在，它们不仅成分复杂（有时就是混合物），构造也很复杂。这些质点表面上的电荷，既有吸附也有电离因素。因此，对于这类物质的胶团结构，只能用其主要成分之结构单元表示，或者画出示意图来表示。

黏土胶粒表面上的电荷主要起因于晶格取代（当然也有电离）。例如仅由晶格取代引起带电的钠微晶高岭土胶团可表示为在石油中胶质和沥青质相互结合成胶团，它们的基本单元结构都是以稠合芳环为核心、兼含非烷化合物的复杂混合物，难于用胶团结构式表示。

(2) 双电层结构模型和电动电位

①Helmholtz 模型（1879）：Helmholtz 最早提出了双电层结构的模型。他认为胶粒的双电层类似于简单的平行板电容器，双电层的里层在质点表面上，相反符号的外层则在液体中，两层间距离很小，约为离子半径的数量级。据静电学知识，表面电荷密度两层间的距离δ和表面电位ψ_0之间的关系为：

$$\sigma = \frac{D}{4\pi\delta}\psi_0 \tag{4-9}$$

式中，D为介质的介电常数。按此模型，ψ_0随距固体表面的距离x增大而直线下降，到溶胶中（δ以外）$\psi_0 = 0$。尽管此模型在早期的电动现象研究中起过一定的作用，但它不能解释电动现象，不代表实验事实。

②Gouy-Chapman 模型（1910～1913）：平行板模型最大的问题是认为反离子平行地束缚在相邻质点表面的液相中。Gouy-Chapman 修正了这种概念，认为溶液中的反离子是扩散地分布在质点周围的空间里，由于静电吸引，质点附近处反离子浓度要大些，离质点越远，反离子浓度越小，到距表面很远处（约1～10nm）过剩的反离子浓度为零。由于在水溶液中质点总是结合着一层水（其中含有部分反离子），此水和其中的反离子可视为质点的一部分，故在电泳时固-液之间发生相对移动的“滑动面”应在双电层内距表面某一距离Δ处。该处的电位与溶液内部的电位之差即为ζ电位。可见ξ电位是表面电位ψ_0的一部分。表面电位亦称热力学电位，它是指从粒子表面到均匀液相内部的总电位差。显然，ζ电位的大小取决于滑动面内反离子浓度的大小。进入滑动面内的反离子越多，ζ电位越小，反之则越大。ζ电位的数值可以通过电泳或电溶速度的测定计算出来。同时也只有当粒子和介质作反向移动时才能显示出来，所以ζ电位也称电动电位。

扩散双电层模型解释了电动现象，区分了热力学电位和ξ电位，并能解释电解质对ζ电位的影响，但它不能解释为什么ζ电位可以变号，而有时还会高于表面电位的问题。

③Stern模型（1924）：Stern认为Gouy-Chapman的扩散双电层可分为两层，一层为紧靠粒子表面的紧密层（亦称Stern层或吸附层），其厚度δ由被吸附离子的大小决定。显然，在此层中电势变化的情况与平行板模型相似，成直线下降。另一层相似于Gouy-Chapman双电层中的扩散层（电势随距离的增加呈曲线下降），其浓度由体相溶液的浓度决定。由于质点表面总有一定数量的溶剂分子与其紧密结合，因此在电动现象中这部分溶剂分子与粒子将作为一个整体运动，在固–液相之间发生相对移动时也有滑动面存在。尽管滑动面的确切位置并不知道，但可以合理地认为它在Stern层之外，并深入扩散层之中。在足够稀的溶液中，由于扩散层厚度相当大，而固相所束缚的溶剂化层厚度通常只有分子大小的数量级，因此ζ和ψ可近似认为相等，并无多大误差。但当电解质浓度很大时，和ψ_s的差别也将增大，不能再视为相同了。倘若质点表面上吸附了非离子型表面活性剂或高分子物质，则滑动面明显外移。特别要注意的是，当溶液中含有高价反离子（counter-ion）或表面活性剂离子时，质点将对它们发生强的选择性吸附，此吸附称为特性吸附（specific adsorption）。由于特性吸附了大量的这些离子，从而使Stern层的电势反号，即ψ_s的电位符号将与ψ_0的电位符号相反，这时胶粒所带电荷符号也相反。同理，若能克服静电斥力而吸附了大量的同号离子（co-ion，也常常是一些活性剂离子），则可能使Stern层的电位高于表面电位ψ_0。

确定反离子在粒子表面上是否产生特性吸附最方便的方法是：在被研究的体系中加入该反离子并同时测量Zeta电位，若能使粒子电荷反号，表明有特性吸附。例如在含有高岭土的污水中（污水的pH为7.5，高岭土的等电点为3.8）加入铝聚沉剂，当加入量超过40×10^{-6}则电荷反号，Zeta电位由负值转变为正值；在pH为8.9的白炭黑混悬液中加入阳离子表面活性剂，当其浓度超过30mol/L时亦可使电荷反号。这些结果都说明铝聚沉剂或阳离子表面活性剂可在荷负电的高岭土或白炭黑表面上发生特性吸附。

Stern模型至少在定性上能较好地解释电动现象，反映更多的实验事实。但此理论的定量计算尚有困难。关于吸附层的详细结构、介质的介电常数随离子浓度和双电层电场的变化以及表面电荷的不均匀分布等问题均未解决，所以该理论仍在发展中。

目前比较受重视的理论是1947年Grahame提出的双电层详细模型。他进一步发展了Stern的双电层概念。将溶液相中的电层分为内层和扩散层。内层中又分为两层：①内Helmholtz层，其中有未水化的离子，也有一层水分子，它们紧贴在粒子表面上。水的介电常数仅为6，这一层实际上就是Stern模型中的Stern层；②外Helmholtz层，其中有水化离子，它们与粒子吸附较紧，且可随粒子一起运动，此层和溶液间有滑动面。在此种模型中，Grahame 强调电荷在粒子表面上的分布是不均匀的，是一簇簇地分布着，当离子在 Stern 层中吸附后，周围表面电荷又会重新分布。看来双电层模型有向更复杂、更“混乱”的方向发展的趋势。

4.2.4　溶胶的稳定性

“稳定性”一词在胶体科学中随处可见，是溶胶-凝胶法中一个重要的概念。稳定性的含义包括：①稳定性只具有动力学意义，故而是相对的；②在该领域中，国内外在使用术语时亦未完全统一，特别是不同行业的从业人员出于传统的或职业上的原因对同一现象而有不同的称呼；③必须要知道问题的来龙去脉，否则，容易产生误解。

胶体溶液的稳定性指其某种性质（如分散相浓度、颗粒大小、体系黏度和密度等）有一定程度的不变性。正是由于这些性质在“一定程度”内的变化不完全相同，就必然对稳定性有不同的理解。为此，宜用热力学稳定性、动力学稳定性和聚集稳定性三者来表征。①热力学稳定性。胶体体系是多相分散体系，有巨大的界面能，故在热力学上是不稳定的。现已知道，微乳液在热力学上是稳定的。但也不排斥在一定条件，可以制备热力学稳定的溶胶。②动力学稳定性。指在重力场或离心力场中，胶粒从分散介质中析离的程度。胶体体系是高度分散的体系，分散相颗粒小，有强烈的布朗运动，能阻止其因重力作用而引起的下沉。因此，在动力学上是相对稳定的。③聚集稳定性。指体系的分散度是否随时间变化而言。例如体系中含一定数目的细小胶粒，由于某种原因，团聚在一起形成一个大粒子并不再被拆散开，这时体系中不存在细小胶粒，即分散度降低，这称为体系的聚集稳定性差，反之，若体系中的细小胶粒长时间不团聚，则体系的聚集稳定性高。

胶体本质上是热力学不稳定体系，但又具有动力学稳定性，这是一对矛盾。在一定条件下它们可以共存，在另一条件下它们又可以转化。制备出来的溶胶之所以能在相当长的一段时间内保持稳定（例如，Faraday 制备的金溶胶放置了几十年才聚沉下来），或许就是由于这个原因。

从扩散双电层观点来说明溶胶的稳定性已普遍为人们所采用。它的基本观点是胶粒带电（有一定的 ζ 电位），使粒子间产生静电斥力。同时，胶粒表面水化，具有弹性水膜，它们也起斥力作用，从而阻止粒子间的聚结。关于胶体稳定性的研究，最初只注意到质点上的电荷及静电作用，后来才注意到溶胶中粒子间也有范德瓦耳斯引力。这就使人们对胶体稳定性的概念有了更深入的认识。多年来，经过许多学者的工作，在扩散层模型的基础上，Derjaguin、Landan、Verwey、Overbeek 等于 20 世纪 40 年代初发展了关于溶胶稳定性的理论（通常称为 DLVO

理论）。该理论认为，溶胶在一定条件下是稳定存在还是聚沉，取决于粒子间的相互吸引力和静电斥力。若斥力大于吸力则溶胶稳定，反之则不稳定。

①胶粒间的相互吸引。胶粒间的相互吸引本质上是范德瓦耳斯力。但胶粒是许多分子的聚集体，因此，胶粒间的引力是胶粒中所有分子引力的总和。一般分子间的引力与分子间距离的 6 次方成反比，而胶粒间的吸引力与胶粒间的距离的 3 次方成反比。这说明胶粒间有“远距离”的范德瓦耳斯引力，即在比较远的距离时胶粒间仍有一定的吸引力。

②胶粒间的相互排斥。根据扩散双电层模型，胶粒是带电的，其四周为离子氛（ionic atmosphere）所包围。由于离子氛中反离子（counterion）的屏蔽效应，胶粒所带电荷的作用不可能超出扩散层离子氛的范围，即图 4-4 中线圈以外的地方不受胶粒电荷的影响。因此，当两个胶粒趋近而离子氛尚未接触时，胶粒间并无排斥作用。当胶粒相互接近到离子氛发生重叠时，处于重叠区中的离子浓度显然较大，破坏了原来电荷分布的对称性，引起了离子氛中电荷重新分布，即离子从浓度较大的重叠区间向未重叠区扩散，使带正电的胶粒受到斥力而相互脱离。计算表明，这种斥力是胶粒间距离的指数函数。

当两胶粒相距较远时，离子氛尚未重叠，粒子间“远距离”的吸引力在起作用，即引力占优势，曲线在横轴以下，总位能为负值；随着胶粒间距离变近，离子氛重叠，斥力开始起作用，总位能逐渐上升为正值。至一定距离处，总位能最大，出现一个能峰 E_0。位能上升，意味着两胶粒不能进一步靠近，或者说它们碰撞后又会分离开来。如越过位能峰 E_0，位能即迅速下降，说明当胶粒间距离很近时，吸引能 E_A 随胶粒间距离的变小而激增，使引力占优势，总位能下降为负值，这意味着胶粒将发生聚集。由此可以得出结论：如要使胶粒聚集在一起，必须通过位能峰 E_0，这就是胶体体系在一定时间内具有“稳定性”的原因。这种稳定性，习惯上称为溶胶的“聚集稳定性”。聚集稳定性是保持溶胶分散度不易自行降低的一种性质。聚集稳定性和前述的动力学稳定性是两个不同的概念，请读者加以区别。

一般外界因素（如分散体系中电解质的浓度等）对范德瓦耳斯引力影响很小，但外界因素能强烈地影响胶粒之间的排斥位能 E_r。例如若降低胶粒的电位，减少粒子的电荷，则其排斥位能减小（E_0 减少），聚集稳定性降低。这可以理解为，如果胶粒表面电位降低到某个程度（在极端情况下，ζ 电位为零），使能峰降到约与横轴相切时（$E_0=0$），则此溶胶的聚集稳定性最低，溶胶将很快聚沉。

研究溶胶稳定性问题另一个要考虑的因素是溶剂化层的影响。我们知道，胶粒表面因吸附某种离子而带电，并且此种离子及其反离子都是溶剂化的，这样，在胶粒周围就好像形成了一个溶剂化膜（水化膜）。许多实验表明，水化膜中的水分子是比较定向排列的，当胶粒彼此接近时，水化膜就被挤压变形，而引起定向排列的引力力图恢复水化膜中水分子原来的定向排列，这样就使水化膜表现出弹性，成为胶粒彼此接近时的机械阻力。另外，水化膜中的水较之体系中的“自由水”还有较高的黏度，这也成为胶粒相互接近时的机械障碍。总之，胶粒外的这部分水膜客观上起了排斥作用，所以也常称为“水化膜斥力”。胶粒外水化膜的厚度应该和扩散双电层的厚度相当，估计约为 1～10nm。水化膜的厚度受体系中电解质浓度的影响，当电解质浓度增大时，扩散双电层的厚度减小，故水化膜变薄（表 4-1）。

表 4-1　几种电解质水溶液在不同浓度和价数时的 K 及 $1/K$（298.2K）

浓度/(mol/L)	$Z^+:Z^-$	K/cm^{-1}	$(1/K)/cm$
0.001	1：1	1.04×10^6	96.1×10^{-8}
	2：2	2.08×10^6	48.1×10^{-8}
	3：3	3.12×10^6	32.0×10^{-8}
0.01	1：1	3.29×10^6	30.4×10^{-8}
	2：2	6.58×10^6	15.2×10^{-8}
	3：3	9.87×10^6	10.1×10^{-8}
0.1	1：1	1.04×10^7	9.61×10^{-8}
	2：2	2.08×10^7	4.81×10^{-8}
	3：3	3.21×10^7	3.2×10^{-8}

溶胶的“稳定”是有条件的，一旦稳定条件被破坏，溶胶中的粒子就合并(聚集)、长大，最后从介质中沉出，这种现象称为聚沉（coagulation）。影响聚沉的因素很多，如加入电解质、加热、辐射以及溶胶本身的一些因素都可影响溶胶的聚沉。其中加入电解质对聚沉的影响研究得最多。

①电解质的聚沉作用。在溶胶中加入电解质时，电解质中与扩散层反离子电荷符号相同的那些离子将把反离子压入（排斥）到吸附层，从而减小了胶粒的带电量，使 ζ 电位降低，E_0 减小，故溶胶易于聚沉。当电解质浓度达到某一定数值时，扩散层中的反离子被全部压入吸附层内，胶粒处于等电状态，ζ 电位为零，胶体的稳定性最低。如加入的电解质过量，特别是一些高价离子，则不仅扩散层反离子全部进入吸附层，而且一部分电解质离子也因被胶粒强烈地吸引（即前述的特性吸附）而进入吸附层，这时胶粒又带电，但电性和原来的相反，这种现象称为“再带电”。显然，再带电的结果使 ζ 电位反号。

电解质对溶胶稳定性的影响不仅取决于其浓度，还与离子价有关。在相同浓度时，离子价越高，聚沉能力越大，“聚沉值”越小。所谓聚沉值是指，能引起某一溶胶发生明显聚沉所需外加电解质的最小浓度（mol/L）。Reprthh 等曾导出

电解质的聚沉值 r_c 和反离子价 Z 之间的关系为：

$$r_c = C\frac{D^3\,(KT)^5}{A^2 e^6 Z^6} \tag{4-10}$$

式中，C 为与电解质阴阳离子性质有关的常数；D 为介质的介电常数；K 为 Boltzmann 常数；T 为绝对温度；A 为范德瓦耳斯力常数；e 为单位电荷；Z 为反离子价数。可见，在其他条件相同时，电解质的聚沉值为：

$$r_c \propto \frac{1}{Z^6} \tag{4-11}$$

这个规律和 SchulzoHardy 从实验中得到的“价数规则”基本一致，具体数据见表 4-2。

表 4-2　反离子价和聚沉值之间的关系

反离子价	聚沉值	聚沉值比	按式（4-11）的计算值
1	55	1	1
2	0.69	0.013	0.016
3	0.091	0.0017	0.0013

表 4-2 所列聚沉值分别是 NaCl、$MgCl_2$、$AlCl_3$ 对荷负电的 As_2S_3 溶胶聚沉的实验结果。应当指出，此种结果只是相对的，因为制备条件如稍有不同，所得溶胶之浓度及胶粒上的电荷多少也不同，况且聚沉试验本身也有它的相对性，所以该值实际上是一种相对的变化趋势。因此，企图将这种关系定量化［例如式（4-10）是从理论上导出的］，并不能获得精确的结果。

关于电解质中不同价的阴离子对荷正电的溶胶的聚沉值，也有大致的变化规律。例如 KCl、K_2CrO_4、$K_3Fe(CN)_6$ 对正电荷的 FeOOH 溶胶，其聚沉值分别为 103、0.325、0.096。

相同价数离子的聚沉能力不同。例如具有相同阴离子的各种阳离子，其对负电性溶胶的聚沉能力为：

$$H^+ > Cs^+ > Rb^+ > K^+ > Na^+ > Li^+$$

显然，这种顺序与离子的水化半径有关，Li^+ 半径最小，水化能力最强，水化半径最大，故聚沉能力最小。具有相同阳离子的各种阴离子，其对正电性溶胶的聚沉能力为：

$$Cl^- > Br^- > NO_3^- > I^-$$

这种将同符号、同价的离子按聚沉能力排成的顺序，通常称为感胶离子序（lyotropic series）。

离子型有机物（如脂肪酸盐、季铵盐等表面活性物质）以及一些所谓的“高分子絮凝剂”（如水解聚丙烯酰胺等）几乎与溶胶的电性无关，它们都有很强的聚沉能力，这主要是因为它们能在胶粒表面上强烈地吸附，并使许多胶粒通过高聚物的链节“桥联”在一起，联成质量较大的聚集体而发生聚沉。

利用电解质使胶体聚沉的实例很多。在豆浆中加入卤水做豆腐就是一例。豆浆是荷负电的大豆蛋白胶体，卤水中含有 Ca^{2+}、Mg^{2+}、Na^{+} 等离子，故能使荷负电的胶体聚沉。又如江海接界处，常有清水和浑水的分界面，这实际上是海水中的盐类对江河中荷负电的土壤胶体聚沉的结果，而小岛和沙洲的形成正是土壤胶体聚沉后的产物。

②溶胶的相互聚沉。将两种电性不同的溶胶混合，可以发生相互聚沉作用。但仅在这两种溶胶的数量达到某一比例时才发生完全聚沉，否则可能不发生聚沉或聚沉不完全。

溶胶的相互聚沉在日常生活中经常见到。例如明矾的净水作用就是利用明矾［$KAl(SO_4)_2 \cdot 12H_2O$］在水中水解生成荷正电的 $Al(OH)_3$ 溶胶使荷负电的胶体污物（主要是土壤胶体）聚沉，在聚沉时生成的絮状沉淀物又能夹带一些机械杂质，使水获得净化。不同牌号的墨水相混可能产生沉淀，医院里利用血液的能否相互凝结来判明血型，这些都与胶体的相互聚沉有关。

4.2.5　溶胶的触变性

在浓 $Fe(OH)_3$ 加入少量电解质时，溶胶的黏度增加并转变为凝胶；将此凝胶稍加振动，便等温可逆地转变为溶胶；静置后又成凝胶。此种操作可重复多次，并且溶胶或凝胶的性质均没有明显的变化。这种现象就是触变作用(thixotropy)。触变作用实际上是从有结构的体系转变为“无结构”的体系，此种变化可表示为：

$$\text{凝胶}\underset{\text{静置(胶凝作用)}}{\overset{\text{摇动(触变作用)}}{\rightleftharpoons}}\text{凝胶(等温)}$$

由于在外力作用下体系的黏度减小，流动性变大，因此这个现象习惯上也称为切稀。

实验表明，$Al(OH)_3$、V_2O_5、白土凝胶等均有明显的触变或切稀现象。

油漆、钻井用泥浆、药膏以及抗菌素油剂等都要求有一定的触变性能。

值得注意的是，具有触变性的溶胶转变为凝胶时，必须静置一定时间，这意味着凝胶结构的恢复有个时间过程，而不能立即恢复。

关于触变过程的机理，主要有两种观点。第一种观点认为颗粒上有离子，因而有电性吸引和排斥作用，在某种距离时这两种力达到平衡而形成结构。这种说法对于非水介质不很合适，而且不能解释为何非球形颗粒（如棒状或片状的）特别易于表现出触变性。第二种观点认为颗粒之间搭成架子，流动时架子被拆散。之所以存在触变性是因为被拆散的颗粒再搭成架子时需要时间。因为颗粒的末端及边缘吸引特别强烈，故此种架子理论能说明为什么棒状和片状颗粒较之球形颗粒更易于表现出触变性。

凝胶摇动转变为溶胶后，切力使颗粒定向，但布朗运动又使定向的颗粒之末端或边缘直接在一起而结合，这一结合过程需要时间。

但架子理论并不能说明现实所知的一切现象，例如石英粉的悬胶无触变性，当加入一些极细的 Al_2O_3 粉末时体系即显触变性。

与触变作用相反的现象是负触变作用。此体系的基本特点是在外力（切力或切速）作用下体系的黏度升高，但静置一段时间后黏度又恢复原状。显然，负触变现象正好与触变性相反，是一种具有时间因素的切稠现象。

具有负触变性的体系绝大部分为高分子溶液，在悬浮分散体系内极为罕见。但在钠蒙脱土、SiO_2 等悬浮分散体系中加入高分子溶液（如部分水解的聚丙烯酰胺），在一定条件下也会出现负触变性。关于负触变性产生的原因，目前常用“聚集作用”（高分子在流动时能聚集为双分子粒子）等理论来说明。当体系中含有黏土等微粒时可用“屏蔽效应”说明。此理论认为体系处于静止状态时，若高分子对固体微粒有弱的吸附力，则在一定程度上屏蔽了高分子之间的吸引力。故体系的黏度较低；当体系流动或在外力作用下，由于微粒的弱吸附性，它们会从高分子上逐渐脱附，从而高分子间的吸引力增强，故黏度上升，产生负触变性。

4.3　溶胶-凝胶法的分类及其反应机理

溶胶-凝胶合成方法的主要反应机理是反应物分子（或离子）母体在水溶液中进行水解和聚合。即由分子态→聚合体→溶胶→凝胶→晶态（或非晶态），所以可以通过对其过程反应机理的了解和有效地控制来合成一些特定结构和聚集态的固体化合物或材料。溶胶-凝胶合成法的起始反应先驱物多为金属盐类的水溶液或金属有机化合物的水溶液，下面对以下体系的水解聚合反应做些讨论。

4.3.1　金属盐的水解

金属阳离子 M^{z+} 在水溶液中往往会吸引水分子形成溶剂化离子 $M(H_2O)_n^{z+}$，在形成溶胶的过程中，金属阳离子会发生水解释放 H^+ 离子，如式（4-12）表示：

$$M(H_2O)_n^{z+} \longrightarrow M(OH)_n^{z-n} + nH^+ \tag{4-12}$$

通过控制溶液中金属离子的水解、胶粒的生长和颗粒表面电荷等，使形成的颗粒达到平衡状态从而得到稳定均匀的溶胶。溶胶的制备有两种方法，一种是浓缩法，另一种是分散法。浓缩法是通过控制胶粒慢速成核和生长。分散法是金属在大量水中迅速水解。图 4-5 是浓缩法和分散法的流程示意图，两种方法最终都会形成带正电荷的胶粒。

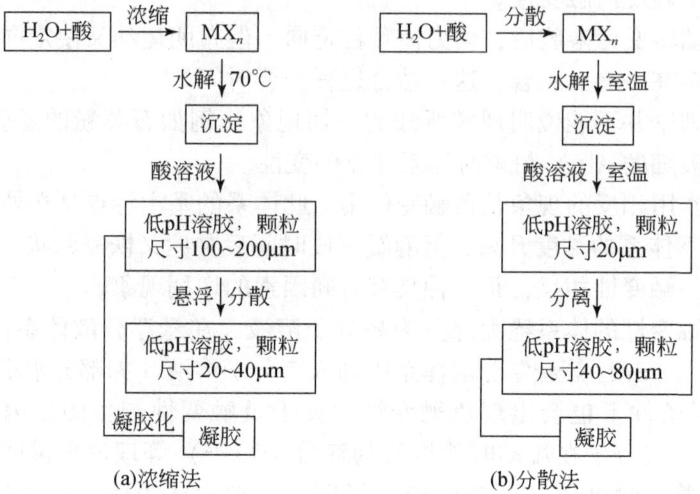

图 4-5 分散法和浓缩法的工艺流程

以 AlOOH 溶胶的制备为例，采用 $Al(NO_3)_3$ 为 Al 源，控制水溶液的 pH 来控制 AlOOH 的生长和沉淀，当 pH 较小时，沉淀的生长速率较小，可以通过缓慢生长得到稳定的溶胶颗粒，最终通过凝聚形成凝胶，这就是浓缩法。当 pH 较大时，沉淀的生长速度较快，溶胶颗粒进一步长大形成沉淀。该新鲜沉淀比较活泼，通过添加酸性溶液进行胶溶可以实现沉淀的溶解和分散，制备出颗粒大小适中的溶胶，这就是分散法。

溶胶形成后，随着反应的进行和水分的蒸发，溶胶会慢慢凝胶化形成固体。氢氧化物的凝胶化包括两种模式，一种是脱水凝胶化，随着胶粒中间水分的减少，扩散层中电解质浓度增加，凝胶化势垒逐渐减小，最终形成稳定的凝胶。另外一种是碱性凝胶化，在 OH^- 离子的作用下胶粒进行脱水反应并不断生长，最终形成凝胶。脱水反应如公式（4-13）所示：

$$xM(H_2O)_n^{z+}+yOH^-+aA^- \longrightarrow M_xO_u(OH)_{y-2u}(H_2O)_nA_a^{(xz-y-a)+}+(xn+u-n)H_2O \tag{4-13}$$

式中，A^- 为凝胶过程中所加入的酸根离子，M^{z+} 可通过 O^{2-}、OH^- 或 A^- 与配体桥联。当 $x=1$ 时，形成单核聚合物；当 $x>1$ 时，形成多核聚合物。简言之，随着 pH 的增加，胶粒表面正电荷减少，能垒降低。

4.3.2 金属醇盐的水解

金属醇盐 $M(OR)_n$ 与水之间的水解反应如式（4-14）所示：

$$M(OR)_n + xH_2O \longrightarrow M(OH)_x(OR)_{n-x} + xR{-}OH \tag{4-14}$$

式中，$x \leqslant n$，随着反应的进行 $M(OR)_n$ 可完全水解直至生成 $M(OH)_n$。

金属盐在水中的性质受到离子半径、电负性和配位数等因素的影响。比如，金属原子的电负性越小，离子半径越大，配位数越大，不饱和度也就越大，金属醇盐的水解活性就越高。在元素周期表中，越往下的金属元素电负性越小，离子半径越大，金属醇盐也越容易水解。在多种影响因素中，配位数或者是配位不饱和度才是决定水解活性的关键参数，这是因为亲核加成反应在动力学上要快于亲核取代反应，金属醇盐在存在配位不饱和的情况下更容易与水发生配位，从而进一步发生水解反应。

对于 Si、Al 盐，它们溶解于纯水中容易电离出 M^{z+} 离子并溶剂化。水解反应平衡随溶液的酸度、相应的电荷转移量等条件的不同而不同。且电离析出的 M^{z+} 离子又可以与氢氧根发生键合。硅酸盐的水解机理已经通过同位素 ^{18}O 标记所验证，即水解是通过水中的氧离子与硅原子发生亲核结合，从（OR）$_3$Si—OR 变为 $(OR)_3Si{-}^{18}OH$。另外，水解反应是可逆的，因此水分减少可以抑制水解的发生。同时在溶剂中存在其他有机醇类时会发生转移酯化反应（4-15），这些对合成多组分氧化物是非常重要的。

$$R'OH + Si(OR)_4 \rightleftharpoons Si(OR)_3(OR') + ROH \tag{4-15}$$

醇盐水解后会进一步发生缩聚反应，按照所脱去分子种类，可分为两类：

①失水缩聚

$$-M{-}OH + HO{-}M{-} \rightleftharpoons -M{-}O{-}M{-} + H_2O$$

②失醇缩聚

$$-M{-}OR + HO{-}M{-} \rightleftharpoons -M{-}O{-}M{-} + ROH$$

醇盐的水解缩聚过程是比较复杂的，且无明显的溶胶形成过程，而是水解和缩聚同时进行，形成凝胶。

4.3.3　络合物法

通过络合剂将金属离子形成络合物，再经过络合物的溶胶和凝胶过程形成络合物凝胶。络合溶胶-凝胶法是在前面一般化的溶胶-凝胶法的基础上，采用相对成本较为低廉的金属盐（硝酸盐、醋酸盐等）配制成溶液，在配制好的溶液中加入络合剂，通过络合和缩聚作用形成均匀的溶胶，再经过陈化或蒸发干燥，使溶胶浓缩形成凝胶，最后对凝胶进行煅烧处理，得到超细粉末。络合溶胶-凝胶法一般使用乙酸、柠檬酸、甘氨酸、EDTA 等作为络合剂。防止产物团聚的产生，实验中通常还加入分散剂如乙二醇、聚乙二醇等，并且进一步减小粉末的粒径同时增大了粉末的比表面积。由于粒径分布不均是导致很多性能恶化（例如，荧光粉转换效率低）的主要原因，因此采用络合溶胶-凝胶法制备荧光粉材料可以大大提高荧光粉的转换效率。

络合溶胶-凝胶法相对于一般的溶胶-凝胶法来说，由于加入了一些分散剂和络合剂，使得制备的粉末粒径更加细小、更加均匀。同时络合溶胶-凝胶法还可以避免一些杂质的引入，提高产品的纯度。相对的，络合溶胶-凝法也有一些缺点：凝结形成时间不易掌握，凝胶形成期间有气体产生，过多吸入有机溶剂会对人体有害，还有干燥时间和温度的选择以及煅烧温度与时间的控制等。

4.4 溶胶-凝胶法的工艺过程

(1) 溶胶的制备

将金属醇盐或无机盐经过水解、缩合反应形成溶胶，或经过凝胶的解凝形成溶胶，该过程的主要影响因素有水的加入量、pH、滴加速度、反应温度等因素。

①水的加入量。水的加入量低于按化学计量关系所需要的消耗量时，随着水量的增加，溶胶的时间会逐渐缩短，超过化学计量关系所需量时，溶胶时间又会逐渐增长，这是因为若加入水量少时，醇盐水解速度较慢而延长了溶胶时间；若加水量大于化学计量，溶液相对稀释，溶液黏度下降而使成胶难，按化学计量加入时，成胶的质量好，而且成胶时间相对短。一般情况下，加水量一般用物质的量之比 $R=n(H_2O):n[M(OR)_n]$ 表示。加水量很少，一般 R 在 0.5 ~ 1.0 的范围，此时水解产物与未水解的醇盐分子之间继续聚合，形成大分子溶液，颗粒不大于 1nm，体系内无固液界面，属于热力学稳定系统；而加水过多（$R \geqslant 100$），则醇盐充分水解，形成存在固液界面的热力学不稳定系统。

②滴加速率。醇盐易吸收空气中的水发生水解凝固，因此在滴加醇盐醇溶液时，其他因素一致情况下观察滴加速率，发现滴加速率明显影响溶胶时间，滴加速率越快，凝胶速度也快，但速度快易造成局部水解过快而聚合胶凝生成沉淀，同时一部分溶胶液未发生水解最后导致无法获得均一的凝胶，所以在反应时还应辅以均匀搅拌，以保证得到均一的凝胶。

③反应液的 pH。反应液的 pH 不同，其反应机理不同，因而对同一种金属醇盐的水解缩聚，往往产生结构、形态不同的缩聚。研究表明，pH 较小时，缩聚反应速率远远大于水解反应，水解由 H^+ 的亲电机理引起，缩聚反应在完全水解前已经开始，因此缩聚物交联度低；pH 较大时，体系的水解反应体系由 $[OH^-]$ 的亲核取代引起，水解速度大于亲核速度，形成大分子聚合物，有较高的交联度，可按具体要生产的材料要求选择适宜的酸碱催化剂。

④反应温度。温度升高，水解速率相应增大，胶粒分子动能增加，碰撞概率也增大，聚合速率快，从而导致溶胶时间缩短；另一方面，较高温度下溶剂醇的挥发也加快，相当于增加了反应物浓度，也在一定程度上加快了溶胶速率，但温

度升高也会导致生成的溶胶相对不稳定，且易生成多种产物的水解产物聚合。因此，在保证生成溶胶的情况下，尽可能在较低温度下进行，多以室温条件进行。

(2) 凝胶化

具流动性的溶胶通过进一步缩聚反应形成不能流动的凝胶体系。经缩聚反应形成的溶胶溶液在陈化时，聚合物进一步聚集长大成为小粒子簇，它们相互碰撞连接成大粒子簇，同时，液相被包于固相骨架中失去流动，形成凝胶。陈化形成凝胶过程中，会发生熟化，即大小粒子因溶解度的不同而造成平均粒径的增加。陈化时间过短，颗粒尺寸反而不均匀；时间过长，粒子长大、团聚，不易形成超细结构，由此可见，陈化时间的选择对产物的微观结构非常重要。

(3) 凝胶的干燥

干燥的目的是把湿凝胶膜包裹的大量溶剂和水通过干燥除去，得到干凝胶膜。因干燥过程体积收缩，很易导致干凝胶膜的开裂，导致开裂的应力主要来源于毛细管力，而该力又是因充填于凝胶骨架孔隙中的液体的表面张力所引起的。因此干燥过程中应注意在减少毛细管力和增强固相骨架这两方面入手。干燥方法主要有以下几种：

①控制干燥，即在溶胶制备中，加入控制干燥的化学添加剂，如甲酰胺、草酸等。由于它们的低蒸气压、低挥发性，能把不同孔径中的醇溶剂的不均匀蒸发大大减少，从而减小干燥应力，避免干凝胶的开裂。

②超临界干燥，即将湿凝胶中的有机溶剂和水加热加压到超过临界温度、临界压力，则系统中的液气界面将消失，凝胶中毛细管力也不复存在，从而从根本上消除导致凝胶开裂应力的产生。

③热处理干燥。进一步热处理，消除干凝胶的气孔，使其致密化，并使制品的相组成和显微结构能满足产品性能的要求。在加热过程中，须先在低温下脱去干凝胶吸附在表面的水和醇，在升温过程中速度不宜太快，因为热处理过程中伴随较大的体积收缩、各种气体的释放（二氧化碳、水、醇），且须避免发生炭化而在制品中留下炭质颗粒（—OR 基在非充分氧化时可能炭化）。热处理的设备主要有真空炉、干燥箱等。凝胶经干燥、烧结转变成固体材料的过程是溶胶-凝胶法的重要步骤，由多孔疏松凝胶转变成可应用的材料至少有4个历程：毛细收缩、缩合-聚合、结构弛豫和黏滞烧结。热处理的目的是消除干凝胶中的气孔，使制品的相组成和显微结构能满足产品性能的要求。在加热过程中，干凝胶先在低温下脱去吸附在表面的水和醇，265～300℃发生—OR 基的氧化，300℃以上则脱去结构中的—OH 基。由于热处理过程伴随较大的体积收缩、各种气体的释放（CO_2、H_2O、ROH），加之—OR 基在非充分氧化时还可能炭化，在制品中留下炭质颗粒，所以升温速度不宜过快。

4.5　溶胶–凝胶法在新能源材料合成中的应用

4.5.1　溶胶–凝胶法在新型二次电池材料合成中的应用

与固相反应法相比，溶胶–凝胶法的优势在于原子或分子水平上的均匀混合，容易实现多元组分的均匀分布和控制组分之间的比例；较低的合成温度、较短的加热时间、更好的结晶度、较窄的粒径分布和较小的纳米级粒径；以及形状的控制用于薄膜的制备。对于二次电池电极材料来说，纳米级粒径会降低材料的堆积密度，同时较高的比表面也会加剧电池中的表面副反应，因此意义相对较小。另一方面虽然溶胶–凝胶法容易实现多元组分的均匀分布，但是时间流程长，生产成本高，因此多元电极材料的生产更多地采用共沉淀法。溶胶–凝胶法在二次电池材料中的应用更多的是表面包覆，通过溶胶–凝胶法在电池材料的表面构筑一层致密的保护膜，从而改善材料在电池中的电化学稳定性。当然，文献中溶胶–凝胶法被广泛用于制备各种电池材料，包括正极材料，如 $LiCoO_2$、$LiNiO_2$、$LiMn_2O_4$、$LiMnO_2$、$Li_3V_2(PO_4)_3$ 和 $LiFePO_4$ 等，负极材料，如 $Li_4Ti_5O_{12}$、SnO_x 和 TiO_2 等，以及固态电解质材料如 $Li_{1+x}Al_xTi_{2-x}(PO_4)_3$、$Li_7La_3Zr_2O_{12}$ 等[1-9]。与传统固相反应法相比，溶胶–凝胶法制备的电池材料具有更好的电化学性能，包括离子电导率、可逆容量、循环性能和倍率性能。

以 $LiCoO_2$ 为例，制备电池材料的一般溶胶凝胶法如下。将钴盐溶解在水中，并通过 LiOH 和氨水溶液调节溶液的 pH 以形成凝胶。在此过程中，pH 的控制非常重要。如果控制不好，就会出现沉淀，破坏溶胶的稳定性。为了控制产品的粒度和均匀性，可以添加有机化合物作为载体。载体应具有亲水性官能团，例如氢氧化物或羧酸盐。它包括小分子，如琥珀酸、草酸、苹果酸、酒石酸、丙烯酸、柠檬酸、腐殖酸，抗坏血酸和聚合物，如聚丙烯酸（PAA）和聚乙烯吡咯烷酮（PVP），以确保金属离子和极性侧基之间的相互作用（络合）导致所获得凝胶中组成离子的均匀分布[9]。

以 PAA 为例，如图 4-6 所示。

需注意，PAA 与金属离子的比例可以改变。为了抑制热处理期间的阳离子迁移率，应避免比例过大或过小。过量的 PAA 将导致 O_2 分压过低，无法完成从 Co^{2+} 到 Co^{3+} 的氧化。当 PAA 用量不足时，反应将类似于固态反应，溶胶–凝胶法的优势无法实现。

在凝胶形成过程中，钴和锂离子与酸的氧原子的结合使颗粒的大小在纳米级（在 30 ~ 50nm 范围内）可控，并使其比表面积在 2.3 ~ 17m^2/g 范围内。此外，混合可以在原子水平上完全均匀。可以在相对较低的温度下制备结晶度良好的

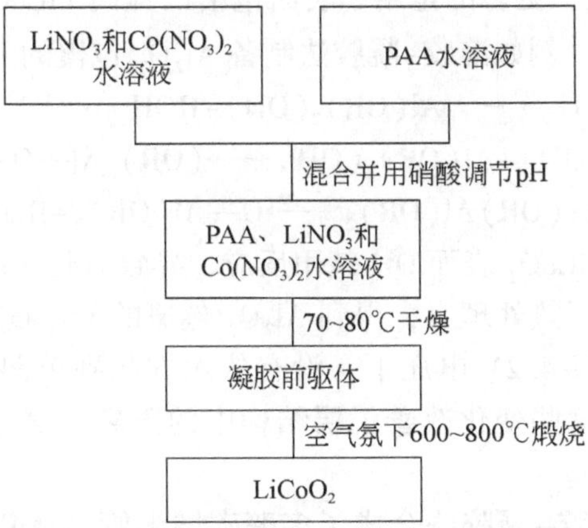

图 4-6　溶胶-凝胶法制备 $LiCoO_2$ 正极材料流程图[9]

$LiCoO_2$。此外，可以避免固态反应所需的长期加热。所得 $LiCoO_2$ 的可逆容量和循环行为均优于固相反应。与固相反应产物的 120mAh/g 相比，可逆容量可以高于 130mAh/g，且在长期循环过程中能保持大部分的比容量。图 4-7 显示了当以金属锂作为参比电极进行循环时的这种比较示例[9]。

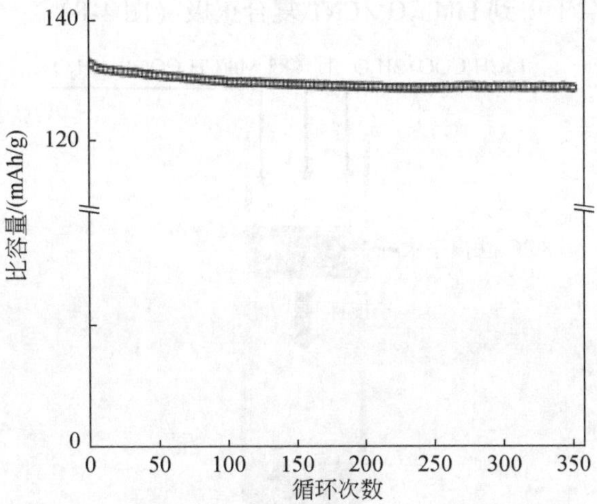

图 4-7　溶胶-凝胶法制备 $LiCoO_2$ 正极材料循环性能[9]

如前所述，虽然溶胶凝胶法制备的 $LiCoO_2$ 具有更优的电化学性能，但是颗粒较小带来的压实密度问题和制备方法的成本问题，产业上几乎不会用溶胶-凝

胶法制备 $LiCoO_2$ 正极，更多的是用于表面包覆以提高 $LiCoO_2$ 正极在高电压、高容量下的循环稳定性。例如溶胶-凝胶法制备 Al_2O_3 包覆的 $LiCoO_2$[10]：

水解：$Al(OR)_3+H_2O \longrightarrow Al(OR)_2(OH)+ROH$

缩聚：$Al(OR)_2(OH)+Al(OR)_2(OH) \longrightarrow (OR)_2Al—O—Al(OR)_2+H_2O$

表面反应：$—OH+(OR)Al(OR)_2 \longrightarrow O—Al(OR)_2+ROH$

Al—OR 基团与 $LiCoO_2$ 表面 OH 基团反应，导致氧化铝凝胶与 $LiCoO_2$ 颗粒表面良好黏附。经过以下热处理后，得到 Al_2O_3 包覆的 $LiCoO_2$，不含 Al_2O_3 相。在循环过程中，在 4.15～4.2V 电压下，没有从六方相到单斜相的相变，并且沿 c 轴的膨胀急剧减少。这些变化改善了层结构中的阳离子顺序，并导致 $LiCoO_2$ 正极的良好容量保持率。

Xia 等[4,6]通过溶胶-凝胶法合成了多壁碳纳米管（MWCNTS）-锰酸锂纳米复合材料作为锂离子电池正极。其中多壁碳纳米管是通过化学气相生长法制备的（深圳市纳米港有限公司提供），并进行了进一步的纯化。将 $LiCH_3COO \cdot 2H_2O$、$Mn(CH_3COO)_2 \cdot 4H_2O$ 和柠檬酸按照 1∶2∶3 的摩尔比溶于少量去离子水中并在 80℃搅拌直到形成干凝胶，将干凝胶在 800℃空气氛下烧结 10h 得到 $LiMn_2O_4$ 粉体，升温速率为 5℃/min。在纳米复合材料中，MWCNT 含量保持在 $LiMn_2O_4$ 20wt%。在室温下，将 0.05g MWCNT 分散到 25mL 去离子水中，加入 0.25g 制备的 $LiMn_2O_4$ 正极材料并搅拌均匀。将分散均匀的溶液通过过滤的方法将其中的固体粉末分离出来，经过 100℃下烘干得到 $LiMn_2O_4$/CNT 复合正极（图 4-8）。

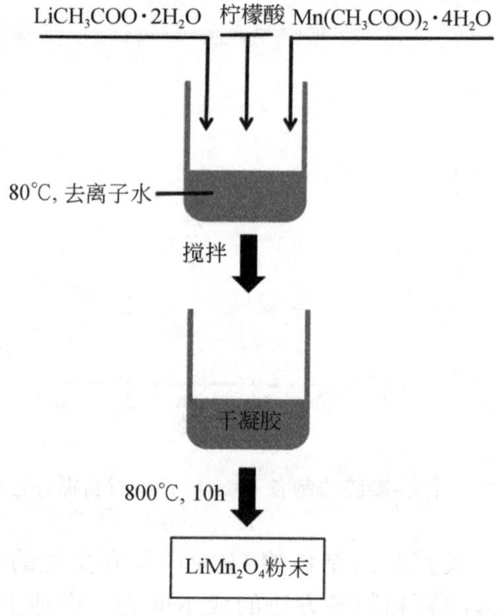

图 4-8　溶胶-凝胶法制备锰酸锂正极流程图[6]

Gu 等[11]通过溶胶-凝胶法制备了高熵钠离子电池正极材料 $Na_3V_{1.9}$(Ca, Mg, Al, Cr, Mn)$_{0.1}$(PO_4)$_2F_3$。具体合成步骤为：首先将 V_2O_5、$Ca(NO_3)_2 \cdot 4H_2O$、$Mg(NO_3)_2 \cdot 6H_2O$、$Al(NO_3)_3 \cdot 9H_2O$、$Cr(NO_3)_3 \cdot 9H_2O$、$MnC_4H_6O_4 \cdot 4H_2O$、$NH_4H_2PO_4$、NaF 按化学计量比与少量过量的 NH_4F 和草酸混合均匀，溶解于蒸馏水中。溶液经过连续搅拌澄清后，加入氨水，pH 变为7.0。然后继续搅拌，直到水完全蒸发。之后将样品转移到80℃的烘箱中烘干。最后，将干燥样品从烘箱中取出，仔细研磨，然后在600℃氩气中烧结1.5h。实验证明由于高熵效应，提高了低电压区域的放电平台，平均工作电压提高到3.8V，输出能量密度提高到445Wh/kg，而纯 NVPF 正极的这两个值都较低。同时，高熵 NVPF 正极表现出优异的结构稳定性（20C 下循环2000次后容量保持率为80.4%），更快速的充放电行为（50C 下容量保持率为60%），以及与硬碳负极相结合的卓越的全电池性能。

随着溶胶-凝胶方法与其他技术相结合的发展，将出现具有独特性能的新的更好的电极材料，例如无机-有机纳米复合正极材料和5V 正极材料。此外，溶胶-凝胶法可用于制备纳米材料，这在科学技术中变得越来越重要。在不久的将来，由纳米电极材料组成的微电池将投入使用，并为溶胶-凝胶方法制备的电极材料提供有前景的应用。

4.5.2 溶胶-凝胶法在太阳能电池材料合成中的应用

利用溶胶-凝胶法得到产物溶胶，然后就能够利用旋转涂布法、浸入涂布法、喷雾法、电泳法、喷墨法、滚压涂布法等物理方法在基材表面制作薄膜。通常能在玻璃或金属上及其他各式各样的基质上生成光学用镀膜及装饰用镀膜和制作电光材料。进入20世纪80年代，制膜技术有飞速的进步，溶胶-凝胶法、金属有机物分解法（MOD）、金属有机物气相沉积法（MOCVD）、脉冲激光沉积法（PLD）等，被用于太阳能电池等薄膜沉积，大大推动了薄膜生长和应用研究的发展。薄膜的使用为器件的微型化和集成化创造了条件，使功能材料在应用上进入了更广阔的天地。TiO_2 是一种典型的半导体氧化物，具有成本低、制备工艺简单等诸多优点，在太阳能电池中用作光阳极并吸附染料分子，起到传导光生载流子的作用。太阳能电池 TiO_2 薄膜一般具有纳米多孔结构（10～30nm 颗粒），从而能够提供大量吸附位点，增强染料负载量，提升电池转化效率。

纳米多孔 TiO_2 薄膜可通过溶胶-凝胶法制备[12]。典型的制备工艺如下：将二异丙氧基钛酸酯双（乙酰丙酮）按照1∶30的摩尔比加入去离子水中进行水解，在70℃下加热反应直到透明状。然后，往 TiO_2 溶胶中聚乙二醇（分子量20000），其与 TiO_2 的质量比为1∶3.3。将纯化的钠基膨润土在40倍重量的反渗透水中溶胀12h，然后在50℃下与 TiO_2 溶胶混合6h。TiO_2/纯化的钠-膨润土复合材料的 Ti∶Si 摩尔比控制在95∶5和90∶10，在80℃下形成凝胶。然后，通过刮刀法将凝胶衍生的浆料平滑地铺展在掺氟 SnO_2(FTO) 玻璃上，并在 500℃下煅烧 1h，以获得光阳极膜。

溶胶-凝胶法主要用于制备氧化物薄膜，这是由于后续的热退火主要在有氧环境下进行使得有机物分解挥发，继而形成结晶的金属氧化物。采用该方法制备硫化物薄膜方面的报道比较少。溶胶-凝胶法制备硫化物薄膜的流程和制备氧化物流程差不多，不过在退火环节有所不同，为了保证形成的最终产物里不含氧，一般退火环节需要在硫化氢或硫蒸气气氛下进行，这是制备氧化物薄膜和硫化物薄膜在工艺方面最大的不同。以制备铜锌锡硫这种常用于太阳能电池的 p 型半导体薄膜为例。铜锌锡硫 Cu_2ZnSnS_4(CZTS) 为黄锡矿结构的四元化合物，其禁带宽度为 1.51eV，与半导体太阳能电池所要求的最佳禁带宽度（1.5eV）十分接近；CZTS 为直接带隙的半导体材料，且具有较大的吸收系数（大于 10/cm），因此电池中所需的 CZTS 薄膜厚度较小（约 2μm）；该材料中的各元素在地壳上蕴含量丰富，还因成分无毒和环境友好，而成为太阳能电池吸收层的最佳候选材料之一。但是由于 CZTS 由四种元素组成，对元素配比精准度要求较高，而且多元晶格、多层界面结构、缺陷以及杂质等问题的存在增加了制备的难度，对设备的精度和稳定性要求较高，因此 CZTS 薄膜太阳能电池目前还只处于实验室研究阶段。CZTS 薄膜的制备主要分为三个步骤：首先制备包含至少三种元素的金属前驱体；然后硫化以达到最佳配比要求的四元化合物；最后对薄膜热处理，进一步优化薄膜的结晶度和表面形貌[13]。

4.5.3　溶胶-凝胶法在燃料电池材料合成中的应用

固体氧化物燃料电池属于一种电化学反应装置，它可直接将化学能转换为电能。固体氧化物燃料电池具有很多优点，比如：低污染排放、较强的地区适应性、较小的噪音、具有较大的可移动性、较高的能量转换效率等。其中，直接甲醇燃料电池（DMFC）是一种具有吸引力的电化学装置，可实现高效的能量转换。当具有足够高的电催化活性和低成本的阳极电极可用时，可以充分发挥 DMFC 的潜力。目前，可以使用活性材料涂覆平面载体来制备阳极，其中一种简单的涂覆方法是溶胶-凝胶法。Suffredini 等[14]采用溶胶-凝胶法在炭黑基底上形成 Pt-RuO_2 沉积物，电活性 Pt-RuO_2 相在碳粉基底上的高度分散，从而获得了具有不同活性相负载的 Pt-RuO_2/C 阳极材料，并通过循环伏安法研究了它们对甲醇电氧化的活性。溶胶-凝胶法制备的 Pt-RuO_2/C 阳极具有更高的电催化活性。

除了制备燃料电池电极材料，溶胶-凝胶法还可以制备甲醇和硫酸混合的助溶剂相，以降低直接甲醇燃料电池中甲醇的渗透率，提高电池的性能。Ju 等[15]以 Na_2SiO_3 或 $Si(OCH_3)_4$、甲醇和硫酸为原料，采用改进的溶胶-凝胶法制备了直接甲醇燃料电池溶胶-凝胶助溶剂相。该溶胶-凝胶助熔剂相的多孔结构改变了甲醇的传质机理和过程。溶胶-凝胶助熔剂相的甲醇比 1mol/L CH_3OH 和 1mol/L H_2SO_4 液体助熔剂相的渗透率降低了 90% 以上，证明了该方法的发展潜力。

溶胶-凝胶法还可以制备燃料电池用聚合有机-无机质子交换膜。在燃料电池中，聚合物电解质膜燃料电池（PEMFC）受到了研究者的特别关注，其中的关键元件就是质子交换膜。提高固体聚合物质子交换膜燃料电池效率的主要方法是在 100～200℃运行，但常用的质子交换膜在高温下的机械稳定性和尺寸稳定性因相对较低的玻璃化转变温度（约 80～120℃）而降低。因此，通过溶胶-凝胶法制备聚合物纳米结构有机-无机质子交换膜，该方法以获得纳米结构的杂化物，其特征是无机氧化物组分均匀分布，从而得到稳定的无机物骨架，提高膜的热稳定性和机械强度。例如，在溶胶-凝胶工艺中使用含环氧树脂的前体与 TEOS，生产以 H_3PO_4 为掺杂剂的质子交换膜。由于与 H_3PO_4 的强相互作用，在环氧化物环的酸裂解期间形成的羟基有助于将其保持在膜中。P/Si 比为 1.5 时，在几乎无水条件下可获得最高电导率。100℃以上使用的此类质子交换膜具有很高的潜力。

思　考　题

（1）与固相反应法相比，溶胶-凝胶法在材料合成中有哪些独特优势？列举 3 点。

（2）写出正硅酸乙酯（TEOS）水解和缩聚的反应方程式，并说明 pH 对反应速率的影响。

（3）描述溶胶-凝胶法的主要步骤（水解、缩聚、老化、干燥），并指出哪一步对最终材料的多孔结构影响最大？为什么？

（4）如何通过溶胶-凝胶法制备高比表面积（$>500m^2/g$）的 SiO_2 气凝胶？列举两种关键控制参数。

（5）溶胶-凝胶法制备氧化物薄膜（如 TiO_2）时，如何避免干燥过程中的裂纹？

（6）溶胶-凝胶法在制备锂离子电池电极材料（如 $LiFePO_4$）时有哪些优势？可能面临什么问题？

（7）溶胶-凝胶法的产业化面临哪些主要障碍（如成本、批次稳定性等）？

（8）设计一个通过溶胶-凝胶法制备磁性 Fe_3O_4/SiO_2 核壳纳米颗粒的实验方案，需包括：前驱体选择、表面修饰方法（防止团聚）、表征手段（至少两种）。

参 考 文 献

[1] Wu C, Wang Y, Ma G, et al. Enhanced rate capability of $Li_4Ti_5O_{12}$ anode material by a photo-assisted sol- gel route for lithium- ion batteries [J]. Electrochemistry Communications, 2021,

131: 107119.

[2] Monchak M, Hupfer T, Senyshyn A, et al. Lithium diffusion pathway in $Li_{1.3}Al_{0.3}Ti_{1.7}(PO_4)_3$ (LATP) superionic conductor [J]. Inorganic Chemistry, 2016, 55: 2941-2945.

[3] Kwon T, Ohnishi T, Mitsuishi K, et al. Synthesis of $LiCoO_2$ epitaxial thin films using a sol-gel method [J]. Journal of Power Sources, 2015, 274: 417-423.

[4] Xia H, Ragavendran K R, Xie J, et al. Ultrafine $LiMn_2O_4$/carbon nanotube nanocomposite with excellent rate capability and cycling stability for lithium-ion batteries [J]. Journal of Power Sources, 2012, 212: 28-34.

[5] Schroeder M, Glatthaar S, Binder J R. Influence of spray granulation on the properties of wet chemically synthesized $Li_{1.3}Ti_{1.7}Al_{0.3}(PO_4)_3$ (LATP) powders [J]. Solid State Ionics, 2011, 201: 49-53.

[6] Ragavendran K, Chou H L, Lu L, et al. Crystal habits of $LiMn_2O_4$ and their influence on the electrochemical performance [J]. Materials Science and Engineering B, 2011, 176: 1257-1263.

[7] Liu Y, Cao C, Li J. Enhanced electrochemical performance of carbon nanospheres——$LiFePO_4$ composite by PEG based sol-gel synthesis [J]. Electrochimica Acta, 2010, 55: 3921-3926.

[8] Li Y, Zhou Z, Ren M, et al. Electrochemical performance of nanocrystalline $Li_3V_2(PO_4)_3$/carbon composite material synthesized by a novel sol-gel method [J]. Electrochimica Acta, 2006, 51: 6498-6502.

[9] Sun Y K. Cycling behaviour of $LiCoO_2$ cathode materials prepared by PAA-assisted sol-gel method for rechargeable lithium batteries [J]. Journal of Power Sources, 1999, 83: 223-226.

[10] Jian Z, Wang W, Wang M, et al. Al_2O_3 coated $LiCoO_2$ as cathode for high-capacity and long-cycling Li-ion batteries [J]. Chinese Chemistry Letters, 2018, 29: 1768-1772.

[11] Gu Z, Guo J, Cao J, et al. An Advanced High-Entropy Fluorophosphate Cathode for Sodium-Ion Batteries with Increased Working Voltage and Energy Density [J]. Advanced Materials, 2022, 34: 2110108.

[12] Saelim N, Magaraphan R, Sreethawong T. Preparation of sol-gel TiO_2/purified Na-bentonite composites and their photovoltaic application for natural dye-sensitized solar cells [J]. Energy Conversion and Management, 2011, 52: 2815-2818.

[13] Tanaka K, Fukui Y, Moritake N, et al. Chemical composition dependence of morphological and optical properties of Cu_2ZnSnS_4 thin films deposited by sol-gel sulfurization and Cu_2ZnSnS_4 thin film solar cell efficiency [J]. Solar Energy Materials And Solar Cells, 2011, 95: 838-842.

[14] Suffredini H B, Tricoli V, Avaca L A, et al. Sol-gel method to prepare active Pt-RuO_2 coatings on carbon powder for methanol oxidation [J]. Electrochemistry Communications, 2004, 6: 1025-1028.

[15] Ju J, Wu D, Ge C, et al. A novel direct methanol fuel cell with sol-gel flux phase [J]. Journal of Power Sources, 2010, 195: 3472-3476.

第5章　水热与溶剂热法

5.1　水热与溶剂热法概述

水热合成法（hydrothermal synthesis）是指在特殊的密闭反应容器中（通常为反应釜）使用水溶液作为反应系统的溶剂，通过加热并对其加压（或自身产生的蒸气压）来创建高温高压反应环境，合成纳米材料的方法。水热法的研究最初从模拟地矿生成开始，再到沸石分子筛和其他晶体材料的合成，已经历了一百多年的历史。最早采用水热法制备材料的报道可追溯到1845年，K. F. Eschafhautl以硅酸为原料，使用水热方法制备石英晶体。此后至1900年，地质学家采用水热法制备得到了约80种矿物，其中经鉴定有石英、长石、硅灰石等。1900年以后，G. W. Morey及其同事在华盛顿地球物理实验室开始进行相平衡研究，建立了水热合成理论，并研究了众多矿物系统。水热法最初是地球科学领域研究矿物形成过程的重要技术手段。第二次世界大战后，该方法开始被拓展应用于功能单晶材料的可控生长，标志着其从基础研究向材料制备领域的关键转型。随着现代材料科学技术的快速发展，水热法的应用范围得到了显著拓展，现已涵盖多个前沿材料体系，包括微孔/多孔功能材料、纳米材料与超细颗粒、溶胶-凝胶体系、非晶态材料、无机分离膜以及高纯度单晶等。这种温和的液相合成方法因其在晶体结构调控和形貌设计方面的独特优势，已成为现代材料制备技术的重要组成部分。

溶剂热合成法（solvothermal synthesis）是水热技术的拓展与革新，其核心特征在于采用有机溶剂或非水介质（如液氨、四氯化碳、苯等）替代传统水热反应中的水相体系。这种方法通过模拟水热法的密闭高压反应环境，成功解决了三类关键材料的合成难题：①在水相体系中难以稳定结晶的材料；②易发生氧化、水解反应的敏感物质；③对水分子显著化学不相容性的化合物。典型应用包括III-V族半导体（如GaAs、InP）、氮化镓基宽禁带半导体、过渡金属硫族化合物（如MoS_2、WS_2），以及具有开放骨架结构的磷（砷）酸盐分子筛等功能材料。相较于传统水热法，溶剂热体系通过精确调控溶剂极性、配位能力和介电常数等参数，为复杂功能材料的晶体工程提供了更精准的合成调控维度。1985年，Bindy研究团队在*Nature*首次报道了采用高压反应釜在非水溶剂体系中成功合成沸石分子筛的原创性工作，这一开创性研究标志着溶剂热合成技术的正式诞生。

经过近四十年的发展，溶剂热合成法已实现从基础研究方法到关键材料制备技术的跨越式发展。特别值得注意的是，该方法在纳米材料可控合成领域展现出不可替代的技术优势：通过精确调控溶剂组成、反应动力学和热力学参数，能够实现对纳米晶尺寸、形貌和表面性质的精准调控，现已成为制备功能纳米材料的核心方法之一。

水热与溶剂热合成法利用亚临界或超临界状态下的高温高压条件，显著提高了水或其他溶剂的反应活性，使反应能够在分子水平进行。这一特性使其能够替代部分传统的高温固相反应，展现出独特的优势。与传统固相反应的扩散机制不同，水热与溶剂热反应通过均相成核和非均相成核机理实现物质的可控生长。在此过程中，溶剂环境显著改变了物质的物理化学性质，从而有利于形成新颖结构的亚稳态材料，这些材料往往难以通过其他方法制备。在新能源材料合成与制备领域，水热与溶剂热合成法因其独特的优势而成为不可或缺的制备技术。例如，在锂离子电池中，该方法被广泛应用于高性能电极材料的合成，包括纳米结构的磷酸铁锂（$LiFePO_4$）、高镍三元材料（如 NCM811）和钛酸锂（$Li_4Ti_5O_{12}$）等。此外，该方法在太阳能电池、燃料电池等领域的材料制备中也发挥着关键作用，如 TiO_2 纳米晶、单晶钙钛矿材料（如 $MAPbI_3$）、固体氧化物电解质材料（如 YSZ）以及高分散 Pt/C 催化剂等。水热与溶剂热合成法通过精确调控反应参数（如温度、压力、溶剂组成等），能够实现对材料形貌、尺寸和晶相的精准控制，为新能源材料的开发提供了重要技术支撑。

5.2 水热与溶剂热法合成原理及特点

5.2.1 水热与溶剂热法合成原理

水热与溶剂热法的核心优势源于其在亚临界/超临界状态下独特的物理化学环境，常态下难溶或不溶的物质也可以在该条件下溶解和再结晶。通过精确控制反应温度、压力、溶剂组成等参数，可定向调控成核速率与生长动力学，实现各晶面各向异性生长等，调控产物的形貌和组成。作为液相化学还原法的进阶形式，水热及溶剂热法利用溶剂介电环境强化还原过程，该方法无需模板、重复性高且相纯度可控。水热及溶剂热法中常用的还原剂有抗坏血酸、乙二醇、甲醛等。表面活性剂作为关键成分，不仅能防止纳米粒子聚集，且能促进纳米粒子在特定晶面生长，使整个化学还原过程可调可控，有助于特定形貌物质生长。

根据 Arrhenius 方程式：$d\ln k/dT = E/RT^2$，在密闭加压体系中将水/有机溶剂加热至亚临界/超临界状态时，离子反应速率增大，即反应速率常数 k 随温度呈指数增加。因此，在高温高压水热/溶剂热条件下，常态难溶物质也能发生离子反应。

水热生长体系中的晶粒形成可分为三种类型：

①“均匀溶液饱和析出”机制。由于反应温度和体系压力的升高，溶质在溶液中溶解度降低并达到饱和，以某种化合物结晶态形式从溶液中析出。当采用金属盐溶液为前驱物，随着水热反应温度和体系压力的增大，溶质（金属阳离子的水合物）通过水解和缩聚反应，生成相应的配位聚集体（可以是单聚体，也可以是多聚体），当其浓度达到过饱和时就开始析出晶核，最终长大成晶粒。

②“溶解-结晶”机制。当选用的前驱物是在常温常压下不可溶的固体粉末、凝胶或沉淀时，在水热条件下，“溶解”是指水热反应初期，前驱物微粒之间的团聚和联接遭到破坏，从而使微粒自身在水热介质中溶解，以离子或离子团的形式进入溶液，进而成核、结晶而形成晶粒；“结晶”是指当水热介质中溶质的浓度高于晶粒的成核所需要的过饱和度时，体系内发生晶粒的成核和生长，随着结晶过程的进行，介质中用于结晶的物料浓度又变得低于前驱物的溶解度，前驱物的溶解继续进行。如此反复，前驱物不断溶解，生成相应的晶粒。

③“原位结晶”机制。当选用常温常压下不可溶的固体粉末，凝胶或沉淀为前驱物时，如果前驱物和晶相的溶解度相差不是很大时，或者“溶解-结晶”的动力学速度过慢，则前驱物可以经过脱去羟基（或脱水），原子原位重排而转变为结晶态。

5.2.2　水热与溶剂热法特点

水热与溶剂热合成研究的特点之一是，由于研究体系一般处于非理想非平衡状态，因此需应用非平衡热力学研究合成化学问题。在高温高压条件下，水或其他溶剂处于临界或超临界状态，反应活性提高。物质在高温高压溶剂中的物性和化学反应性能均有很大改变，因此水热与溶剂热的化学反应性异于常态。一系列中、高温高压水热反应的开拓及其在此基础上开发出来的水热合成，已成为目前多数无机功能材料、特种组成与结构的无机化合物以及特种凝聚态材料，如超微粒、溶胶与凝胶、非晶态、无机膜、单晶等合成的越来越重要的途径。

水热与溶剂热合成研究的另一个特点是，由于水热与溶剂热化学的可操作性和可调变性，其成为衔接合成化学和材料物性研究的桥梁。随着该领域研究的深化，已发展出多元化的反应类型（如离子热合成、超临界水热合成等）。应用水热与溶剂热合成方法可制备涵盖能源、催化、光电等领域的多功能材料与高品质单晶，且所得材料在晶相纯度、缺陷调控及功能导向性方面展现独特优势，因此水热与溶剂热合成方法在新型功能材料创制中显示出广阔潜力。当前，水热/溶剂热反应机理的动态解析正成为该领域的前沿方向，其进展将进一步推动“合成-结构-性能”的精准构效关系建立。

水热与溶剂热合成特点总结如下：

①由于在水热与溶剂热条件下反应物反应性能的改变、活性的提高，水热与溶剂热合成方法有可能代替固相反应以及难于进行的合成反应，并产生一系列新的合成方法。

②由于在水热与溶剂热条件下中间态、介稳态以及特殊物相易于生成，因此能合成与开发一系列特种介稳结构、特种凝聚态的新合成产物。

③能够使低熔点化合物、高蒸气压且不能在融体中生成的物质、高温分解相在水热与溶剂热低温条件下晶化生成。

④水热、溶剂热的低温、等压、溶液条件，有利于生长极少缺陷、取向好、完美的晶体，且合成产物结晶度高以及易于控制产物晶体的粒度。

⑤由于易于调节水热与溶剂热条件下的环境气氛，因而有利于低价态、中间价态与特殊价态化合物的生成，并能均匀地进行掺杂。

5.2.3 水热反应介质的性质

高温加压下水热反应具有三个特征：①使复杂离子间的反应加速；②使水解反应加剧；③使其氧化还原电势发生明显变化。在高温高压水热体系中，水的性质将产生下列变化：①蒸气压增大，②密度减小，③表面张力减小，④黏度降低，⑤离子积升高。

在高温高压下水的作用可归纳如下：①有时作为化学组分起化学反应；②反应和重排的促进剂；③起压力传递介质的作用；④起溶剂作用；⑤起低熔点物质的作用；⑥提高物质的溶解度。

化学反应可分为离子反应和自由基反应两大类。通常涉及的一般反应为离子反应。从无机化合物复分解反应到有机化合物爆炸反应，其反应都具有某种程度的离子性。在有机反应中，正如电子理论说明的那样，具有极性键的有机化合物，其反应往往也具有某种程度的离子性。水是离子反应的主要介质。以水为介质，在密闭高温高压条件下，离子反应速率会增大，按 Arrhenius 方程：$\mathrm{d}\ln k/\mathrm{d}T = E/RT^2$，反应速率常数 k 随温度的增加呈指数函数。因此在高压高温水热反应条件下，即使是在常温下不溶于水的矿物或其他有机物，也能诱发离子反应或促进反应。

水热反应加剧的主要原因是水的电离常数随水热反应温度的上升而增加。此外，水的黏度随温度升高而下降，如在 500℃、0.1GPa 下水的黏度仅为平常条件下的10%。因此，在超临界区域内分子和离子的活动性大为增加。作为关键性质，水的介电常数随温度升高而下降，随压力增加而升高。在超临界区域内水的介电常数在 10 和 20~30 之间。通常情况下，电解质在水溶液中完全离解，然而随着温度的上升电解质趋向于重新结合。对于大多数物质，这种转变常常在

200～500℃发生。因此，在此范围内水的离子积急剧增高，这有利于水解反应。例如，于500℃、0.2GPa下，水解反应的平衡常数大约比标准状态下大9个数量级。

高温高压水热密闭条件下物质的化学行为与该条件下水的物化性质有密切关系，因此有关水的物化性质的基础数据的积累是十分必要的，以便了解高温高压水及与水共存的气相的性质，确定高温高压水热条件下各相（氧化物、氢氧化物、流体）间相的稳定范围、固溶体等的相关系，寻找并确定合成单晶体的最佳条件，明确水热条件下合成产物的性质，以及测定固相在水热条件下的溶解度及稳定性等。

5.2.4　水热/溶剂热体系的成核与晶体生长

1. 成核

水热与溶剂热体系的化学研究大多针对无机晶体。本部分内容通过对水热与溶剂热体系中无机晶体的成核与晶体生长的一般性描述，来了解水热与溶剂热体系中晶化理论问题。在水热与溶剂热条件下形成无机晶体的步骤与沸石晶体的生成非常相似，即在液相或液固界面上少量的反应产生微小的不稳定的核，更多的物质自发地沉积在这些核上而生成微晶。由于水热与溶剂热生长的晶体不完全是离子的（如$BaSO_4$或AgCl等），它通过部分共价键的三维缩聚作用而形成，所以一般来说水热与溶剂热体系中生成的$BaSO_4$或AgCl比从过饱和溶液中沉积出来更缓慢。

成核的一般特性归纳如下：

①成核速率随着过冷程度即亚稳性的增加而增加。然而，黏性也随温度降低而快速增大。因此，过冷程度与黏性在影响成核速率方面具有相反的作用。速率随温度降低有一个极大值。

②存在诱导期且在此期间无法检测出成核。即使在过饱和的籽晶溶液中也形成亚稳态区域，在此区域里仍无法检测出成核。一些研究发现成核发生在溶液与某种组分的界面上。因此，在适当条件下，成核速率随溶液过饱和程度增加较快。

③组成的微小变化可引起诱导期的显著变化。

④成核反应的发生与体系的早期状态有关。

可生长核即晶体生长自发进行的核的出现，是溶液或混合溶液波动的结果。这些波动导致“胚核”的出现和消失。部分胚核可生长达到进一步自发生长所需要的晶核大小。“胚核”的出现和消失是反应物化学聚合和解聚的结果。在任一溶液中，可能有各种化学特性的“胚核”共存，一种以上的核达到晶核大小，从而产生多种共结晶的产物。

胚核是热力学不稳定的，任何核达到极大值时有相等的机会增加或减少，胚核可以生长为进一步的前驱物。在极大值右边，一个核随自由能的减少而生长，反之随自由能的增加而失去一些单元。一旦大量胚核超过极大值，核的生长自发进行。在诱导期每单位时间内可生长核的数目相对于时间作图可得一条上升的曲线。然而成核和晶体生长彼此竞争需求的反应物，因此伴随晶体生长的增加，可预料到新核形成所需的反应物占总反应物的比例越来越少。成核反应速率通过极大值后开始下降。

2. 非自发成核体系晶化动力学

假定有一个适合特定物种生长的良好条件，那么在该物种籽晶上的沉积生长是最有效的。晶体生长通常具有如下特点：

①在籽晶或稳定的核上的沉积速率随着过饱和或过冷的程度而增加，搅拌常会加速沉积，但不易形成大的单晶，除非在非常小的过饱和或过冷条件下进行。

②在同样条件下，晶体的各个面常常以不同速率生长，高指数表面生长更快并倾向于消失。晶体的生长习性依赖该效应，且被优先吸附在确定晶面上的杂质如表面活性剂所影响，从而减小了特定晶面上的生长速率。

③由于晶化反应速率整体上是增加的，在各面上的不同增长速率倾向于消失。

④缺陷表面的生长比无缺陷的光滑平面快。

⑤在特定表面上无缺陷生长的最大速率随着表面积的增加而降低，此种性质对在适当的时间内无缺陷单晶的生长大小提出了限制。

晶体生长所需的反应物种类将限制此反应物有效地生成新核，进而新核提供的表面积与相对大的籽晶所提供的表面积相比较小。籽晶为线性生长速率的测定提供适当的条件。在籽晶存在下，晶化过程没有诱导期，在籽晶上的沉积速率随着有效沉积表面增加而增加。为了减少或消除诱导期进而缩短整个反应所需时间，在混合液中加入籽晶是常用手段。

若体系中无籽晶，晶体生长必定经历成核。其中，晶体生长与时间的关系曲线呈现典型的S形。

5.3 水热与溶剂热合成工艺

5.3.1 水热与溶剂热合成的生产设备

高压容器（高压釜）是进行高温高压水热实验的基本设备。高压釜一般用特种不锈钢制成，釜内衬有化学惰性材料，如 Pt、Au 等贵金属和聚四氟乙烯（polytetrafluoroethylene，PTFE）等耐酸碱材料。高压容器的类型可根据实验需要加以选择或特殊设计。在高压阀的材料选择上，要求机械强度大、耐高温、耐腐蚀和易加工。在高压阀的设计上，要求结构简单、便于清洗、密封严密、安全可靠。但高压容器的分类至今仍不统一，由于分类标准不同，同一容器可能存在不同的名称。下面介绍几种分类情况：

①按密封方式分类：自紧式高压釜、外紧式高压釜；

②按密封的机械结构分类：法兰盘式、内螺塞式、大螺帽式、杠杆压机式；

③按压强产生方式分类：内压釜（靠釜内介质加温形成压强，根据介质填充度可计算其压强）、外压釜（压强由釜外加入并控制）；

④按设计人名分类：如 Morey 釜、Smith 釜、Tuttle 釜（也叫冷封试管高压釜）、Barnes 摇动反应器等；

⑤按加热方式分类：外热高压釜（在釜体外部加热）、内热高压釜（在釜体内部安装加热电炉）；

⑥按实验体系分类：高压釜（用于封闭体系的实验）、流动反应器和扩散反应器（用于开放系统的实验，能在高温高压下使溶液缓慢地连续通过反应器，可随时提取反应液）。

如果温度压力不太高，为方便实验过程的观察，也可部分采用或全部采用玻璃或石英设备。根据不同实验的要求，也可设计外加压方式的外压釜、能在反应过程中提取液-固相研究反应过程的流动反应釜等。

5.3.2　水热与溶剂热反应的基本类型

水热与溶剂热反应的基本类型如下：

①合成反应：通过数种组分在水热与溶剂热条件下直接化合或经中间态发生化合反应。利用此类反应可合成各种多晶或单晶材料。例如：

$$Nd_2O_3+10H_3PO_4 = 2NdP_5O_{14}+15H_2O$$

②热处理反应：利用水热与溶剂热条件处理一般晶体而得到具有特定性能晶体的反应。例如：人工氟石棉制备人工氟云母。

③转晶反应：利用水热与溶剂热条件下物质热力学和动力学稳定性差异进行的反应。例如：良石制备高岭石，橄榄石制备蛇纹石。

④水解反应：水热与溶剂热条件下进行分解的反应。例如：醇盐水解。

⑤单晶培育：在高温高压水热与溶剂热条件下，从籽晶培养大单晶。如在籽晶存在下完美大单晶如水晶（石英）等多种功能人工晶体的大单晶培养。

⑥离子交换反应。如沸石在水热高压条件下的阳离子交换改性，硬水的软化，长石中的离子交换；高岭石、白云母、温石棉的 OH^- 交换为 F^-。

⑦脱水反应：一定温度、压力下物质脱水结晶的反应。例如：氢氧化镁和二氧化硅在350～370℃、8-23MPa下制备温石棉。

⑧提取反应：在水热与溶剂热条件下从化合物（或矿物）中提取金属等有价值的物种。例如：钾矿石中钾的水热提取、重灰石中钨的水热提取。

⑨氧化反应：金属和高温高压的纯水、水溶液、有机溶剂等作用得到新氧化物、配合物、金属有机化合物的反应，以及超临界有机物种的全氧化反应。

⑩沉淀反应：在水热与溶剂热条件下，物质生成沉淀得到新化合物的反应，如：

$$KF+MnF_2 = KMnF_3$$

⑪烧结反应：在水热与溶剂热条件下实现烧结的反应。例如：含OH^-、F^-、S^{2-}等挥发性物质的陶瓷材料的制备。

⑫晶化反应：在水热与溶剂热条件下使溶胶、凝胶等非晶态物质晶化的反应。例如：大量沸石与微孔晶体的合成。

⑬水热热压反应：在水热与溶剂热条件下，材料固化与复合材料的生成反应。例如：放射性废料处理、特殊材料的固化成型、特种复合材料的制备。

5.3.3 水热与溶剂热合成的一般工艺

早期的水热合成主要是模拟地质条件下的矿物合成，成功地合成出沸石分子筛及相关的微孔和中孔物质，现在水热合成已经扩展到功能氯化物或复合氧化物陶瓷、电子和离子导体材料以及特殊的无机配合物和原子簇化合物等多个无机合成领域。水热与溶剂热实验中的关键因素是装满度，装满度是指反应物混合物占密闭反应釜的体积百分数，直接涉及实验的安全及成败。水的临界温度是374℃，此时的相对密度是0.33，即意味30%装满度的水在临界温度下实际上是气体，所以实验中既要保证反应物处于液相传质的反应状态，又要防止由于过大的装满度而导致的过高压力（否则会爆炸）。一般控制装满度在85%以下并在一定温度范围内工作。而对于不同的合成体系，要严格控制所需要的压力。图5-1显示了水热与溶剂热合成的一般工艺。

5.3.4 水热与溶剂热合成反应影响因素

采用水热和溶剂热合成粉体时，晶粒粒度是衡量粉体性能的一项重要指标，其大小的改变直接影响粉体的特性。影响水热反应的因素有：温度，压力，保温时间，溶液组分和浓度，pH，有无矿化剂和矿化剂种类，反应物浓度，添加剂。所有这些因素都将影响最终产物的大小、形貌、物相等性质。下面将对各个因素的影响机制进行详细介绍：

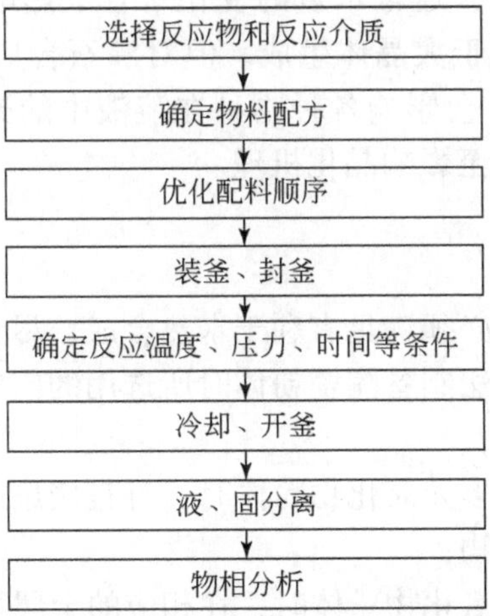

图 5-1　水热与溶剂热合成的一般工艺

1. 温度和反应物浓度

对于水热溶液体系，通过改变水热工艺参数，加快成核速率，即在很短的时间内爆发成核，由于溶质大量被消耗，晶核生长过程缩短，这就使产物的晶粒度减小。根据经典均匀成核理论，体系中生成一个半径为 r 的球形聚集体引起的自由能变化为

$$\Delta G(r)=\frac{-4\pi r^{3}\cdot\Delta g_{v}}{2v}+4\pi r^{2}\gamma_{\mathrm{sf}}$$

将上式求导数，可得到临界球形晶核的半径 r 为：

$$r_{\mathrm{c}}=\frac{2\gamma_{\mathrm{sf}}}{\Delta g_{v}}$$

因此形成临界晶核需要克服的能垒为：

$$\Delta G(r_{\mathrm{c}})=\frac{16\pi v^{2}\cdot\gamma_{\mathrm{sf}}^{3}}{3\Delta g_{v}^{2}}=\frac{4\pi r_{\mathrm{c}}^{2}\gamma_{\mathrm{sf}}}{3}$$

对于溶液晶粒生长，成核速率为：

$$J=\pi r_{\mathrm{c}}^{2}n^{2}\alpha v\exp\left(\frac{-\Delta E}{KT}\right)\exp\left(\frac{-\Delta G}{KT}\right)$$

从上式可以看出，水热体系中的成核速率与温度和浓度有关，加快成核速率有以下两条途径：升高温度和增加成核反应物浓度。通常升温引起的晶体生长速度变化要比成核速度变化大得多。因此，高温下易得到大晶体。此外温度也会影响晶体的形貌，因为不同的生长面有不同的活化能，温度对其影响不同。

与其他影响因素相比，通常水量的变化对合成影响不大，稀释降低晶化速度，生长快于成核，有利于大晶体生成。但对沸石合成来说，H_2O/Si 变化过大时（几十倍甚至几百倍）会影响各种物种在溶液中的聚合态和浓度，从而影响反应速度和产物结构，甚至影响晶化机理。

2. 前驱物选择

水热反应所用前驱物必须满足有利于水热合成、尽量减少杂质的污染和保证化学计量比等要求。水热法制备陶瓷粉体时所选用的前驱物主要有：

①可溶性金属盐溶液；

②固体粉末，即制备多元氧化物粉体时，可直接选用相应的金属氧化物和氢氧化物固体粉末作为前驱物；

③胶体，即制备金属氧化物粉体时，在相应的金属可溶性盐溶液中加入过量的碱得到氢氧化物胶体，经反复洗涤除去阴离子后作为前驱物；

④胶体和固体粉末混合物。

前驱物的选择关系到最终粉体的质量以及制备工艺的复杂程度，影响粉体晶粒的合成机制。水热法制备粉体所选的前驱物与最终产物在水热溶液中应有一定的溶解度差，以推动反应向粉体生成的方向进行；前驱物不与衬底反应，且前驱物所引入的其他元素及杂质不参与反应或仍停留在水热溶液中而不进入粉体成分，以最终保证粉体的纯度。另外，还应考虑制备工艺因素。

3. 介质选择

溶剂不仅为反应提供反应场所，而且使反应物溶解或部分溶解，生成溶剂化物（溶解的溶质受某一数目溶剂分子包围，由溶质与溶剂之间的相互作用形成一个基团），这个溶剂化过程会影响反应速率。在合成体系中影响反应物活性物种在液相中的浓度，解离程度，以及聚合态分布等，从而改变反应过程。

溶剂的选择是至关重要的，溶剂种类繁多，反应溶剂的溶剂化性质的最主要参数为溶剂极性，其定义为所有与溶剂-溶质相互作用有关的分子性质的总和，如库仑力、诱导力、色散力、氢键和电荷迁移力等。同时溶剂的一些物理性质，在很大的程度上决定它的适合范围。这些性质主要有熔点、沸点、熔化热、汽化热、介电常数和黏度等。

4. 矿化剂

由于水热法涉及的化合物在水中的溶解度都很小，因而常常在体系中引入称之为矿化剂的物质。矿化剂通常是一类在水中的溶解度随温度的升高而持续增大的化合物，如一些低熔点的盐、酸和碱，加入矿化剂不仅可以提高溶质在水热溶液里的溶解度，而且可以改变其溶解度温度系数。

5. 压强

在水热实验中，压强不仅是选择反应设备的标准，而且会影响反应物的溶解度和溶液的值，从而影响反应速率以及产物的形貌和粒径。在一定温度和溶剂浓度条件下，高压釜内的压强高低取决于填充度的大小，填充度越大，压强就越大。人们往往通过调节填充度的大小来控制压强。在工作条件下，压强大小依赖于反应容器中原始溶剂的填充度。填充度通常在 50%～80% 为宜，此时压强在 0.02～0.3GPa 之间。

6. 反应时间

7. pH

酸碱度在晶体生长、材料合成与制备以及工业处理等过程中扮演极为重要的角色，它会影响过饱和度、动力学、形态、颗粒大小等。改变溶液的 pH，不但可以影响溶质溶解度和晶体生长速率，还能改变溶液中生长基元的结构，并最终决定晶体的结构、形状、大小和开始结晶的温度。

8. 陈化时间

以沸石合成为例，分子筛材料通常是介稳相，可以转化成其他的晶相，因此陈化与晶化时间在沸石合成中是一个很重要的影响因素。分子筛的转化一般是由较疏松的结构向较致密的结构转化。一般认为，沸石合成遵循递次反应的 Ostwald 法则。即初始介稳的相递次转化到一个热力学更稳定的相，最后直至生成最稳定的相。例如，增长反应时间可使 A 型沸石转化成更稳定的方钠石。

9. 搅拌与静止

以沸石合成为例，搅拌能有效改变扩散过程和晶化动力学。搅拌体系合成的沸石晶体通常较小（如 β 沸石和 TS-1）。搅拌有时可有选择性地晶化，例如在搅拌下得到 A 型沸石，不搅拌则得到 X 型沸石。

5.4　水热与溶剂热法在新能源材料合成中的应用

5.4.1　水热与溶剂热法在 $LiFePO_4$ 正极材料制备中的应用

橄榄石型 $LiFePO_4$ 因其原料丰富、成本低廉、高比容量（约 170mAh/g）、稳定的放电平台（3.4V）及优异的热稳定性，已成为商业化锂离子电池的主流正极材料之一。然而，其晶体结构中［FeO_6］八面体、［LiO_6］八面体与［PO_4］四面体的共角连接形成了沿 c 轴的一维锂离子扩散通道，导致本征离子扩散系数和电子电导率极低，分别只有 $1\times10^{-14}cm^2/s$、$1\times10^{-9}S/cm$，严重制约 $LiFePO_4$ 材料倍率性能。

水热/溶剂热合成技术通过精准调控纳米化生长，为解决上述瓶颈提供了独特优势，如：①液相环境可直接生成纳米颗粒（<100nm），显著缩短离子固相扩散路径；②反应过程中同步实现碳包覆或离子掺杂（如 Ti^{4+}、Nb^{5+}），从而提升 $LiFePO_4$ 的电子传导能力；③低温密闭体系可抑制 Fe^{2+} 氧化，保障橄榄石相纯度。因此，开发高效的水热/溶剂热制备策略，对突破 $LiFePO_4$ 动力学限制并推动其高性能化应用具有重要科学意义。

1. 水热法合成 $LiFePO_4$

目前，合成纳米 $LiFePO_4$ 的主要方法包括高温固相法、溶胶-凝胶法、共沉淀法、水热法和喷雾干燥法等。相较于其他方法，水热合成在密闭体系中进行，易于调控反应气氛；同时，由于反应过程中水溶液黏度降低，扩散与传质加快，反应速率得以提升，从而有效降低反应温度并缩短反应时间。此外，水热法合成的产物具有物相均一、产率高、粉体粒径小且分布均匀的优势。典型的 $LiFePO_4$ 水热合成过程为：一般是以 $FeSO_4$、H_3PO_4 和 LiOH 为主要反应物，将它们的混合溶液放入高温反应釜中，所发生的反应方程式为：$FeSO_4+H_3PO_4+3LiOH = LiFePO_4+Li_2SO_4+3H_2O$，在水热反应实验过程中，一般先将 $FeSO_4$ 溶液和 H_3PO_4 溶液混合，并加入少量的还原剂，以防止溶液中的 Fe^{2+} 被氧化成 Fe^{3+}，保证最终制备的 $LiFePO_4$ 有较高纯度。

如图 5-2 所示，$LiFePO_4$ 的优势稳定区占据很大面积，在高温下尤为显著。换言之，在特定的 pH 和氧化还原条件下，当适量的锂源、铁源和 PO_4^{3-} 源共存时，$LiFePO_4$ 是最终且唯一的热力学稳定的凝聚相。早在 2001 年，Yang 等[2]首次报道以 LiOH、$FeSO_4$、H_3PO_4 为原料，以水溶液为介质混合，经 120℃下反应 5h 成功合成 $LiFePO_4$。值得注意的是，在水热合成条件下，$LiFePO_4$ 是唯一的热力学稳定相。随后，研究者采用了多种不同的锂源、铁源和 PO_4^{3-} 源，在不同的 pH 和温度（100～240℃）下成功合成 $LiFePO_4$。表 5-1 总结了 $LiFePO_4$ 的水热合成条件。对于 $LiFePO_4$ 的水热合成而言，其在 E-pH 图（电位-pH 图）中的优势稳定区的位置和面积分别对应操作的条件和形成的倾向性。因此，通过 E-pH 图可以明确当前水热合成的操作条件。另一方面，通过分析不同条件下 E-pH 图中 $LiFePO_4$ 优势稳定区的变化，可以获得更适宜的操作条件。下面将具体讨论 $LiFePO_4$

的水热法合成条件。

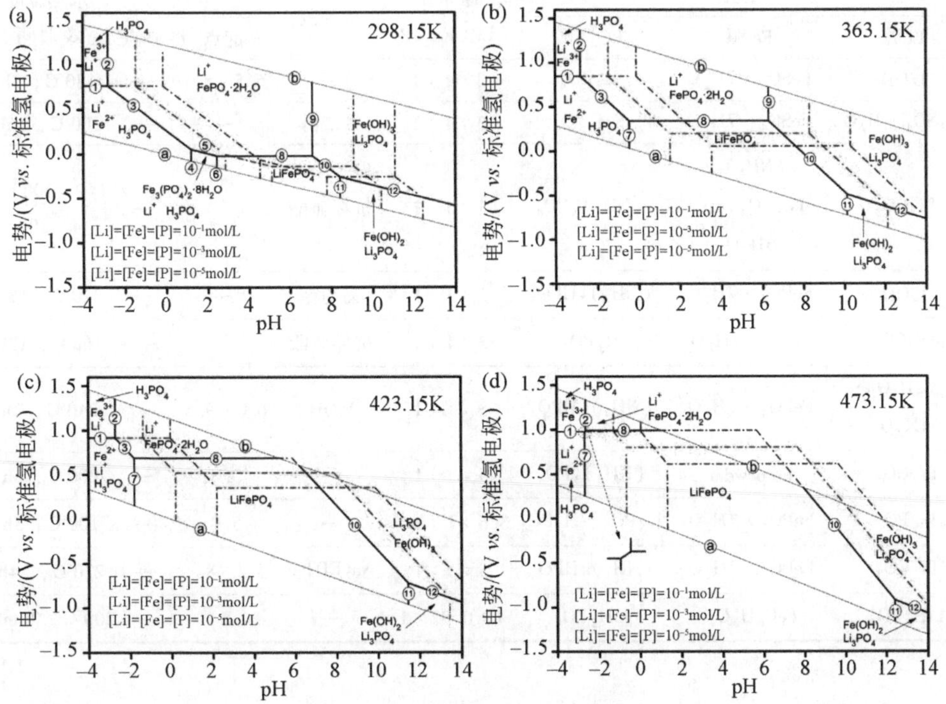

图5-2　Li-Fe-P-H_2O体系在不同温度下的E-pH图

(a) 298.15K；(b) 363.15K；(c) 423.15K；(d) 473.15K[1]

表5-1　代表性水热法合成$LiFePO_4$的实验条件汇总

原料			摩尔比	添加剂	pH		水热温度
Li源	Fe源	PO_4^{3-}源	Li : Fe : P		起点	终点	& 时间
LiOH	$FeSO_4\cdot 7H_2O$	H_3PO_4	3 : 1 : 1		7.56	6.91	120℃，5h
LiOH	$FeSO_4\cdot 7H_2O$	H_3PO_4	3 : 1 : 1	蔗糖、抗坏血酸、水合肼	9.85	5.67	175～220℃，6h
LiOH	$FeSO_4\cdot 7H_2O$	H_3PO_4	1 : 1 : 1	水合肼	6		190℃，6h
LiOH	$FeSO_4\cdot 7H_2O$	H_3PO_4	3 : 1 : 1	抗坏血酸	7		190℃，12h
LiOH	$FeSO_4\cdot 7H_2O$	H_3PO_4	3 : 1 : 1	焦性没食子酸	8.2	—	180℃，6h
LiOH	$FeSO_4$	H_3PO_4	3 : 1 : 1	葡萄糖	6.3～9.0	—	180℃，10h

续表

原料			摩尔比	添加剂	pH		水热温度
Li 源	Fe 源	PO_4^{3-} 源	Li : Fe : P		起点	终点	& 时间
LiOH	$FeSO_4 \cdot 7H_2O$	H_3PO_4	3 : 1 : 1	—	6.5 ~ 8.1	—	180℃, 3h
$Li_2SO_4 \cdot H_2O$	$FeSO_4 \cdot 7H_2O$	KH_2PO_4	3 : 1 : 1	乙二醇	—	—	200℃, 16h
Li_2CO_3	$(NH_4)_2Fe(SO_4)_2 \cdot 6H_2O$	$(NH_4)_3PO_4$	1 : 1 : 1	抗坏血酸	7	—	140 ~ 200℃, 4 ~ 20h
LiOH	$FePO_4 \cdot 7H_2O$	$(NH_4)_2HPO_4$	2 : 1 : 1	葡萄糖	—	—	220℃, 18h
$LiOOCCH_3$	$FeCl_2 \cdot 7H_2O$	H_3PO_4	3 : 1 : 1	抗坏血酸	—	—	160℃, 12h
$Li_2C_6H_5O_7 \cdot 4H_2O$	$FePO_4 \cdot 7H_2O$	$(NH_4)_2HPO_4$	x : 1 : 1	LiOH	6.0 ~ 9.5	—	240℃, 2h
Li_2CO_3	Fe powder	$(NH_4)_3PO_4$	5 : 1 : 1	—	5.0	—	200℃, 6h
Li_3PO_4	$FePO_4 \cdot 7H_2O$	Li_3PO_4、H_3PO_4	3.6 : 1 : 1.5	—	5.0	—	100℃, 5h
Li_2CO_3	$FePO_4 \cdot 7H_2O$	$(NH_4)_2HPO_4$	5 : 1 : 1	Na_2EDTA	2 ~ 8	—	220℃, 24h
LiH_2PO_4	$FeC_6H_5O_7$	LiH_2PO_4	1 : 0.92 : 1	—	3	—	200℃, 20min

(1) 温度

图 5-2 展示了优势稳定区从 298.15K（25℃）到 473.15K（200℃）的变化情况。在 298K（25℃）时，$LiFePO_4$的优势稳定区占比相对较小。在高温下［图 5-2（b）~（d）所示］，E-pH 图的基本轮廓与图 5-2（a）相似，但 LFP 占据了更大的优势稳定区；与此同时，Li^+、Fe^{2+}、Li_3PO_4、$Fe(OH)_2$、$Fe(OH)_3$等物相的优势稳定区面积均有不同程度的减小。这表明在更高温度下，$LiFePO_4$的形成倾向性显著增强。因此，高温有利于 $LiFePO_4$的形成。如表 5-1 所示，实际的合成过程通常在高温（>100℃）下进行。

(2) 氧化还原电位

如图 5-2 所示，$LiFePO_4$的优势稳定区位于低电位区域，这种低电位对应着低氧化还原电位，表明水热合成过程需要在还原性或惰性气氛下进行。因此，通常会引入还原剂（例如：糖类、抗坏血酸、联氨或焦性没食子酸）以维持低氧化还原电位，并避免二价铁被氧化。

(3) pH

在实际合成过程中，随着水热反应的进行，原料的浓度会逐渐下降。由图 5-2中蓝线和红线的变化可知，原料浓度的降低会使 $LiFePO_4$的优势稳定区向更高 pH 方向移动。因此，为了维持 $LiFePO_4$的高转化率和避免杂质，适宜的 pH 范围应位于高浓度和低浓度下 $LiFePO_4$优势稳定区的重合部分，以确保 $LiFePO_4$在整个反应过程中始终处于其优势稳定区条件下。由 *E*-pH 图得适宜的 pH 范围为：298.15K 时 7.8 ~ 8.4，363.15K 时 3.5 ~ 10.1，423.15K 时 2.2 ~ 11.4，473.15K 时 1.3 ~ 12.4。该 pH 范围与表 5-1 中水热合成的 pH 条件（2 ~ 9.5）高度吻合。显然，在更高温度下，合适的 pH 范围明显更宽。鉴于水热合成体系在反应前后通常处于室温环境，因此，最佳操作 pH 应为 7.8 ~ 8.4，以避免在室温条件下可能生成杂质。此外，Lee[3] 和 Dokko[4] 研究发现，酸性或碱性水溶液会导致 $LiFePO_4$分解，从而降低 $LiFePO_4$产率并形成杂质 $Fe_3(PO_4)_2 \cdot 8H_2O$、Li_3PO_4、$Fe(OH)_2$、$Fe(OH)_3$。

（4）原料比例

如果原料的投料量严格依据 $LiFePO_4$的化学计量比（即摩尔比 Li : Fe : P = 1 : 1 : 1），那么随着水热合成的进行，原料的浓度将会逐渐降低。因此，$LiFePO_4$的优势稳定区将会收窄（如图 5-2 所示，操作条件假设为中性 pH）。这表明 $LiFePO_4$的形成倾向性将随反应进行而下降，尤其在反应后期更为明显。图 5-3 展示了在不同平衡锂离子浓度下，$LiFePO_4$优势稳定区的变化情况。假设反应残留 [Fe] = [P] = 10^{-5} mol/L，在中性 pH 范围内，随着反应体系中锂离子浓度的增加，$LiFePO_4$的优势稳定区显著扩大。因此，为了维持 $LiFePO_4$的高形成倾向性，在大多数水热合成工艺中通常会添加过量的锂。

此外，过量的铁或磷酸盐仅能使 $LiFePO_4$的优势稳定区向更低的 pH 范围扩展。而在水热合成 $LiFePO_4$时反应前后水溶液 pH 为中性，因此，过量的铁或磷酸盐并不能扩大 $LiFePO_4$的形成倾向性。

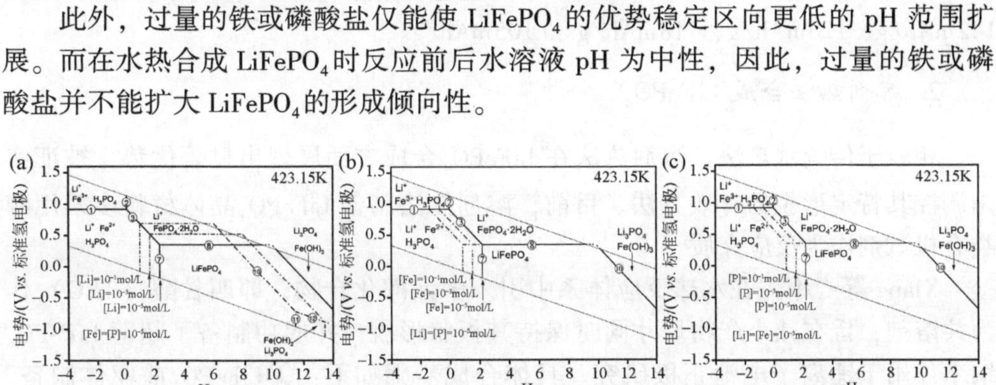

图 5-3 423.15K 下 Li-Fe-P-H_2O 体系可溶性锂（a）、铁（b）、磷酸盐（c）不同浓度下（10^{-1} mol/L、10^{-3} mol/L、10^{-5} mol/L）的 *E*-pH 图

郭举等[5] 以七水合硫酸亚铁、磷酸二氢铵、一水合氢氧化锂为原料，采用水热法合成技术，通过添加十二烷基苯磺酸钠作为表面活性剂、抗坏血酸作为抗氧

化剂，在180℃水热反应10h成功制备出微米级球形形貌的正交晶系$LiFePO_4$。表征结果表明：所得材料为非化学计量比的$Li_{1.02}Fe_{0.994}PO_4$，呈正交晶系橄榄石结构（空间群*Pnma*）；颗粒呈球形，D_{50}为6.34μm。电化学性能测试结果表明：该材料在0.1C倍率下的首次充放电比容量分别为162.0mAh/g、159.9mAh/g，库仑效率达到98.7%，在0.1C倍率下循环100次容量保持率为96.4%。上述结果证明所合成的材料具有良好的电化学性能。

在水热合成$LiFePO_4$的工艺中，多数铁前驱体在反应溶液中倾向于维持Fe^{2+}的稳定状态。常见的铁源包括$FeSO_4$、$FeCl_2$、FeC_2O_4和$(NH_4)_2Fe(SO_4)_2$等。然而，使用这些前驱体时，仅有其中的Fe^{2+}参与反应形成$LiFePO_4$产物。由于这些化合物中Fe^{2+}的质量分数普遍低于50%，如$FeSO_4$中Fe^{2+}占比约36.8%，其原子经济性通常不足50%。相比之下，零价铁（Fe^0）作为一种廉价原料，因其Fe元素的原子经济性可达100%，在合成中应用可显著提升过程的经济性与环保性。Bolloju等[6]报道了一种使用零价铁制备$LiFePO_4$的方法：第一步，将磷酸铵和碳酸锂溶于去离子水，加入H_2SO_4酸化。搅拌5min后，用醋酸调节溶液pH至5.0。随后加入零价铁粉末和表面活性剂十二烷基硫酸钠。室温下搅拌1h后，将混合物转移到高压釜，于200℃下水热反应6h，得到非晶态$LiFePO_4$前驱体。第二步，将干燥后的非晶态$LiFePO_4$前驱体粉末置于Ar（99.995%）气氛中，在650℃下煅烧6h，最终获得晶态$LiFePO_4$。该材料展现出优异的电化学性能，在0.2C、0.5C、1C、2C、3C和5C倍率下的放电容量分别为163mAh/g、153mAh/g、142mAh/g、126mAh/g、118mAh/g和105mAh/g。

2. 溶剂热法合成$LiFePO_4$

相较于传统水热法，溶剂热法在$LiFePO_4$合成方面展现出显著优势，被证实是调控其特定形貌的有效方法。目前，溶剂热法制备$LiFePO_4$晶体材料多采用醇类有机试剂作为反应介质。

Xiang等[7]率先在水热反应体系中引入多元醇化合物，即四甘醇（TEG）作为共溶剂，旨在减小产物尺寸同时保持其板状形貌，并成功制备了超薄$LiFePO_4$纳米片用于锂离子电池正极研究。具体合成步骤如下：①$LiFePO_4$前驱体制备。将15mmol的$FeSO_4 \cdot 7H_2O$和15mmol H_3PO_4溶于50mL去离子水中，形成浅绿色溶液；向上述溶液中加入0.1g抗坏血酸作为还原剂，维持还原氛围并防止Fe^{2+}氧化为Fe^{3+}；将45mmol LiOH分散于200mL TEG溶剂中，形成LiOH/TEG悬浊液；将LiOH/TEG悬浊液缓慢加入到前述水溶液中，持续搅拌后转移至聚四氟乙烯内衬的高压反应釜中，于190℃下反应5h；反应结束后，分离、洗涤并干燥水相中的沉淀物，得到前驱体。②$LiFePO_4$晶体合成。将上述干燥前驱体置于管式炉中，在高纯氮气下于 500℃煅烧 1h，获得晶态 $LiFePO_4$。③$LiFePO_4$/C 复合材料制备。将溶剂热反应所得前驱体与 5wt% 葡萄糖均匀混合后将混合物置于管式炉中，在高纯氩气气氛下于 600℃烧结 2h，最终得到 $LiFePO_4$/C 复合材料。

由上述方法制备 $LiFePO_4$ 形貌如图 5-4 扫描电子显微镜（SEM）所示，$LiFePO_4$由板状颗粒团聚而成，其厚度约为 50 ~ 80nm。在 $LiFePO_4$/C 复合材料中，原始 $LiFePO_4$的形貌基本保持不变，碳颗粒主要附着于 $LiFePO_4$板状颗粒的表面。相比之下，未使用 TEG 制备得到 $LiFePO_4$则呈现菱形形貌，厚度显著增厚至约 1 ~ 2μm。这种形貌差异主要源于溶解的 TEG 分子作用：一方面，TEG 与水溶液中的金属离子具有较强的螯合作用；另一方面，TEG 作为高黏度助溶剂，降低了体系的传质速率，相应地限制了晶体生长。此外，大量添加 TEG（重量是水的三倍）能在较远距离内分离晶核，进一步减缓晶体生长速度。上述效应的共同作用最终导致了板状 $LiFePO_4$ 晶体的生成。该材料作为锂离子电池正极活性材料，在 8C 和 12C 的高倍率下放电比容量分别达到 104mAh/g 和 95mAh/g。

图 5-4　(a)(c) 加入 TEG 制备 $LiFePO_4$的 SEM 图，(b)(d) $LiFePO_4$/C 的 SEM 图，(e)(f) 未加入 TEG 制备 $LiFePO_4$的 SEM 图

除 TEG 外，乙二醇（EG）也是溶剂热法合成 $LiFePO_4$的常用有机溶剂，其具有适中的黏度和一定的还原能力，能有效防止 Fe^{2+}被空气氧化。郭海洋等[8]采用

EG 为溶剂的溶剂热法制备 $LiFePO_4/C$ 材料。具体合成步骤如下：以 $FeSO_4 \cdot 7H_2O$、H_3PO_4、$LiOH \cdot H_2O$ 作为反应物，控制摩尔比为 1：1.5：2.7。将 $LiOH \cdot H_2O$ 溶解于 EG 中，磁力搅拌至溶解，在搅拌状态下向上述 LiOH/EG 溶液中缓慢滴加浓 H_3PO_4 溶液，形成白色悬浮液。将 $FeSO_4 \cdot 7H_2O$ 完全溶解在 EG 中得到 $FeSO_4$/EG 溶液，并将其缓慢加入至上述白色悬浮液中，继续搅拌 30min，形成均匀前驱体悬浮液。将前驱体悬浮液转移至聚四氟乙烯内衬的高压反应釜中密封，将反应釜置于恒温鼓风干燥箱中于 180℃ 下保温反应 10h。反应结束后自然冷却至室温，然后将得到的灰绿色沉淀物用去离子水和酒精反复清洗干净、干燥。为了实现碳包覆，将 $LiFePO_4$ 粉末与聚丙烯以一定质量比混合然后在管式真空炉内加热至 650℃ 保温 3h，最后获得了 $LiFePO_4/C$ 样品。

此外，探究了水/EG 不同比例对样品形貌的影响。所有样品的合成步骤如上，仅将 EG 纯溶剂替换为不同体积比水/EG 溶液。图 5-5 展示了使用不同水/EG 体积比溶剂合成样品的 SEM 图。明显地，当溶剂为水时，颗粒呈现不规则形状（棒状或片状），尺寸分布不均，长度在数十至数百纳米，表明难以获得形貌和尺寸均一的产物。当水/EG 体积比为 10：10 时，产物为片状颗粒，厚度约几十纳米，长度为几微米，部分片状颗粒自组装形成多孔结构，整体尺寸均匀性较差。当水和醇的体积比为 5：15 时，产物为片状颗粒，长度为 1～5μm。当水/EG 体积比为 1：19 及 0：20 时，产物均为片状颗粒，长度约为 100nm。其中，水/EG 体积比为 1：19 时颗粒形貌和尺寸均一；水/EG 体积比为 0：20 时，均一性进一步提高。综合分析表明，随着溶剂中 EG 含量的增加，样品尺寸显著减小，即由微米尺寸减小为纳米尺寸，形貌和尺寸均一性改善，这有利于缩短锂离子扩散路径，提高锂离子扩散速率，改善 $LiFePO_4$ 的电化学性能。

图 5-5　水和醇不同溶剂比例下所制 $LiFePO_4$ 的 SEM 图：20：0(a)(b)，10：10 (c)(d)，5：15 (e)(f)，1：19 (g)(h)，0：20 (i)(j)

5.4.2　水热与溶剂热法在 $Li_4Ti_5O_{12}$ 负极材料制备中的应用

$Li_4Ti_5O_{12}$ 因其独特的“零应变”特性，即在锂离子脱出/嵌入过程中晶体结构几乎不发生变化，优异的循环性能、平稳的充放电电压平台以及高安全性，成为一种极具潜力的动力锂离子电池负极材料，近年来成为国内外研究热点。然而，本征 $Li_4Ti_5O_{12}$ 的电子电导率极低，直接用作锂离子电池负极材料时倍率性能较差，因此需要对其进行改性。主要的改性策略包括：①提升导电性，如构建表面导电涂层或引入外来原子掺杂；②优化离子/电子传输路径，如调控材料形貌并将颗粒尺寸减小至纳米级以缩短传输距离。

$Li_4Ti_5O_{12}$ 的制备方法多样，主要包括高温固相法、溶胶-凝胶法、水热/溶剂热法等。高温固相法原理与工艺相对简单，产业化潜力大，是当前规模化制备 $Li_4Ti_5O_{12}$ 的首选方法。然而，其局限性在于长时间高温处理易导致颗粒严重团聚，所得产物通常为微米级颗粒且粒径分布宽。溶胶-凝胶法可有效抑制材料团聚，获得形貌均一、粒径较小的 $Li_4Ti_5O_{12}$ 颗粒。但其缺点是合成成本高、工艺路线复杂，制约了其工业化应用。对比高温固相法和溶胶-凝胶法，水热/溶剂热法作为湿化学合成的代表性方法。该方法的特点为：在密闭反应釜中，以水或有机溶剂为介质，加入锂源（如 $LiOH·H_2O$、$LiNO_3$、Li_2CO_3）和钛源（如钛酸四丁酯、钛酸异丙酯），通过加热在体系内部产生高温高压环境，反应产物经洗涤、干燥及后续热处理，即可得到 $Li_4Ti_5O_{12}$。此方法可精准调控产物形貌，如片状、空心微球、纳米花状、针状、管状等，所得材料粒径分布窄、结晶度高、均一性好，且后续煅烧温度较低、环境友好。但该方法存在合成成本高、后处理工艺复杂的挑战。目前，水热法制备 $Li_4Ti_5O_{12}$ 主要分为一步水热法和水热离子交换法两种。

1. 一步水热法

Feng 等[9]采用聚环氧乙烷-聚环氧丙烷-聚环氧乙烷三嵌段共聚物（P123）作为结构导向剂，通过水热法辅助合成了超薄 $Li_4Ti_5O_{12}$ 纳米片。具体合成步骤如下：将钛酸四丁酯和 P123 分别溶于 15mL 和 5mL 的无水乙醇后，再将这两种溶液混合搅拌 4h。向上述混合液中逐渐滴入 5mL LiOH 水溶液（3.075mmol），形成白色悬浮液（Li：Ti 摩尔比为 4.1：5）。将悬浮液转移至聚四氟乙烯内衬的不锈钢高压反应釜中，于 180℃下反应 18h。水热产物经 100℃干燥、研磨后，在空气氛围中 600℃下煅烧 3h。随炉冷却后得到目标产物 $Li_4Ti_5O_{12}$ 纳米片。图 5-6 显示了 $Li_4Ti_5O_{12}$ 形貌，其由细小纳米带定向组装而成。原子力显微镜（AFM）表征进一步揭示其纳米片厚度约 4nm。作为钠离子电池负极材料，该材料表现出优异的倍率性能，在 0.1C 倍率下首次放电比容量达到 170mAh/g。即使在 10C 倍率下，放电比容量仍保持在 110mAh/g。

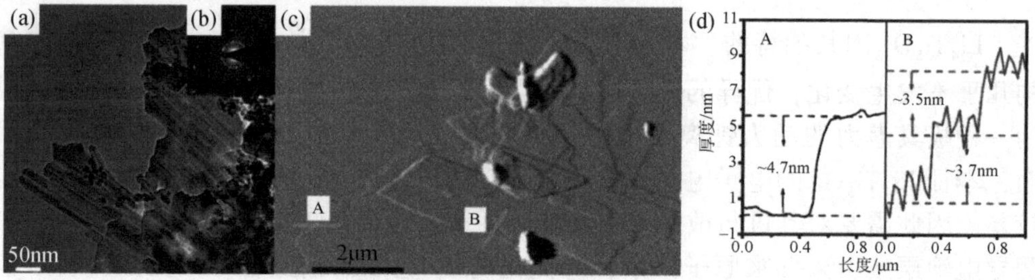

图 5-6　P123 辅助水热法制备 $Li_4Ti_5O_{12}$ 的 TEM 图（a）（b）和（c）（d）AFM 图

冯言华等[10]未采用结构导向剂和表面活性剂，通过水热法合成 $Li_4Ti_5O_{12}$ 纳米片。具体合成步骤如下：将 0.4g LiOH · H_2O 溶于 60mL 去离子水，在搅拌条件下以 2mL/min 的速率逐滴加入 2mL 钛酸四丁酯（TBT）至上述溶液中。继续搅拌 2h 后，将混合液转移至 100mL 聚四氟乙烯内衬不锈钢反应釜中，置于 180℃鼓风干燥箱中反应 7h。反应结束后，取出水热釜自然冷却至室温。收集水热产物，用去离子水与无水乙醇交替洗涤数次，干燥后得到 $Li_4Ti_5O_{12}$ 前驱体。将前驱体置于刚玉坩埚中，在马弗炉内、空气气氛下升温至 500℃煅烧 2h，最终获得 $Li_4Ti_5O_{12}$ 纳米片产物。如图 5-7 所示，所得 $Li_4Ti_5O_{12}$ 呈现纳米片状形貌，粒径范围为 300 ~ 450nm，片层厚度约 20nm。纳米片无规交错堆叠形成三维结构，片层间存在微孔，有利于电解液浸润和离子在片层间快速传输，从而提升材料的倍率性能。电化学性能测试结果表明，0.5C 倍率下，$Li_4Ti_5O_{12}$ 首次放电比容量高达 174.6mAh/g；即使在 20C 超高倍率下，$Li_4Ti_5O_{12}$ 首次放电比容量为 0.5C 倍率下容量的 82.5%；20C 倍率下经 500 次循环后，电池容量保持率高达 94.6%。上述电化学性能测试结果表明，该材料兼具优异的倍率性能和循环稳定性。

Tang 等[11]通过改进水热法成功合成了由纳米片组装而成的三维花状 $Li_4Ti_5O_{12}$ 纳米结构。具体合成步骤如下：预先将 20mL EG 加热至 90℃，并在搅拌状态下逐滴加入四异丙醇钛和 2mL 氨水（质量分数 25% ~ 28%）至 EG 得到 EG 混合液中；称取 8mmol LiOH 溶于 30mL 去离子水得到 LiOH 溶液，将其加入 EG 混合液中，持续搅拌得澄清溶液；将溶液转移至聚四氟乙烯内衬不锈钢反应釜中，170℃下水热反应 36h；反应产物经离心、清洗、80℃真空干燥得到前驱体；前驱体在 800℃下热处理 2h 即可获得花状 $Li_4Ti_5O_{12}$。图 5-8 显示了 $Li_4Ti_5O_{12}$ 样品形貌和结构特征，样品由大量均匀的微球组成，微球呈花状结构，由花瓣状纳米片构成，直径在 300 ~ 500nm［图 5-8（a）(b)］。透射电子显微镜（TEM）清晰显示单朵花状结构及其花瓣（纳米片），尺寸约 200nm，厚度仅为数纳米［图 5-8（c）(d)］。选区电子衍射（SAED）呈现连续环形衍射花样，表明纳米片由随机

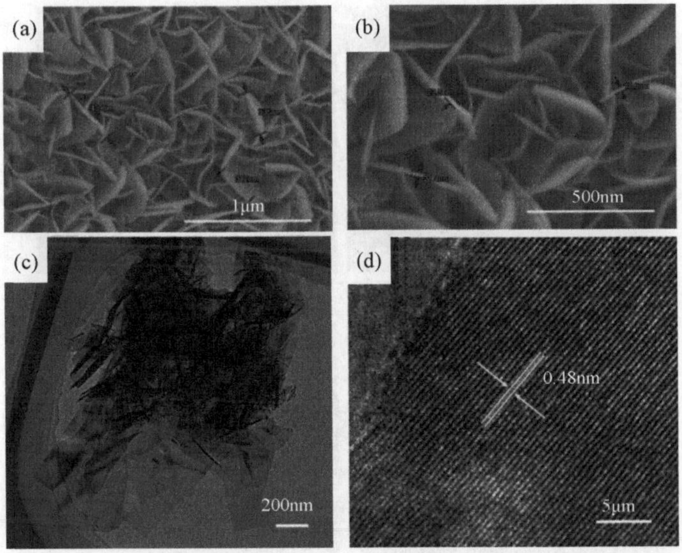

图 5-7　（a）（b）$Li_4Ti_5O_{12}$的 SEM 照片；（c）（d）$Li_4Ti_5O_{12}$的 TEM 照片

定向的晶粒组成。实验与模拟衍射对比仅显示尖晶石相，未检测到其他杂相。利用高分辨率透射电子显微镜（HRTEM）测量晶面间距为 0. 48nm，与体相尖晶石 $Li_4Ti_5O_{12}$完美匹配，证实材料经低温热处理后已形成结晶良好的尖晶石相。作为锂离子电池负极材料，该花状 $Li_4Ti_5O_{12}$表现出优异的倍率性能和循环稳定性，在 8C 高倍率下首次放电比容量达 165. 8mAh/g 且经 100 次循环后，容量仍保持在 152mAh/g。

除了片状和花状 $Li_4Ti_5O_{12}$，闫慧等[12]利用水热法制备球形 $Li_4Ti_5O_{12}$材料。具体合成步骤如下：将 0. 2mol/L 的硫酸钛溶液与正丙醇以 1 : 1 的体积比混合均匀，将混合液置于 80℃水浴中进行水解反应得到球形 TiO_2；将球形 TiO_2与 LiOH 溶液在反应釜中混合均匀，并将反应釜置于 100℃烘箱中反应 20h。收集水热反应产物，研磨后在马弗炉内、空气气氛下升温至 800℃煅烧 2h，最终获得球形 $Li_4Ti_5O_{12}$样品。电化学测试结果显示，所制备 $Li_4Ti_5O_{12}$材料颗粒均匀，电化学性能优异。

2. 水热离子交换法

水热离子交换法制备 $Li_4Ti_5O_{12}$通常包含以下关键步骤：以 TiO_2为原料，在浓碱溶液中（如 NaOH 溶液），通过水热反应合成钛酸盐纳米材料（如钛酸钠）。利用钛酸盐优异的离子交换能力，将其与 LiOH 溶液进行水热离子交换反应，生成锂钛氧化物前驱体。对前驱体进行热处理即可获得 $Li_4Ti_5O_{12}$。

图 5-8　$Li_4Ti_5O_{12}$的（a)(b）SEM，(c)(d）TEM，(e）SAED，(f）HRTEM

吴士超等[13]利用水热离子交换法成功制备尖晶石结构的纳米棒状 $Li_4Ti_5O_{12}$ 材料。具体的合成步骤如下：将 TiO_2和 NaOH 溶液混合，置于反应釜中，分别在150℃和180℃下水热反应，制得钛酸钠纳米材料；将所得钛酸钠用盐酸酸化，转化为活性更高的钛酸（$H_2Ti_nO_{2n+1}\cdot xH_2O$ 或类似物）；将钛酸与 LiOH 溶液混合在130℃下反应 24h；将离子交换产物在空气气氛中，分别于 600℃、750℃和 900℃下进行热处理以最终得到尖晶石结构的纳米棒状 $Li_4Ti_5O_{12}$。

图 5-9 展示了经 600℃、750℃和 900℃热处理后 $Li_4Ti_5O_{12}$的 TEM 图像。结果显示，不同温度处理的样品均保留了纳米棒状形貌，直径约 200nm。然而，值得注意的是，纳米棒表面均附着有颗粒状物质。该现象可追溯至材料制备过程：首先通过 TiO_2与 NaOH 水热反应生成钛酸钠纳米线，随后依次进行 H^+离子交换（酸化）和 Li^+离子交换获得 $Li_4Ti_5O_{12}$前驱体。由于 H^+和 Li^+的离子半径显著小于 Na^+，离子交换过程导致材料中 Li—O—Ti 键合网络受到扰动，形成了结构相对

松散的前驱体。这种结构松散性降低$Li_4Ti_5O_{12}$的本征结构稳定性，使其在后续高温热处理过程中容易发生局部的化学组成偏析和结构重构，从而在纳米棒表面析出颗粒状杂质。同时，高温也导致纳米棒结构本身发生退化，尤其在900℃处理后最为显著。尽管存在表面颗粒，经750℃热处理的样品展现出较好的电化学性能，即$Li_4Ti_5O_{12}$初始放电比容量为164mAh/g，经50次循环后比容量保持率达98.33%。

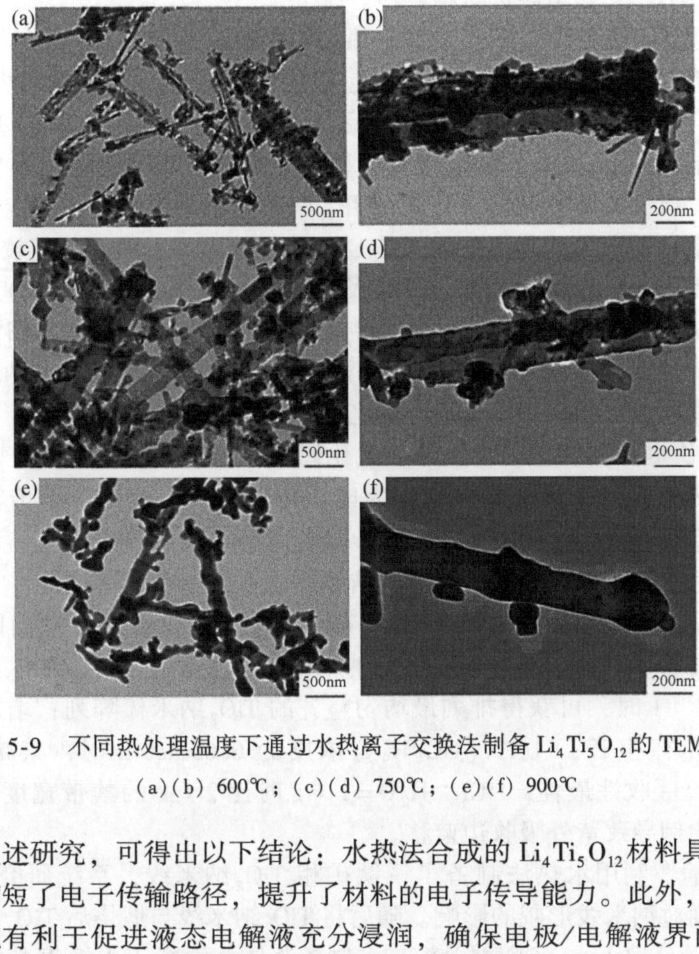

图5-9　不同热处理温度下通过水热离子交换法制备$Li_4Ti_5O_{12}$的TEM图

(a)(b) 600℃；(c)(d) 750℃；(e)(f) 900℃

基于上述研究，可得出以下结论：水热法合成的$Li_4Ti_5O_{12}$材料具有纳米级粒径，显著缩短了电子传输路径，提升了材料的电子传导能力。此外，高比表面积与特殊形貌有利于促进液态电解液充分浸润，确保电极/电解液界面接触良好，缩短锂离子扩散路径，提高锂离子扩散速率。上述结构优势协同作用，显著增强了$Li_4Ti_5O_{12}$材料的高倍率充放电性能和循环稳定性。

5.4.3　水热与溶剂热法在太阳能电池用TiO_2材料制备中的应用

人们对低成本、高转换效率光伏器件的探索从未停止。钙钛矿太阳能电池

（PSCs）的迅猛发展在可再生能源领域掀起了热潮，短短十余年间，其认证效率从2006年的2.1%飙升至2024年的26.7%，这得益于材料组分、器件结构等方面的持续优化。在PSCs等高科技领域（包括气敏传感器、电致变色器件），TiO_2纳米材料因其优异的湿敏/气敏特性、介电效应、光电转换能力及良好的化学稳定性而备受关注。TiO_2常见的纳米结构形貌包括颗粒、管、线、棒等。其中，TiO_2纳米棒（NRs）因其更大的比表面积和更强的吸附能力，成为太阳能电池电子传输层（ETL）的理想候选材料之一。

TiO_2纳米棒的制备方法多样（如水热法、模板法、溶胶-凝胶法等）。水热法因其独特优势在薄膜制备中极具潜力，包括①工艺简便：可在液相中一步成膜，无需后处理；②成本低廉：原料来源广泛，显著降低了制膜成本；③普适性强：薄膜与基片结合牢固，且不受基片形状和尺寸限制。TiO_2在自然界中存在金红石、锐钛矿、板钛矿3种晶型。金红石相TiO_2具有最高的热力学稳定性、高介电常数、折射率以及较少的晶体缺陷，是ETL的优选晶型。然而，其较宽的禁带宽度（3.0eV）限制了光吸收范围（仅能吸收波长≤387nm的紫外光）。因此，拓展金红石相TiO_2对可见光（波长>387nm）的吸收能力，是提升太阳能电池中电子传输效率的关键途径之一。全球科研团队正致力于开发基于TiO_2纳米结构的染料敏化太阳能电池（DSSC），以提升其光电转换效率。

Deng等[14]利用磁控溅射在氟掺杂氧化锡（FTO）基底上沉积致密TiO_2阻挡层，随后水热生长TiO_2纳米棒阵列作为电子传输材料，优化电子传输路径与效率。薛丹林等[15]以$Ti(OC_4H_9)_4$为钛源，通过水热法可控制备金红石相TiO_2纳米棒薄膜并探究了关键工艺参数的影响，结果表明：①150℃反应20h，$Ti(OC_4H_9)_4$浓度为0.03mol/L时，获得最强（002）晶面衍射峰；②延长水热时间可促进纳米棒生长，增加$Ti(OC_4H_9)_4$浓度可使纳米棒结合更紧密；③150℃下反应15h，$HCl:H_2O=1:1$时，可获得排列最均匀整齐的TiO_2纳米棒阵列；增加盐酸比例抑制TiO_2纳米棒生长；④$Ti(OC_4H_9)_4$浓度为0.05mol/L时，禁带宽度最小（2.96eV），光吸收性最佳；$HCl:H_2O=1:1$时比2∶1的禁带宽度小0.08eV，即增大盐酸比例导致紫外吸收边蓝移。

王艳慧等[16]利用水热法制备了锐钛矿相TiO_2纳米线，系统研究反应时间、温度、碱浓度对纳米线形貌的影响。随后将TiO_2纳米线与煅烧后TiO_2（平均直径25nm）按比例分散于水/乙醇混合溶剂，制备浆体并涂覆于不锈钢基体。光电化学测试表明，TiO_2纳米线掺杂量为5wt%时，薄膜光电性能最优。

兰章等[17]利用水热法及特定有机碱胶化剂（四乙基氢氧化铵、四丁基氢氧化铵、四甲基氢氧化铵）合成不同形貌/尺寸的锐钛矿TiO_2纳米晶，并研究其在DSSC中的应用。结果表明：①由四乙基氢氧化铵合成的正方形纳米晶（边长8～13nm）构成的光阳极，性能优于由四丁基氢氧化铵合成的正方形（边长为7～

10nm）或长方形（长 18～35nm、宽 10～18nm）纳米晶构成的光阳极；②使用高浓度四甲基氢氧化铵胶化剂合成球形或椭球形亚微米级 TiO_2 颗粒作为散射中心，在光阳极中构建该散射层后，DSSC 的光电转化效率从 6.77% 显著提升到 8.18%。

Wu 等[18]采用一步水热法成功合成了具有多级结构的锐钛矿相 TiO_2 阵列。该结构以较粗的 TiO_2 纳米棒为主干，其上生长大量短小的 TiO_2 纳米棒作为枝干，形成独特的树枝状形貌。这种结构设计显著提高了 TiO_2 的比表面积，其对应电池的光电转换效率达到 7.34%。由此可见，合理优化 TiO_2 的结构是提升敏化太阳能电池性能的有效策略之一，不仅能增强电子传输效率，还可增加染料负载量并提升光捕获能力。Park 等[19]以表面接枝亲水性聚（氧乙烯）甲基丙烯酸酯（POEM）的锐钛矿相 TiO_2 纳米粒子、钛酸四丁酯［$Ti(OBu)_4$］、盐酸和甘氨酸为前驱体溶液，通过水热法成功制备了高密度金红石/锐铁矿混相 TiO_2 纳米阵列。基于此阵列组装的 DSSC 实现了 5.7% 的光电转换效率，较单一金红石相 TiO_2 纳米阵列的电池提高了 63%。该研究进一步证实了水热法在调控 TiO_2 材料形貌方面的优势。

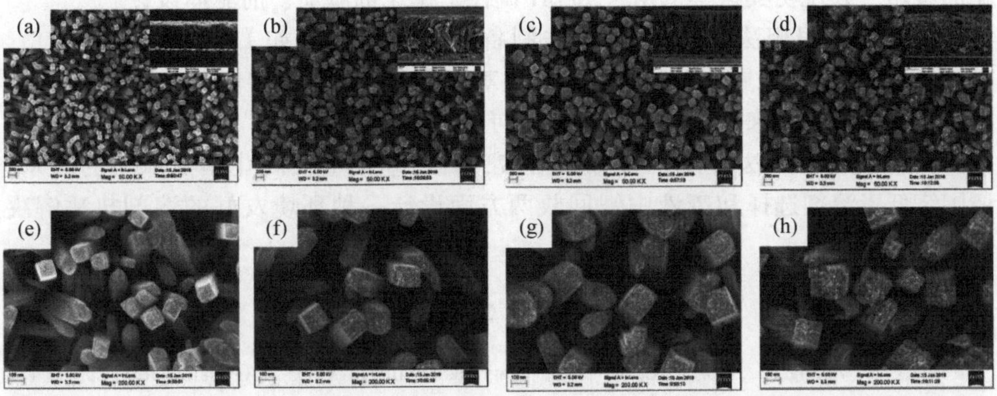

图 5-10　不同反应温度下制备 TiO_2 的 FESEM 表面和截面图

(a)(b) T_{150}；(c)(d) T_{160}；(e)(f) T_{170}；(g)(h) T_{180}

Dong 等[20]以 TiO_2 纳米颗粒为籽晶层，$Ti(OBu)_4$ 和盐酸为前驱体溶液，通过调控水热时间，成功制备了厚度为 15.2μm 的双面刷状 TiO_2 结构。基于此结构组装的 DSSC 实现了 5.61% 的光电转换效率。Iraj 等[21]利用水热法在 FTO 衬底上直接合成了排列规整的金红石型 TiO_2 纳米棒阵列。通过精确控制前体浓度、溶液酸度、生长温度及时间等参数，获得了多种形貌的纳米棒。优化生长条件后，成功制备出具有合适长径比且垂直取向良好的 TiO_2 纳米棒阵列。Wu 等[22]以钛酸丙酯

(PTO)/二甘醇（DEG)/水为溶剂体系，通过一步水热法精确调控 PTO 浓度，成功制备了类仙人掌状 TiO_2结构。基于此结构光阳极组装的 DSSC，其最高光电转换效率可达 6.43%。Ghoderao 等[23]采用常规水热法在 FTO 玻璃基底上沉积了单晶金红石相 TiO_2 纳米棒阵列，系统研究了反应温度对 TiO_2形貌（包括长度和直径）的影响。结果表明，反应温度能显著改变纳米棒的尺寸，进而影响电池性能。如图 5-10 所示，T_{180}样品表现出最高的光电转换效率（1.79%）。这是由于其具有紧密排列且垂直取向的纳米棒结构，该结构为光生电荷载流子提供了高效的传输路径，并有效抑制了电子-空穴对的复合速率。

思　考　题

（1）水热法与溶剂热法在反应介质和适用场景上有何本质区别？为何溶剂热法更易实现特殊形貌（如纳米片、多级球）的控制？

（2）以 $LiFePO_4$合成为例，分析水热体系中温度升高如何同时影响反应速率和相稳定性。结合 E-pH 图解释高温扩大 LFP 优势区域的原因。

（3）水热合成 $Li_4Ti_5O_{12}$时易产生杂相（如锐钛矿 TiO_2）。请提出三种抑制杂相的策略，并说明其科学依据（如 pH 调控、矿化剂添加、前驱体设计）。

（4）对比固相法，水/溶剂热法制备的电极材料（如 $LiFePO_4$、$Li_4Ti_5O_{12}$、$LiMn_2O_4$）通常粒径更小且分布均匀，这对锂离子扩散系数和倍率性能有何影响？小尺寸颗粒可能带来哪些负面效应？如何通过表面包覆解决？

（5）传统水热法使用大量碱性溶液，后处理产生较高化学需氧量的废水。请围绕低毒溶剂选择和废液中锂回收两方面设计一种环境友好的溶剂热法解决方案。

参 考 文 献

[1] Jing Q K, Zhang J L, Liu Y, et al. E-pH Diagrams for the Li-Fe-P-H_2O system from 298 to 473 K: Thermodynamic analysis and application to the wet chemical processes of the $LiFePO_4$ cathode material[J]. The Journal of Physical Chemistry C, 2019, 123(23): 14207-14215.

[2] Yang S F, Zavalij P Y, Stanley Whittingham M. Hydrothermal synthesis of lithium iron phosphate cathodes[J]. Electrochemistry Communications, 2001, 3(9): 505-508.

[3] Lee J, Teja A. Characteristics of lithium iron phosphate ($LiFePO_4$) particles synthesized in subcritical and supercritical water[J]. The Journal of Supercritical Fluids, 2005, 35(1): 83-90.

[4] Dokko K, Koizumi S, Nakano H, et al. Particle morphology, crystal orientation, and electrochemical reactivity of $LiFePO_4$ synthesized by the hydrothermal method at 443K[J]. Journal of Materials Chemistry, 2007, 17: 4803-4810.

[5] 郭举，贾双珠. 水热法一步合成磷酸铁锂及其性能研究[J]. 无机盐工业, 2020, 52(6): 36-40.

[6] Bolloju S, Rohan R, Wu S T, et al. A green and facile approach for hydrothermal synthesis of $LiFePO_4$ using iron metal directly[J]. Electrochimica Acta, 2016, 220: 164-168.

[7] Xiang H F, Zhang D W, Jin Y, et al. Hydrothermal synthesis of ultra-thin $LiFePO_4$ platelets for Li-ion batteries [J]. Journal of Materials Science, 2011, 46(14): 4906-4912.

[8] 郭海洋. 锂离子电池正极材料磷酸铁锂的溶剂热合成及改性研究[D]. 上海:上海应用技术大学, 2016.

[9] Feng X Y, Zou H L, Xiang H F, et al. Ultrathin $Li_4Ti_5O_{12}$ nanosheets as anode materials for lithium and sodium storage [J]. ACS Applied Materials & Interfaces, 2016, 8 (26): 16718-16726.

[10] 冯言华, 张祥昕, 林长新, 等. 水热法合成纳米片状钛酸锂及其性能研究[J]. 电子元件与材料, 2020, 39(11): 33-39.

[11] Tang Y F, Yang L, Qiu Z, et al. Preparation and electrochemical lithium storage of flower-like spinel $Li_4Ti_5O_{12}$ consisting of nanosheets[J]. Electrochemistry Communications, 2008, 10(10): 1513-1516.

[12] 闫慧, 张欢, 张鼎, 等. 水热法合成高功率锂离子二次电池用球形 $Li_4Ti_5O_{12}$ 负极材料[J]. 物理化学学报, 2011, 27(9): 2118-2122.

[13] 吴士超, 郭云霞, 周建华, 等. 高温热处理对水热离子交换法制备钛酸锂纳米棒的结构和性能影响[J]. 无机材料学报, 2011, 26(2): 123-128.

[14] Deng T G, Gao Y, Xia X, et al. Investigation on preparation of perovskite layer and electron-transport materials for perovskite solar cells [J]. Hans Journal of Nanotechnology, 2015, 5: 25-33.

[15] 薛丹林, 黄金亮, 宁向梅, 等. 水热工艺对 TiO_2 薄膜形貌结构及光学性能的影响[J]. 现代化工, 2018, 38(7): 98-102.

[16] 王艳慧, 李澄, 王加余, 等. 锐钛矿型 TiO_2 纳米线的水热法制备及其光电性能的研究[J]. 材料开发与应用, 2014, 29(2): 66-71.

[17] 兰章, 吴季怀, 林建明, 等. 水热法可控合成二氧化钛纳米晶及其在染料敏化太阳能电池中的应用[J]. 中国科学:化学, 2012, 42(7): 1029-1034.

[18] Wu W Q, Lei B X, Rao H S, et al. Hydrothermal fabrication of hierarchically anatase TiO_2 nanowire arrays on FTO glass for dye-sensitized solar cells [J]. Scientific Reports, 2013, 3: 1352.

[19] Park J T, Patel R, Jeon H, et al. Facile fabrication of vertically aligned TiO_2 nanorods with high density and rutile/anatase phases on transparent conducting glasses: high efficiency dye-sensitized solar cells[J]. Journal of Materials Chemistry, 2012, 22(13): 6131-6138.

[20] Dong J, Gao W, Jie H, et al. Defective black TiO_2 synthesized via anodization for visible-light photocatalysis[J]. ACS Applied Materials & Interfaces, 2014, 6(3): 1385-1388.

[21] Iraj M, Nayeri F D, Asl-Soleimani E, et al. Controlled growth of vertically aligned TiO_2 nanorod arrays using the improved hydrothermal method and their application to dye-sensitized solar cells [J]. Journal of Alloys and Compounds, 2016, 659: 44-50.

[22] Wu W Q, Rao H S, Feng H L, et al. Morphology-controlled cactus-like branched anatase TiO_2 arrays with high light-harvesting efficiency for dye-sensitized solar cells[J]. Journal of Power Sources, 2014, 260: 6-11.

[23] Ghoderao K P, Jamble S N, Kale R B. Influence of reaction temperature on hydrothermally grown TiO_2 nanorods and their performance in dye-sensitized solar cells[J]. Superlattices and Microstructures, 2018, 124: 121-130.

第6章 电解合成

6.1 电解合成概述

电解合成是利用电解手段在电极表面进行电极反应从而生成新物质的一种绿色合成技术，广泛应用于各种具有特殊性能的新材料的制备，包括各种纳米材料、电极材料、多孔材料、超导材料、复合材料、功能材料等。历史上化学问题的提出，正是从电能与化学能的转换开始的。1799 年 Volta 用锌片与铜片在 H_2SO_4 水溶液构成电堆，出现了世界上第一个化学能转变为电能的化学电源；1800 年 Nichoson 和 Carlisle 利用 Volta 电堆进行电解水的第一次尝试；1803 年俄罗斯学者 ПереЛоВ 发明了电弧；1807 年 Davy 用电解法析出钾和钠；1833 年发现了法拉第（Faraday）定律；1870 年电动机的发明推动了电化学工业和电化学理论工作的进展；随着电化学理论的进一步发展，1887 年阿伦尼乌斯（Arrhenius）提出了电离学说；1889 年能斯特（Nernst）建立了电极电位的理论，提出了表示电极电位与电极反应各组分浓度间关系的能斯特公式；1905 年塔菲尔（Tafel）测定了在各种金属上析氢的电化学反应速率，确定了电流密度与氢的电位关系，提出了电化学动力学的第一个定律——塔菲尔公式；1923 年，Debye-Huckel 的电解质溶液理论；1924 年 Stern 构建的双电层模型，1930 年前后提出了 Butler-Volmer 方程式和关于双电层的开创性研究成果；BDM 双电层模型的提出，量子电化学、半导体电化学、生物电化学、环境电化学等脱颖而出，电解合成开始了新的发展历程。由于电化学合成在清洁生产工艺中有独特的魅力，其研究和技术开发发展很快，至今世界各国已有上百个化工产品进入了工业化生产或中试阶段，广泛应用于各种新材料、水处理剂、涂料、化工原料、催化剂、染料、药物、农药、香料、有机试剂、氨基酸等精细化学品和有机中间体的合成。氯碱工业和电冶炼工业是电化学生产过程中规模较大的典型代表。

电解合成反应与传统的化学反应过程相比有下列一些优点：

①在电解过程中调节电极电位，能提供高电子转移的功能，具有一般化学试剂所不具备的氧化还原能力，同时可改变电极反应速度。

②可控制电极电位和选择适当的电极、溶剂等方法，反应选择性高，副反应较少，可制备出许多特定价态的化合物，这是任何其他方法不能比拟的。

③电化学反应所用的氧化剂或还原剂是靠电极上得电子或失电子来完成的，在反应体系中除原料和生成物外通常不含其他反应试剂。因此产物容易分离和收集，可得到收率和纯度都较高的产品，减少对环境的污染。

④电化学过程的电参数（电流、电压）便于数据采集、过程自动化与控制，由于电氧化还原过程的特殊性，能制备出许多其他方法不能制备的物质和聚集态，而且电解槽可以连续运转。

但是，也有如下缺点：

①电解过程是在电极表面发生的反应，导致设备空间利用率较差，反应的程序相对复杂。

②通常要将电解产品加工成制品，需要加工费用。

③许多反应参数相互依存，比较复杂，即改变一个参数必将影响其他参数。

④占地厂房面积相对较大，生产中常需要使用多种电解槽。

⑤电解槽结构相对复杂，在电极间电器绝缘、隔膜制造的状态下，会出现调换困难的问题。

电化学生产是能耗高度集中的工业。在发达国家，电化学生产耗电量几乎占总发电量的10%左右，且因电化学反应只限于在与溶液接触的电极表面，使得电化学反应器的生产强度低于化学反应器。因此降低能耗、提高时空收率是电化学生产过程的关键问题。在水溶液、熔融盐和非水溶剂（如有机溶剂、液氨等）中，通过电氧化或者电还原过程可以合成各种聚集状态的化合物和材料，主要有下列方面：

①电解盐的水溶液和熔融盐以制备金属、某些合金和镀层。

②通过电化学氧化过程制备最高价和特殊高价的化合物。

③含中间价态或特殊低价元素化合物的合成。

④C、B、Si、P、S、Se等二元或多元金属陶瓷型化合物的合成。

⑤非金属元素间化合物的合成。

⑥混合价态化合物、簇合物、嵌插型化合物、非计量氧化物等难于用其他方法合成的。

在电化学工艺过程中，主要用水溶液或熔融盐做电解液。用水溶液时，电解质在作为溶剂的水中电离水合，生成水合离子，如果加上电场，水合离子就会移动。而熔融盐是由阴离子和阳离子组成的离子浓度很高的液体，在电场下，通常两种离子均可移动。熔盐电解可用于金属精炼、合金制取、化合物的合成及表面处理等范围。

6.2 电解合成原理

6.2.1 电解合成理论基础

电解质溶液按其组成及结构可分为电解质溶液和熔融电解质，而电解质溶液的不同又分为电解质水溶液和非电解质水溶液。根据电荷载体不同，可将导体分成第一类导体和第二类导体，凡事依靠物体内部自由电子的定向运动而导电的物体，载流子为自由电子（或空穴）的导体，也称之为电子导体。凡是依靠物体内的离子运动而导电的导体叫作离子导体，也称第二类导体。例如电解池或原电池的金属电极称为第一类导体，溶液内部自由移动的带电粒子称为第二类导体。离子导体可存在于电解质水溶液、熔融电解质和固体电解质中。

（1）电解质水溶液

根据电离强度划分，电解质可分为强电解质和弱电解质，然而这种分类不能解释同一物质在不同溶剂中表现为弱电解质或强电解质的行为，因而不能作为物质属性的一种分类。为深化理解，现代观点主张将电解质分为“缔合式”和“非缔合式”。非缔合式电解质指的是溶质主要由简单的正负离子组成，例如卤化碱、碱土卤化物等，没有未离解的分子，也不含正负离子间的缔合对。例如，硝酸锂和硝酸镁等在水中并未显示出明显的缔合物。然而，对于某些盐的分类仍有争议，如卤酸和过氯酸，因为它们的分子只在高浓度下可能缔合。尽管非缔合式电解质数量不多，但理论价值重大，现代电解质溶液理论正是基于此发展。至于非水溶剂中，非缔合式电解质的存在尚未得到确证，但液体氰化氢和某些酰胺可能是例外。缔合式电解质是大多数电解质的类型，进一步可分为两类：①弱电解质，除了正负离子外，还可能包含未离解的共价键分子。理论上，所有酸都属于此类，包括在高浓度下才表现出离子化的卤酸和过氯酸。考虑到理论处理通常不会涉及极高浓度，将它们视为非缔合式更方便。除碱金属、氢氧化物和季铵碱外，大部分碱也被归为弱电解质。②离子配对的电解质，其中部分正负离子通过静电吸引形成离子对。如二价金属硫酸盐，其性质可以通过离子对的概念来解释。

（2）熔融电解质

熔融电解质一般指熔融状态的盐类，即熔盐。在工业生产中，熔盐电解质因其在高温下的离子传导性能而备受青睐。常见的熔融电解质有氯化铵-氯化钾混合物，它凭借高电导率和稳定性，在铝电解及氯碱工业中应用较为广泛。溴化锂则因其高温稳定性在金属加工领域得到广泛应用。此外，磷酸盐熔盐电解质作为新兴材料，其高电导率和稳定性使其成为高温燃料电池的理想选择。

(3) 固体电解质

固体电解质是一种离子导体。人们早就发现某些离子晶体能导电，但是电导率很小。20 世纪 60 年代中期发现了快离子导体，例如 $PbAg_4I_5$，它区别于一般离子导体的最基本特征是在一定的温度范围内具有能与液体电解质相比拟的离子电导率（0.01S/cm）和低的离子电导激活能（≤0.40eV）。固态电解质在许多领域都有广泛的应用，如电动汽车、可再生能源储存、航空航天等。随着人们对环保和能源需求的不断提高，固态电解质作为一种新型的电池材料，其应用前景也越来越广阔。

6.2.2 电解合成常用概念

(1) 电解定律

电解定律也称法拉第定律，即电极上发生变化的物质的量与通过的电量成正比，并且每通过 1F 电量（96500C 或 26.8Ah）可析出 1/n mol 任何物质，电解时，电量与物质的量的关系符合：

$$n=\frac{Q}{zF}$$

式中，n 为电解物质的物质的量；Q 为电解所需要的电量；z 为电极反应式中的电子计量系数；F 为法拉第常数，表示 1mol 质子的电荷，通常为 96500C/mol。

单位时间内物质生成量表示电解生成速度，用公式可表示为：

$$v=\frac{\mathrm{d}n}{\mathrm{d}t}=\frac{I}{zF}$$

电流 I 代表电极反应速度。但在实际工作中，并不能获得理论量的沉淀物质。

(2) 电流效率

根据法拉第定律，沉积物质的量跟电流量成正比，但由于副反应的存在，实际上沉积物质的量经常小于理论值。实际的电流测定值与时间的乘积可计算实际消耗的总电量，理论耗电总量由法拉第定律计算，因此将实际析出的物质的量与理论量之比的值称之为电流效率：

$$\eta=\frac{G_{实}}{G_{理}}=\sum_{i} z_i F m_i \frac{M}{M_i}$$

式中，η 为电流效率；$G_{实}$ 为实际析出的金属量；$G_{理}$ 为按法拉第定律计算应析出的金属量；z_i 为金属的价态；F 为法拉第常数；m_i 为金属的质量百分含量；M 为合金的质量；M_i 为金属 i 的摩尔质量；I 为电流强度；t 为电解时间。

(3) 电能耗

电能耗是指在电解过程中，阴极析出单位重量金属所消耗的电能量或者直流电能，相应的计算公式如下：

$$电能耗=\frac{nF\,V_{槽}}{\eta M3.6\times10^{3}}\text{kWh/kg}$$

式中，F 为法拉第常数；$V_{槽}$为阴极和阳极间的实际电势差；η 为电流效率；M 为产物的分子量。

该值是衡量电解过程中电能使用效率的重要指标，对于高纯物质制造、材料表面处理等工艺有直接影响。通过优化电解液条件，减少电能消耗，可以提高生产效率，降低生产成本。

(4) 电流密度

每单位电极面积上所通过的电流称之为电流密度，通常以每平方米电极面积所通过的电流（单位为 A）来表示，在物理中一般用 J 表示。

$$J=\frac{I}{S}$$

式中，I 为电流大小；S 为截面面积。

(5) 电极电位和标准电极电位

将一金属电极浸入具有该金属离子的电解质溶液中，在金属和溶液的界面处就产生电位差，通常称为电极电位或电极电势。

电极电位的绝对值无法测量，其值是相对于标准氢电极的电极电势为零时的相对量。溶液的浓度和温度对电极电位的影响，用能斯特（Nernst）公式来描述：

$$\varphi=\varphi_{o}+\frac{2.303RT}{nF}\lg\frac{\alpha_{O}}{\alpha_{R}}$$

式中，R 为摩尔气体常数，通常为 8.314J/(mol·K)；F 为法拉第常数，其值为 96500C/mol；n 为离子的价数（离子价态的变化数或者得失电子数）；α 为活度，α_{O}、α_{R}分别为氧化物和还原物的活度；φ_{o}称为标准电极电位，在一定温度下，它是一个常数，等于溶液中离子的活度为 1 时的电极电位。

根据电极电位可判断金属在水溶液中的还原能力。将金属（包括氢）按照它们的标准电极电位数值排列就得到了金属的电位序。电位序有较大的实用意义：由电位序可知，在标准情况下，氢前面的金属都是容易氧化的金属，氢后面的是难氧化的金属，前面的金属能把电位序表中排在后面的金属从盐溶液中置换出来；可计算由任何两组金属组成的电池的电动势，表 6-1 列举了一些常见物质的标准电极电势。

表 6-1 金属的电位序

金属	溶液中正离子	$E°$/V	金属	溶液中正离子	$E°$/V
锂	Li^+	−3.01	镉	Cd^{2+}	−0.40
铷	Rb^+	−2.98	铊	Tl^{3+}	−0.34
钾	K^+	−2.92	钴	Co^{4+}	−0.27
钡	Ba^{2+}	−2.92	镍	Ni^{3+}	−0.23
钙	Ca^{2+}	−2.84	锡	Sn^{2+}	−0.14
锶	Sr^{2+}	−2.81	铅	Pb^{4+}	−0.13
钠	Na^+	−2.71	氢	H^+	±0.00
镁	Mg^{2+}	−2.38	锑	Sb^{4+}	+0.20
铍	Be^{2+}	−1.7	铋	Bi^{4+}	+0.20
铝	Al^{3+}	−1.66	砷	As^{5+}	+0.30
锰	Mn^{2+}	−1.05	铜	Cu^{2+}	+0.34
锌	Zn^{2+}	−0.763	汞	Hg^{2+}	+0.798
铬	Cr^{3+}	−0.71	银	Ag^+	+0.799
铁	Fe^{3+}	−0.44	金	Au^+	+1.70
钋	Po^{4+}	−0.4			

6.2.3 电解合成基本原理

(1) 电解原理

通电前，电解质中的离子常处于无秩序的运动中，通直流电后，离子做定向移动，阳离子向阴极移动，在阴极得到电子被还原；阴离子向阳极移动，在阳极失去电子，被氧化；在水电解过程中，OH^-在阳极失去电子，被氧化成氧气放出；H^+在阴极得到电子，被还原成氢气放出，如图 6-1 所示。

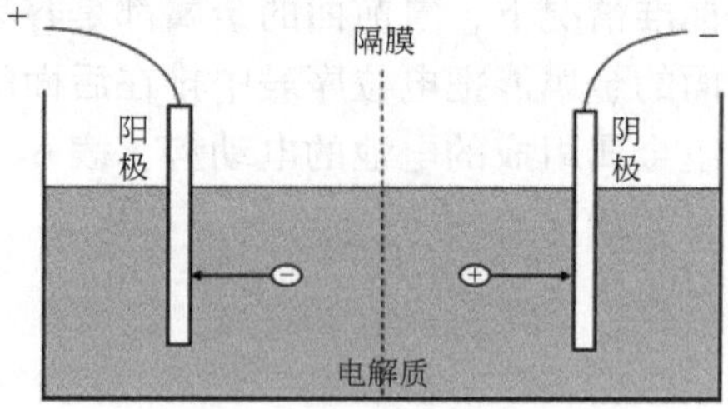

图 6-1 电解原理图

(2) 电解电压

电解时，在电极上析出的产物与电解质溶液之间形成电池，其电动势在数值上等于电解质的理论电解电压。此理论电解电压可由能斯特方程计算：

$$E = E^{\circ} - \frac{RT}{nF}\ln\frac{\alpha_1}{\alpha_2}$$

式中，E°为标准电极电位，n为电极反应中得失电子数；F为法拉第常数，α_1、α_2分别为还原态和氧化态物质的活度。整个电解过程的理论电解电压为两个电极理论电解电压之差。

随着外加电压的增大，电极表面产生少量氢气和氧气，但压力低于大气压，无法逸出。所产生的氢气和氧气构成了原电池，外加电压必须克服这个反电动势，继续增加电压，如图6-2中a点即为分解电压。理论分解电压等于反向电压，即分解电压只要比反向电压大一个无限小值，分解就可以进行，而实际开始分解的电压往往要比理论分解电压大一些。这主要是由电极极化等因素产生的超电势引起的。

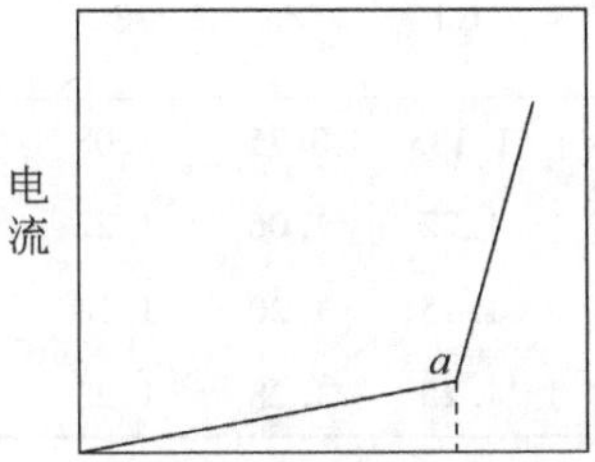

图6-2 外加电压与过电流关系

实际电解电压为理论电解电压与超电压之和。若令外加电动势为$E_{外}$（即实际分解电压），则有：

$$E_{外} = E_{可逆} + \Delta E_{不可逆} + \Delta E_{电阻}$$

式中，$E_{可逆}$为电解过程中产生的原电池电动势；$\Delta E_{电阻}$为电解池内溶液电阻产生的电压降（IR）；$\Delta E_{不可逆}$为极化所致的超电压或超电势部分。

(3) 电极上产生超电势的原因

在电化学反应中，当电极处于平衡状态，电极上有电流通过时所表现的电极电势和可逆电极电势之间偏差的大小，叫作超电势，记作η。电极上产生的超电位包括浓差过电位、电阻过电位和活化过电位。

浓差过电位：由于电解过程中电极上发生了化学反应，消耗了电解液中的有效成分，使得电极附近电解液的浓度和远离电极的电解液的浓度（本体浓度）发生差别所造成。通过强烈搅拌溶液或者升高温度，加快离子扩散，可以减少浓差过电势。

电阻过电位：由于电解过程中在电极表面形成一层氧化物的薄膜或其他物质，对电流的通过产生阻力而引起的。

活化过电位：由于在电极上进行的电化学反应速率往往不大，易产生电化学极化，从而引起过电位。在电极上有氢或氧形成时，活化过电位更为显著。

(4) 影响过电位的因素

①析出物质的形态：通常金属的超电压较小，气体物质的超电压较大。

②电流密度：电流密度增大，超电压随之增大。

③电极材料：在镀铂的铂黑电极上氢的超电压很小，氢在铂黑电极上析出的电极电位在数值上接近于理论计算值。若以其他金属做阴极，要析出氢必须使电极电位较理论值更负。

表6-2为25℃时氢在各种金属上的超电压。

表6-2　25℃时氢在各种金属上的超电压（V）

电流密度/(A/cm^2)	Ag	Cu	Hg	Cd	Zn	Sn	Pb	Bi	Ni	Pt
0.01	0.76	0.58	1.04	1.133	0.75	1.08	1.09	1.05	0.75	0.07
0.10	0.87	0.80	1.07	1.22	1.06	1.22	1.18	1.14	1.05	0.29
0.50	1.03	1.19	1.11	1.25	1.20	1.24	1.24	1.21	1.21	0.57
1.00	1.09	1.25	1.11	1.25	1.28	1.23	1.26	1.23	1.24	0.68

(5) 电解过程

电解过程大致可分为以下三类：

①电解质溶液中的金属正离子在阴极被还原并沉积在阴极板上，为金属电极过程，包括金属电沉积和金属溶解。

②气体电极过程，如电解盐酸溶液的阴、阳极反应。

③电解氧化还原过程。其实所有电极上进行的反应都是氧化反应或还原反应，这里指的是除金属电极过程和气体电极过程以外的电解过程，而且其反应物通常都是可溶的。

对于无机电解合成，它们的电极过程属于第②、③类的电极过程。通常电极的作用不只是传导电流，更重要还在于不同电极材料对电极反应速度有很大的影响，即电极对电极反应具有不同程度催化作用。无机物电解反应可分为电还原和电氧化两大类。

(6) 电解合成应用范围

目前电解合成在技术和理论上都有了很大发展，广泛应用于纳米材料、电极材料、功能材料以及超导材料的制备过程中。

电化学合成法与其他合成方法相比有其显著的特征和优点：其反应过程就是在电解液中两电极或多电极上电子转移的同时发生氧化还原反应，分为阴极、阳极合成两种类型，恒流、恒压及脉冲三种电解模式。阴极电解生碱法是电化学合成氧化物和氢氧化物的基本方法。阴极电解技术曾用于电镀金属涂层，后来发现选择适当电解液通过电解水产生的OH^-离子与电解液中的阳离子产生沉淀，进一步处理可以得到氧化物，并相继制备Cr_2O_3、ZnO、TiO_2、$La(OH)_3$等物质。

除此之外，电解合成还可以用来合成一些电极材料，如电解法制备羟基氧化镍是以$Ni(OH)_2$作为阳极，碱性水溶液为电解液，采用直流电解的方法进行阳极氧化得到羟基氧化镍，反应机理如下：

$$Ni(OH)_2+OH^- = NiOOH+H_2O+e^-$$

Mamoru 提供了一种电解氧化制备羟基氧化镍的方法，将一定质量的球形$Ni(OH)_2$和 KCl 加入 500mL 水中，以铂网和铂丝做电极，搅拌混合物，恒压电解氧化制成 NiOOH。

另外，电解合成在纳米材料（如石墨层间化合物以及纳米粒子、薄膜）、功能材料（分子筛或者多孔膜）以及超导材料（如富勒烯C_{60}、超导薄膜）等方面得到了广泛的应用。

6.3 电解合成工艺

6.3.1 电解合成设备

进行电解的装置叫电化学反应器，又名电解池，工业上称电解槽，高温熔盐体系叫电解炉。

电解合成最基本的装置包括5部分：电源、阴极和阳极、电解容器、电压测量仪表、电流测量仪表。

(1) 电解槽的基本特征和要求

电解体系不同，所采用的电解槽的结构和大小、功能和特点也各异。但都具有一些共同的基本特征：

①都由两个电极（一般是第一类导体）和电解质（第二类导体）构成；

②由外部输入电能，在电极和电解液界面上发生电化学反应；

③电解槽中发生的主要过程是电化学反应，包括电荷、质量、热量和动量的4种传递过程，服从电化学热力学、电极过程动力学及传递过程的基本规律。

④它又是一种特殊的化学反应器。一方面，它具有化学反应器的某些特点，在一定条件下可以借鉴化学工程的理论和研究方法；另一方面，它又具有自身的

特点及需要特殊处理的问题，如在界面的电子转移及在体相的电荷转移，电极表面的电位及电流分布，以及电化学反应中的新相生成等。

一般情况下，对电解槽有如下要求：

①在能实现所需电合成过程的前提下，尽可能简单，如隔膜、搅拌装置等可省去；

②为简化流程、减少设备投资，尽量使各个过程在电解槽内进行；

③电极上的电位分布尽量均匀，可采用辅助电极或特殊形状的对电极达到这一点；

④阴、阳两极之间的隔膜电阻尽可能小；

⑤所用材料适合在电解过程的电解液中长时间使用（如耐腐蚀等）；

⑥采用挡板、湍流促进器、流动床、搅拌等措施，保证电解槽传输过程通畅。

(2) 电解槽的基本结构

常见的电解槽组分包括电极材料、离子导体、隔膜等成分。电极既是电化学过程的催化剂，又是电极反应进行的场所，电极材料的性质对整个电合成反应途径和选择性都有很大的影响，因此有关电极材料的研究成为近些年来电合成研究的热点。作为电化学反应器的核心构件，不同用途的电化学反应对电极材料有不同的要求。在金属电解精炼、金属电镀和某些电合成过程中使用活性金属阳极，此时金属电极材料称为参与电极反应的反应剂。然而在电解器中，电极只作为反应物种进行电子传递反应和表面化学反应的场所，理论上电极材料本身不会消耗掉，这类电极材料称之为“惰性”电极材料。

离子导体除常见的电解质溶液外，尚有熔盐（离子熔体）、固体电解质或超临界流体等。离子导体的选用取决于电化学过程的本质、环境因素、安全因素以及经济学因素。离子导体必须具有良好的稳定性和较高的电导率，后者对电化学反应器的能量损失有很大影响。

为防止阴、阳两极产物混合，避免可能发生的有害反应，在电解槽中，基本上都用隔膜将阴、阳极室隔开，其作用有：使极性不同的两个电极隔离，防止短路；阻止阳极液与阴极液的混合，限制悬浮颗粒或胶体在两电极之间转移，保存电极上的活性材料，防止它们碎裂和脱落。

根据结构与功能的不同，隔膜大致分为隔板、多孔隔离器和隔膜、离子交换膜。隔膜需有一定的孔隙率，能使离子通过，而不使分子或气泡通过，当有电流流过时，隔膜的欧姆电压降要低。这些性能要求在使用过程中基本不变，并且要求在阴、阳极室电解液的作用下，有良好的化学稳定性和机械强度。电解水时，阴、阳极室的电解液相同，电解槽的隔膜只需将阴、阳极室隔开，以保证氢、氧纯度，并防止氢氧混合发生爆炸。更多见的比较复杂的情况是电解槽中阴、阳极室的电解液组成不同。这时隔膜还需要阻止阴、阳极室电解液中电解产物的相互扩散和作用，如氯碱生产中隔膜法电解槽中的隔膜，可以增大阴极室氢氧离子向阳极室扩散和迁移的阻力。

隔膜由惰性材料制作，如氯碱工业中长期使用的石棉隔膜。但石棉隔膜性能不稳定，当盐水中含有钙、镁杂质时，容易在隔膜中生成氢氧化物沉淀，降低透过率；在比较高的温度和在电解液作用下，还会发生膨胀、松脱。为此可以在石棉中加入树脂作为增强材料，或以树脂为主体做成微孔隔膜，在稳定性和机械强度方面都有很大改进。近年来氯碱生产开发的阳离子交换膜是新型的隔膜材料，它具有对离子透过的选择性，可使氯离子基本上不进入阴极室，从而制得氯化钠含量极低的碱液。

（3）电解槽的分类

实验室常见的电解槽，一般用玻璃吹制或用塑料制成，其结构、形状视具体反应体系而定。工业用电解槽较实验室用电解槽要复杂得多。

①工业上，按电解槽结构可将其分为箱式电解槽、压滤机式或板框式电解槽和特殊结构的电解槽。

箱式电解槽是应用最广的电化学反应器，尽管大小不等、形式各异，但遍及工业电解、电镀、化学电源、科研各个领域，如图6-3所示。

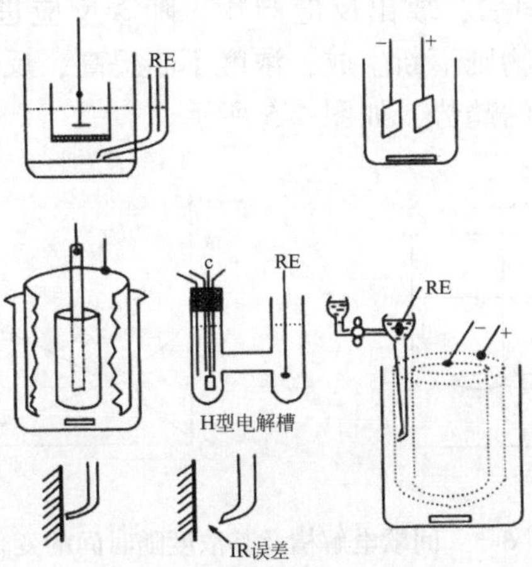

图6-3　箱式电解槽

压滤机式或板框式电解槽由很多单元反应器重叠并加压密封组合而成，数量可达100以上。每一个单元反应器都包括电极、板框、隔膜，电极大多垂直放置，如图6-4所示。

特殊结构的电解槽是为了增大反应器的比电极面积、强化传质、提高反应器

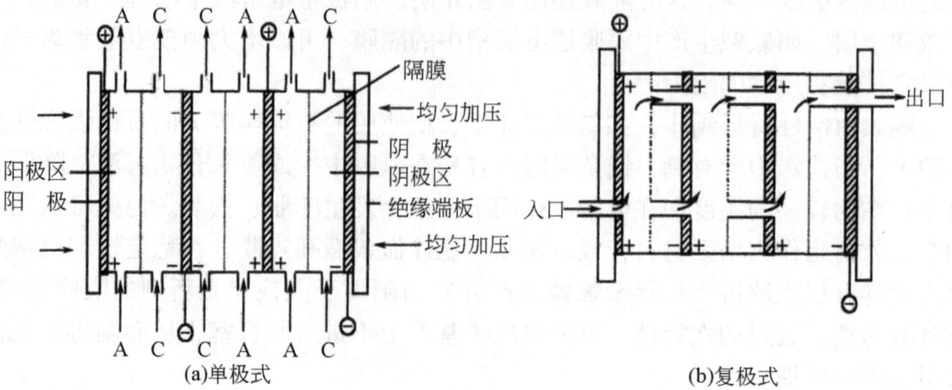

图 6-4　板框压滤机式电解槽（A，阳极液；C，阴极液）

的时空产率而研制的。例如毛细间隙和薄膜反应器、旋转电极反应器、三维电极电解槽、零极距电化学反应器等。

②按工作方式可将电解槽分为间歇式电解槽、柱塞流电解槽和连续搅拌箱式或返混式电解槽。

简单的间歇式电解槽（batch reactor）是指定时送入一定量的反应物（电解液），经过一定反应时间后，放出反应产物。随着反应进行，反应物不断消耗，其浓度不断降低，而产物则不断生成，浓度不断提高，反应物和产物的浓度随时间的变化呈现此消彼长的趋势，如图 6-5 所示。

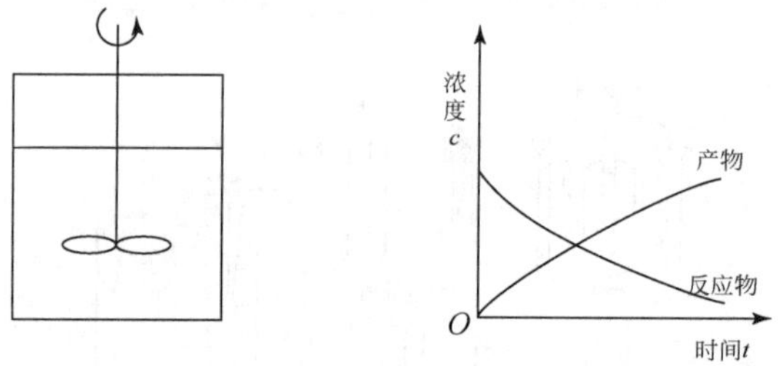

图 6-5　间歇电解槽及其浓度随时间的变化

柱塞流电解槽又称管式反应器或活塞流反应器，它是连续工作的。反应物不断进入反应器，产物则不断流出，达到稳态，反应物和产物的浓度随时间的变化如图 6-6 所示。

理想情况下，这种电解槽中的电解液由入至出，稳定的流向前方而不发生返混。而电解液的组成则随其在电解槽中空间位置不同而不断变化，但对于每一反应粒子具有相同的停留时间。

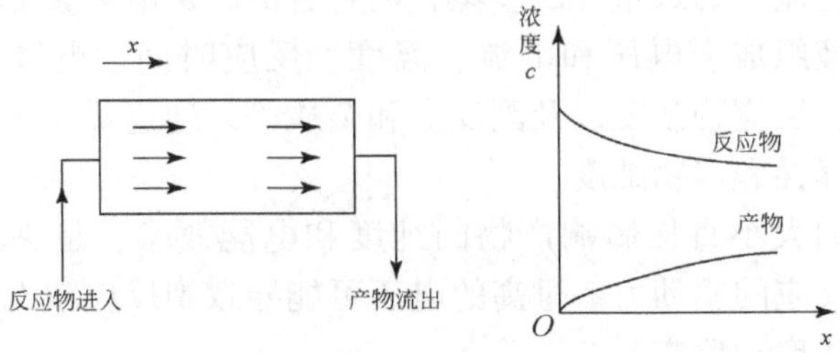

图6-6 柱塞流电解槽及其浓度随时间的变化

连续搅拌箱式电化学电解槽（continuously stirred tank reactor，CSTR）或返混反应器（back-mix reactor）的特点是：在连续加入反应物并以同一速率放出产物的同时，还在电解槽中不停地搅拌，因此电解槽内的溶液组成是恒定的，如图6-7所示。

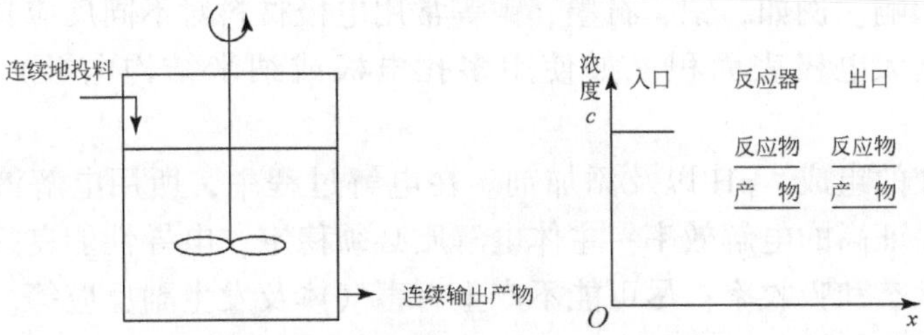

图6-7 CSTR电解槽及其浓度随时间的变化

6.3.2 电解合成工艺过程

电解合成工艺流程通常包括电解合成前处理、电解合成、电解合成后处理，其中电解合成是最重要的步骤。对于单个电极而言，电极过程由下列步骤串联而成：

①反应物粒子自溶液本体向电极表面传递；

②反应物粒子在电极表面或电极表面附近液层中进行某种转化，例如表面吸附或发生化学反应；

③在电极与溶液之间的界面上进行得失电子的电极反应；

④电极反应产物在电极表面或电极表面附近液层中进行某种转化，例如表面脱附或发生化学反应；

⑤电极反应产物自电极表面向溶液本体传递。

电解合成前后处理与化学合成相似，通常为净化、除湿、精制、分离等操作。作为整个工艺流程的最重要的步骤，电解合成的影响因素非常多，主要包括电极材料、电解液组成、电压和电流、温度、反应时间、电极间距、搅拌或流动、反应器设计、反应物浓度以及副反应和杂质等。通过优化这些因素，可以提高反应效率、选择性和产物纯度。

①电解电压的大小直接影响产物的纯度和电能效率，是决定电解过程的关键。电压决定了反应的驱动力。过高的电压可能导致副反应或电极腐蚀，而过低的电压则可能无法启动反应。

②电流密度是由浸于电解液的电极表面积 A 与通过的电流强度 i 的比值来描述。它的大小决定着电解过程进行的速度，影响反应速率和产物选择性。电流密度高可能导致副反应或电极极化。

③电极材料的选用，首先要考虑电极应不被电解液及电解产物所腐蚀、不污染产物。电极的催化活性、稳定性以及表面积均可影响电解效率。选用电极材料除考虑不使产物污染之外，还应考虑超电位的大小。电极材料对反应的选择性和效率有重要影响。例如，铂、石墨、镍等常用电极材料对不同反应具有不同的催化效果。而增大电极表面积（如使用多孔电极或纳米结构电极）可提高反应速率。

④电解液的组成、pH 以及添加剂。在电解过程中，所用电解液要具有良好的性质，以保证高的电解效率；主体电解质必须稳定；电导性能良好；能使产物有好的析出状态和吸收率；尽可能不产生有害气体及发生副反应等。电解液中的离子种类和浓度直接影响电导率和反应路径。例如，水溶液、有机溶剂或熔盐电解液适用于不同反应；电解液的酸碱性影响反应的选择性和产物分布。例如，某些反应在酸性条件下更高效，而另一些反应则需碱性环境。另外，添加剂（如支持电解质、表面活性剂）可改善电解液的电导率或调节反应界面性质。

⑤反应时间；反应时间影响产物的转化率和纯度。过短的反应时间可能导致反应不完全，而过长的反应时间可能引发副反应。某些中间体在反应过程中可能进一步转化或分解，需优化反应时间以获取目标产物。

⑥电极间距；电极间距一方面影响电流分布的均匀性。过大的间距可能导致电流分布不均，而过小的间距可能引发短路。另一方面电极间距影响反应物和产物的传质效率，进而影响反应速率。

⑦搅拌或流动影响传质效率和气泡排除等工艺：在电解过程中搅拌或电解液流动可提高反应物和产物的传质效率，避免局部浓度过高或过低。同时，搅拌有助于排除电极表面产生的气泡（如 H_2、O_2），避免气泡附着影响反应。

除了以上因素之外，反应器的设计包括电解槽类型、隔膜的使用以及反应器材料均可影响电解合成的工艺。反应物浓度影响反应速率和产物的选择性，其中副反应和杂质影响电解效率。

6.4 电解合成类型

6.4.1 金属在水溶液中的电沉积

金属的电沉积就是用水溶液电解法提纯或提取金属。通过电解金属盐水溶液而在阴极沉淀纯金属的方法其原料的供给有下列两类：

①用粗金属为原料作阳极进行电解，在阴极获得纯金属的电解提纯法；

②以金属化合物为原料，以不溶性阳极进行电解的电解提纯法。

水溶液中电沉积金属时电解液的组成必须符合以下要求：①含有一定浓度的欲得金属离子，并且性质稳定；②电导性能好；③具有适于在阴极析出金属的pH；④能出现金属收率好的电沉积状态；⑤尽可能少地产生有毒和有害气体。

金属电沉积装置仍然是在由阳极、阴极和隔膜构成的电解槽中进行，只不过不同的过程采用不同的材料和工艺条件不同。电解提纯金属时，阳极为提纯金属的粗制品。根据电解条件做成适当大小和形状。导线宜用同种金属；难以用同种金属时，应将阳极-导线接触部分覆盖上，不使其与电解液接触。电解提取时的阳极，必须在该环境下几乎是不溶的。只要能高效率地回收析出的金属，无论金属的种类、质量和形状如何，都可以用作阴极。设计阴极时，一般要使其面积比阳极面积大一圈（10%~20%）。这是为了防止电流的分布集中在电极边缘和使阴极的电流分布均衡。

1998年，Lokhande等首次报道了从水溶液中直接电沉积出La[1]和Sm[2]，开创了稀土合金薄膜水溶液中电沉积法制备的新纪元；Sun等[3]采用非水溶剂二甲基甲酰胺（DMF）为电解液研究了电沉积La-Ni合金工艺及沉积机理，且研究了主盐浓度、pH、温度、电流密度等因素对镀层La含量的影响。

6.4.2 含最高价和特殊高价元素化合物的电氧化合成

由于水溶液电解能提供高电势，使其能达到普通化学试剂无法具有的特强氧化能力，因而可以通过电氧化的方法来合成一些具有极强氧化性的物质，比如臭氧（O_3）等。对于一些难以合成的最高价态化合物可以通过电氧化过程的方法合成，如在KOH溶液中，通过氧化Ag或者Cu的某些配合物就可以得到Ag或者Cu的+3最高价态。另外，特殊高价元素化合物如具极强氧化性的化合物（例如F_2、$Na_2S_2O_8$等）、难于合成的最高价态化合物［例如$NaClO_4$、$KMnO_4$、$(ClO_4)_2S_2O_8$等］可以通过电氧化的形式得到；如通过电氧化Mn(II)溶液制备Mn(IV)，需要使用高电位（大于1.5V *vs.* SHE）和酸性电解液（如H_2SO_4）。特殊高价元素的化合物，如通过电氧化HSO_4^-可以合成过二硫酸或者过二硫酸盐及H_2O_2；NiF_4、

NbF_6、TaF_6、AgF_2 或者 $CoCl_4$ 等高价化合物均可通过电氧化过程得到。其他元素的过氧化物或者过氧酸均可通过电氧化过程来合成，常见的如 H_3PO_4、HPO_4^{2-}、PO_4^{3-} 等，以及合成 PO_5^{3-}、$P_2O_3^{4-}$ 的 K^+ 或 NH_4^+ 盐，过硼酸及其盐类 BO_3^- 的合成等。

含最高价和特殊高价元素化合物的电氧化合成具有高电位需求、强氧化性环境和选择性控制等特点。在实验过程中需注意电极选择、电解液稳定性、电位与电流控制、温度控制、副反应抑制、产物分离与纯化以及安全问题。通过优化反应条件，可实现高效、选择性合成目标高价化合物。

以 $NaClO_4$ 为例，电氧化合成步骤如下：在 318 ~ 323K 下将 $NaClO_3$ 溶于水达到饱和，加上 $Ba(OH)_2$ 以除去 SO_4^{2-} 等杂质，经过滤后送往电解槽。电解槽中阳极采用 PbO_2 棒，阴极用铁、石墨、多孔镍、铜、不锈钢。在槽内加入 NaF 以减小阴极还原，电解反应如下：

$$NaClO_3+H_2O-2e^- \longrightarrow NaClO_4+2H^+$$

其中，电流效率为 87% ~89%，原料转化率为 85%。

毛信表等直接电氧化制备 $Na_2S_2O_8$，阳极采用焙烧法制作钛镀铂电极，阴极为熔铸法制作的合金电极，大幅度降低槽压，采用两电极体系，阳极电解液为硫酸钠与硫酸的混合溶液，阴极电解液为含有添加剂硫氰酸钠的稀硫酸溶液，恒电流条件下在板框式电解槽中电解反应得到主产物 $Na_2S_2O_8$，电流效率最高可达到 90.23%。通过改变电极材料，优化工艺条件，降低了能耗和成本，原料消耗少，提高了电流效率及产率。

由于电氧化产物均具有很强氧化性、有高的反应性且不稳定，因此该类物质的合成往往对电解设备、材质或者反应条件有特殊的要求。

6.4.3 含中间价态和特殊低价元素化合物的电还原合成

由于元素价态处于中间态或者特殊低价态，此类化合物借一般的化学方法很难精准调控，因为无论是化学试剂还是用高温下的控制还原都不如电还原反应的定向性，而且会面临一些副反应的控制和产物的分离等问题。因此在开发出电解液还原的合成路线之后，有一系列难以合成的含中间价态或者特殊低价元素的化合物被有效地合成出来。含中间价态和特殊低价元素化合物的电还原合成具有低电位需求、还原性环境和选择性控制等特点。它对材料的要求是电极材料需在低电位和还原性环境下保持稳定，常用材料包括汞、铅、碳材料（如玻碳）等。在电还原过程中需要注意还原态稳定性，其稳定性取决于电解液环境和反应条件，例如，Cr（III）在酸性条件下较稳定，而 Cr（II）在碱性条件下易被氧化。另外，电还原过程通常有低电位需求才能将元素还原其低价态，在电还原过程中可能会生成多种中间态化合物，通常需要控制电位、电流密度和电解液组成来提高目标产物的选择性。

某些化合物由于其氧化态的特殊性，很难借其他化学方法合成得到，如 Mo 的化合物或简单配合物很难用其他方法制得纯净的中间价态化合物，然而电还原方法在此具有明显优点。用它可以容易地从水溶液中制得 Mo^{2+}（如 K_3MoCl_5 等）、Mo^{3+}［如 $K_2(MoCl_5H_2O)$，K_3MoCl_6］、Mo^{4+}［如 $Mo(OH)_4$，KOH 溶液中电解］。在其他过渡元素中也出现类似的情况。此外，一些不常见和很难合成的“特殊”低价化合物诸如 Ti^+［如 TiCl、$Ti(NH_4)Cl_2$］，Ga^+（如 GaCl 的簇合物），Ni^+、Co^+［如 $K_2Ni(CN)_3$、$K_2Co(CN)_3$］，Mn^+［如 $K_3Mn(CN)_4$］、Tl^{2+}、Ag^{2+}、Os^{3+}（如 K_3OsBr_6），W^{3+}（如 $K_3W_2Cl_9$）等均可借特定条件下的电解方法合成得到。

由于在水溶液中无法合成或电解产物与水会发生化学反应，因此某些低价化合物只能在非水溶剂中合成出来。例如在 HF 溶剂中或与 KHF_2、SO_2 的混合溶剂中可合成出 NF_2、NF_3、N_2F 等，用液氨溶剂可合成出一系列难于制得的如 N_2H_2、N_2H_4、N_3H_8、N_4H_4、$NaNH_2$、$NaNO_2$、Na_2NO_2、$Na_2N_2O_2$ 等，在乙醇溶剂中可获得纯净的 VCl_2、VBr_2、VI_2、$VOCl_2$ 等。这为“特殊”低价或中间价态化合物的合成提供了一条很好的途径。

6.5 熔盐电解与熔盐技术

6.5.1 熔盐电解概述

熔盐电解（electrolysis of fused salts）是利用电能加热并转换为化学能，将某些金属的盐类熔融并作为电解质进行电解，以提取和提纯金属的冶金过程。熔盐电解具有高温操作、高离子电导率、宽电化学窗口和高反应活性等特点，适用于金属提取、材料合成和能量存储等领域。

与水和有机物质这两类由共价键组成的常温分子溶剂比较，熔盐通常是指金属阳离子和无机阴离子组成的熔融液体。熔盐电解具有高效反应、产物纯度高、适用性广和无溶剂限制等优点，但需要高温设备，能耗较高；同时，熔盐对电解槽和电极材料具有强腐蚀性，需要耐高温、耐腐蚀的材料，如石墨或者陶瓷等，高温设备和耐腐蚀材料增加了成本。另外，高温操作和熔盐处理需要严格的安全措施和技术支持。

在科研和生产实际中大都采用二元或者多元混合熔盐，例如离子卤化物混合盐 LiCl-KCl，离子卤化物混合盐在与共价金属卤化物混合的 KCl-NaCl-$AlCl_3$，它们作为离子化高温特殊溶剂，具有以下特性：

①高温离子熔盐对其他物质具有较强的溶解能力，对于一般湿法不能进行化学反应的矿石、难熔氧化物和渣，以及高温难熔物质可望在高温熔盐中进行

处理。

②熔盐中的离子浓度高、黏度低、扩散快和导电率大，从而使高温化学反应过程中传质、传热、传能效率快、效率高。

③金属/熔盐离子电极界面间的交换电流密度较高，可到 1～10A/m²，使电解过程中的阳极氧化和阴极还原不仅可在高温高速下进行，而且所需能耗低。

④常用熔盐溶剂，如碱（碱土）金属的氟（氯）化物的生成自由能负值很大，分解电压高，组成熔盐的阴阳离子在相当强的电场下比较稳定，这就使那些水溶液电解在阴极得不到金属（氢先析出）和阳极得不到元素氟（氧先析出）的许多过程可以用熔盐电解法来实现。

⑤一些熔盐在一定温度范围内具有良好的热稳定性，可以使用的温度范围在 100～1100℃。

⑥熔盐的热容量大、储热和导热性能好，但腐蚀性较强。

在电解中使用的熔盐电解质应该具有较低的熔点，适当的黏度、密度、表面张力，足够高的电导率，以及相当低的挥发性和不溶解被电解出来的金属熔体等性质。为了达到这些要求，常使用由几种盐类组成的混合物。它们常具有比纯组分更低的熔点，但也有不少例外。所以，必须通过实验来选择适当的混合盐组成。通常，电解镁用 NaCl-KCl-$MgCl_2$ 混合熔盐，电解铝用 Na_3AlF_6-Al_2O_3 混合熔盐，电解钽用 K_2TaF_7-Ta_2O_5混合熔盐，电解铍用 BeF_2 · NaF-BaF_2 或 NaCl-$BeCl_2$ 混合熔盐。

6.5.2 熔盐电解技术

熔盐电解时阴极上进行的反应为：

$$Me^{n+}+ne^{-} \longrightarrow Me$$

式中，Me 为金属，n 为得失电子数。当熔盐温度高于金属的熔点时，所得金属为液态。在工业生产中，有时液态金属即成为阴极表面，如电解铝；由于工艺要求及电解槽构造的不同，有时生成的液态金属迅速自金属阴极离开，如电解镁、锂、钠等。若熔盐温度低于金属熔点时，所得金属为固态。随着条件的不同，可以得到金属粉末、片状晶体或薄层覆盖物。由于高熔点金属的广泛应用，熔盐电解法在这些金属的制备中也获得更大的进展，如铍、锆、钽、铌、钍等都可用此法制备。

在电沉积时常使用碳电极作为阳极，而在电解精炼时则使用粗金属电极。使用碳电极时，如 $MgCl_2$ 的电解，阳极反应可以使氯离子放电而析出氯气：

$$2Cl^{-} \longrightarrow Cl_2 \uparrow +2e^{-}$$

也可以是碳与氧的化合，如 Al_2O_3 在冰晶石熔体中的电解，生成 CO 或 CO_2：

$$2O^{2-}+C \longrightarrow CO_2 \uparrow +4e^{-}$$

在电解精炼中，粗金属作为阳极，其反应为：

$$Me \longrightarrow Me^{n+} + ne^-$$

电极电势较被提取金属为正的杂质将不溶解，而电极电势较被提取金属为负的杂质，虽溶解于熔盐内，但不能在阴极析出，从而起到提纯的作用。

6.5.3 熔盐电解在无机合成中的应用

（1）熔盐电解制取高熔点金属

熔盐电解法制备高熔点金属始于1875年。Hillebrand和Norton利用氯化物电解工艺制备得到了La、Ce、Pr-Nd；20世纪50年代初奥地利Treibacher厂采用1000A槽型实现了混合金属（以下以REM为代表）的工业化生产；1973年德国Gold. Sehmidt. AG公司建成50000A密闭工业生产电解槽，电解高熔点金属氯化物生产REM；1975年美国采用氟化物体系氧化物电解工艺进行20000A槽型制备REM的工业试验；70年代末日本三德金属工业公司用同规模槽型实现了REM的正常生产，后又用以生产金属钕。

北京有色金属研究总院是国内最早开展火法提取冶金研究的单位之一，1962年在国内率先完成了16种单一高熔点金属的制备，开创了我国高熔点金属从无到有的先河，开发成功了熔盐电解法、钙热直接还原法、中间合金法、真空还原、蒸馏法等制取高熔点金属及其合金的工艺技术和装备，并广泛应用于工业生产。

20世纪50~60年代，上海跃龙化工厂相继实现了800A、3000A和10000A电解规模的工业化生产，最初产品以REM为主，La、Pr也有一定量的生产。1983年日本成功开发出NdFeB磁体，并在世界范围内迅速形成产业，对金属钕的需求量不断增加，从而促进了金属钕制备工艺的开发。我国相继开发了氯化物电解制备Nd-Mg、Nd-Fe中间合金等工艺，并实现了工业化生产。

20世纪90年代初，氟化物体系氧化物电解工艺仍处于发展和完善阶段，早期采用的阳极均为筒状，其结构缺陷造成工艺参数波动较大，导致产品中的碳含量偏高，且波动幅度较大，这种状况严重制约了我国高熔点金属产业的发展。1990年，北京有色金属研究总院完成了对金属钕中碳含量控制技术的研究，这项研究通过采用多阳极使金属钕中的碳含量降至0.05%以下，随后该项技术迅速在全国范围得到应用，逐步形成了目前普遍使用的4块弧状阳极，从而大大促进了我国高熔点金属产业的发展和壮大。

（2）熔盐电解制取高熔点合金

近年来，熔盐电解法制备重稀土中间合金成为研究、开发的热点领域。目前，Dy-Fe合金、Gd-Fe合金、Ho-Fe合金和PrNd-Dy合金等产品已实现了工业化生产。例如，1998年开发了氧化物电解制备Dy-Fe合金工艺，由于熔盐电解制备 Dy-Fe 合金工艺一方面节能减排效果十分突出，其较金属热还原工艺单位产品约可节电 50%～60%，有害气体减排 80% 以上，固体废弃物减排 80% 以上；另一方面熔盐电解工艺具有突出的成本优势，其较金属热还原工艺单位产品加工成本可降低 70% 以上，因此其在开发之后 6～7 年就基本取代金属 Dy 而成为制备 NdFeB 磁性材料的主要原料，对于 NdFeB 磁性材料产业发展起到了积极的促进作用。2005 年开发了氧化物电解制备 Gd-Fe 合金工艺，目前其年产量据估计达到 1000t 以上，Gd-Fe 合金的开发和利用不仅可大幅降低低端 NdFeB 磁性材料的原料成本，而且有利于我国稀土资源的综合、平衡利用。

目前，熔盐电解制备稀土铝、镁等中间合金多处于研究探索阶段，随着我国高性能镁、铝合金的逐步开发和应用，稀土铝、镁等中间合金的工业化开发和研制也日益迫切和重要。

(3) 熔盐电解制取高熔点半导体

近年来，光伏产业发展迅速，对太阳级硅的需求量迅猛增加，太阳级硅短缺已成为光伏产业发展的主要瓶颈。西门子法是当前制备太阳级硅的主要方法，但工艺复杂、设备投资大、效率低、能耗高且存在污染环境隐患。非西门子工艺制备太阳级多晶硅是光伏领域的研发热点。闫剑锋等针对熔盐电解法制备太阳级硅所存在的电流密度小、沉积速度慢、电解过程电压波动严重等问题，提出了“三层液熔盐电解法制备太阳级硅”的技术思路。熔盐电解通过高温熔盐体系的离子导电性和电化学还原特性，可实现固态高熔点材料的直接分解或还原，尤其适用于制备高纯度、高熔点的半导体材料。以高熔点半导体原料（如 SiO_2、金属硫化物）为阴极，在熔盐中施加直流电压，通过电化学还原反应直接分解固态化合物为金属或半导体单质，该过程无需熔融原料，降低能耗并避免杂质污染。FFC 剑桥工艺是以固体金属氧化物作为阴极，在低于金属熔点的温度下进行电解，其中金属氧化物得到电子被还原，氧离子则通过熔盐迁移至阳极放电，最终在阴极留下金属、非金属或合金。采用 FFC 剑桥工艺，以 $CaCl_2$ 熔盐为电解质，以石墨坩埚作为阳极和 SiO_2 作为阴极，通过熔融电解可制备得到高纯 Si。另外，通过熔盐电解还原固态硫化物（如 MoS_2、WS_2），制备高纯度金属或半导体材料。例如，电解 MoS_2 可得到纳米级 Mo 金属或 Mo-Si 合金。

(4) 熔盐电解技术在冶金中的应用

离子熔体电解在冶金工业中占有十分重要的地位。离子熔体电解法可以得到水溶液电解方法不能生产的产品，其中包括制取所有的轻金属、难熔重金属、稀土金属和某些非金属。

Chen 等[4]利用二氧化钛制备 Ti，柔性扁平电缆工艺的原理是在槽温 950℃施加 3V 的槽电压下，选用固态二氧化钛做阴极，在 $CaCl_2$ 熔盐中进行熔盐电解反应，实验结果显示有氧离子由 TiO_2 阴极电离出来，并移至阳极以氧气形式放出。

在电解槽的底部有金属钛沉积。在气体的收集中还发现了 CO 和 CO_2，这是由阳极的石墨电极被氧化生成的。

英国剑桥大学的 Fray 等[5]用 Nb_2O_5 为阴极，将 $CaCl_2$、NaCl 以 1∶1 的摩尔比混合作为熔盐电解质，施加低于熔盐的分解电压进行熔盐电解，得到多孔的金属 Nb 片，经调整阴极和熔盐电解的条件，得到海绵状的金属 Nb。

6.5.4 熔盐电解技术在能源中的应用

新能源电池作为未来最有发展前景的传统电池替代品，近年来一直成为学者研究的焦点。其中熔盐技术以其优异的特性应用在新能源电池领域中，其在新能源电池领域的应用主要有熔融盐作为电解质和熔盐法制备电极材料。

（1）熔盐电解质在燃料电池中的应用

燃料电池是一种将氧化还原反应的化学能转化为电能的装置。燃料电池能量转化效率高、安装地点灵活、占地面积小、建设周期短，属于环境友好型发电。用熔融体盐类作为电解质的燃料电池技术的研发在十多年前就已经开始了。在使用热还原法制备极为活泼金属有困难时，熔盐电解是制备该类金属的唯一方法。

熔融碳酸盐燃料电池（MCFC）是由多孔陶瓷阴极、多孔陶瓷电解质隔膜、多孔金属阳极、金属极板构成的燃料电池，电解质为熔融态碳酸盐（Na_2CO_3、Li_2CO_3、K_2CO_3）。

上海交通大学燃料电池研究所于 2021 年在国内率先完成了 1000W MCFC 发电系统的实验，该发电系统的核心是 MCFC 单体电池的研制与组装。MCFC 技术以熔融碳酸盐作为电解质，工作温度通常为 600～700℃，具有发电效率高、燃料适应性强（可直接使用天然气、沼气等含碳燃料）等特点。该团队通过突破电极材料、电池堆密封及系统集成等技术难点，成功实现了发电系统的稳定运行。到目前为止，中国的千瓦级熔融碳酸盐燃料电池已成功运行。但也存在诸多待解决的问题，例如，高温的熔盐电解质具有强腐蚀性，对电池材料的长期腐蚀影响电池的寿命；由于电池的性质造成电池边缘的密封难度较大，大多是在阳极区，容易遭受严重的腐蚀。另外，电池系统中有循环，将阳极析出的重新输送到阴极，这就增加了系统结构的复杂性。

（2）熔盐法制备锂离子电极材料

熔盐法是由低熔点盐作为反应物或反应介质提供液态环境，这样离子扩散速度加快，反应物达到分子尺度的混合，使反应由固固反应变为固液或液液反应。与其他方法相比，该方法具有成本低廉、工艺简单、反应温度低、反应时间短等特点，合成的粉体粒径分布均匀、性能好。Liang 等[7]通过熔盐法，以 KCl 为单一熔盐，与 CoO 以物质的量比为 4∶1 混合，制备了层状结构的 $LiCoO_2$ 正极材料，通过电镜观察和电化学性能测试表明其形貌规则及性能良好。Zhao 等[5]用

单独锂盐 Li_2CO_3（熔点 690℃）和 NiO、$MnCO_3$ 球磨混合，在 850℃煅烧 5h，得到 $Li_{1+x}(Ni_{0.5}Mn_{0.5})_{1-x}O_2$ 层状结构正极材料。在 25℃、0.13mA/cm²、2.5～4.5V 的充放电条件下，表现出较好的电化学性能，首次放电比容量为 100mAh/g，50 次循环后达到 130mAh/g 的比容量。

Chang 等[7]将三元氢氧化物前驱体与混合熔盐 0.38LiOH · H_2O-0.62$LiNO_3$ 混合，不同的煅烧温度下，得到 Li（$Ni_{1/3}Co_{1/3}Mn_{1/3}$）O_2 三元材料。800℃下合成的材料性能最佳，在 0.2mA/cm²、3.0～4.3V 充放电条件下，放电比容量高且循环性能稳定，最大放电比容量为 160.4mAh/g，50 次循环后为 154mAh/g，为最大容量的 96%。与单独熔盐法合成的材料相比，用该混合熔盐合成的材料结晶度高、独特的六边形层状结构、离子混排低、电化学性能好。2011 年，Chang 等[9]又通过同样的方法成功得到 $LiNi_{1/3}Co_{1/3}Al_{1/3}O_2$。电化学性能研究表明，在 0.2mA/cm²（0.2C）、2.8～4.3V 充放电条件下，首次放电比容量为 151.5mAh/g，20 次循环后为 143.2mAh/g，容量保持率为 94.5%；在 2C 倍率下，首次放电比容量仍可以达到 120.9mAh/g；在 55℃ 下进行测试，首次放电比容量高达 156.4mAh/g，20 次循环后容量保持率为 95.3%。另外，Tan 等[8]用混合熔盐 0.88$LiNO_3$-0.12LiCl 熔盐，在 650～850℃不同煅烧温度下合成出性能很好的 $LiCoO_2$ 材料，同时考察了添加 KOH 的影响。$LiNO_3$ 和 KOH 具有氧化性，LiCl 具有矿化性。850℃煅烧下得到的样品，在 30mA/g、2.5～4.4V 的充放电条件下，库仑效率为98%左右，放电比容量为（167±2）mAh/g，并且80 次循环后容量没有衰减。Reddy 等也用混合熔盐 0.88$LiNO_3$-0.12LiCl 成功得到 $LiNi_{0.5}Co_{0.4}Al_{0.1}O_2$。其中也用到了 $LiNO_3$ 的氧化性和 LiCl 的矿化性。对其电化学性能进行研究得到，在 30mA/g 的电流密度下、终止电压为 2.5～4.3V 时，20 次循环容量稳定在 146mAh/g，后 100 次循环没有出现容量衰减；终止电压为 2.5～4.4V 时，20～45 次循环比容量稳定在 164mAh/g，120 次循环比容量衰减为 150mAh/g；而终止电压为 2.0～4.5V 时，10～40 次循环就有 7% 的容量衰减。

近些年，熔盐法在制备锂电池电极材料方面有了很大进展。以 LiCl、LiBr、KCl 和 KBr 中两种及以上金属卤化物盐为原料，可制备得到具有低熔点的液态或半液态金属电池熔盐电解质。发明制备的熔盐电解质体系，其熔点低至 270～400℃，将其应用于液态或半液态金属电池，可以大幅度降低电池的工作温度，进而解决现有液态金属电池工作温度高所导致的电池密封困难、电池部件腐蚀严重和能耗大等问题。此外，应用发明的低熔点熔盐电解质的液态或半液态金属电池在较低工作温度下具有良好的电化学性能及长的循环寿命，库仑效率高达 99%。

6.6 电化学聚合/原位聚合

6.6.1 电化学聚合概述

电化学聚合（electrochemical polymerization）是指在有适当电解液的电解池里，通过一定的电化学方式进行电解，使单体在电极上因氧化或还原或分解为自由基或离子等而发生的聚合反应，其过程中包含电化学步骤。电化学聚合可以简称电聚合。

电化学聚合中常用的电解池通常为双电极体系，也可以为三电极体系。因为电聚合产物的导电性通常较差，所以电解方法通常为恒电位电解法，相应的电聚合速度随电解时间而不断下降。但也有电位扫描法、恒电流电解法、矩形波电解法和交流电电解法等。电化学聚合的电解液一般包含三种成分：溶剂、支持电解质和有机单体。溶剂可以是水，但主要是有机溶剂，常用的有机溶剂有二甲基甲酰胺、四氢呋喃、乙酸、乙腈、丙酮、三氯甲烷、二甲基亚砜和二氯乙烷等。为使溶液导电，通常需加入支持电解质，例如铵盐、钾盐、钠盐、锂盐等。

电化学聚合常用于制备具有多种功能的聚合物复合材料。与常规的化学聚合方法相比较，电化学聚合具有诸多优点：①聚合和复合两种过程可以同时进行；②通过调控电化学实验参数可以控制聚合物膜的厚度；③产物无需复杂的后续分离纯化步骤；④构成复合材料的组分之间的结合力强，目前可用于电聚合的单体包括吡咯、苯胺及其衍生物、苯酚及其衍生物等。

电化学聚合具有以下几种特点：

①具有装置简单，条件易于控制，能控制高聚物膜的厚度，但产量少；②聚合物膜厚均匀且再现性高；③得到结构、性质不同的功能膜；④能够合成各种导电性聚合物；⑤可在单体聚合的同时进行掺杂。

6.6.2 电化学聚合反应的类型及机理

(1) 电化学缩合聚合反应

电缩聚反应是使单体分子的官能团，以及作为中间产物的聚合物分子链链端的官能团，在电极上电解氧化或电解还原，然后官能团之间再发生相互作用而偶合的聚合反应。典型的例子是在阳极上通过二羧酸盐$^{-}O_2C—R—CO_2^{-}$的偶合反应来合成聚烷烃 Rn。其链增长的机理为

$$^{-}O_2C—Rn—CO_2^{-} - e \longrightarrow {}^{-}O_2C—Rn\cdot + CO_2$$

$$^{-}O_2C—Rn + {}^{-}O_2C—Rm\cdot \longrightarrow {}^{-}O_2C—Rn+m\cdot—CO_2^{-}$$

可以看到，这里分子链的每一步增长过程中都有电子转移发生，也都包含电

化学步骤。聚合物分子链的每一次增长过程都可以看作是有机电化学中的氧化偶合反应或还原偶合反应。总的来说，进行聚合反应的每一个单体分子与电极间应至少发生一个电子的转移。

与通常的化学聚合反应的不同之处在于，电缩聚反应一般说来所需过电位较高，其电化学步骤是不可逆的，因而不存在聚合物与单体间的缩聚平衡。电缩聚反应过程中的聚合物分子链必须首先吸附在电极表面上，然后才能经电化学反应而进一步被聚合。由于聚合物大分子链上各链节在吸附时的协同作用，高分子量聚合物的吸附能力大于低分子量聚合物，且高分子量聚合物离开电极表面的扩散速度小于低分子量聚合物。因此，高分子量聚合物应较低分子量聚合物更易于继续生长，这就使得电缩聚反应聚合产物分子量的分布一般说来宽于化学缩聚反应。

进行电缩聚反应时，选择溶剂的一个条件是溶剂的电化学活性应该小于单体，水的电化学活性通常大于有机化合物，所以绝大多数电缩聚反应是在有机溶剂中发生的。有机分子通常容易被氧化，而不易被还原，所以大多数电缩聚反应又是在阳极上发生的。被研究过的单体还有芳香族化合物（苯、甲苯、联二苯、苯胺、苯酚、对氨基苯甲酸等）、杂环化合物（吡啶、吡咯、噻吩等）、稠环化合物、二苯基冠醚等。这类单体的特点是在电极表面上有较高的吸附活性。

因为电缩聚反应的链增长步骤是在电极表面上进行的电化学步骤，所以该类反应与通常的化学缩聚反应有本质的差别，被认为有可能得到用其他方法所不能得到的聚合物，且得到的聚合物膜往往与电极表面有良好的结合力。

（2）电化学加成聚合反应

电加聚反应是使引发剂或单体在电极上电解氧化或电解还原来产生活性中心，包括自由基（free- radical）、阳离子基（radical- canion）和阴离子基（radical- anion）三种，然后由活性中心来引发的乙烯基类单体、环状单体或氰基类单体的加聚反应。

电加聚反应的反应机理包括链引发、链增长和链终止三个步骤。

链引发在电加聚反应过程中，有以下两类重要的链引发过程：

①直接引发过程。在此过程中，电极和单体 M 间直接进行电子转移，从而产生活性中心。在阴极上的一般反应式为：

$$M+e \longrightarrow \cdot M^-$$

然后由阴离子基 $\cdot M^-$ 来引发单体的阴离子型加聚反应。阳极上也可有类似的反应。其反应产物阳离子基 $\cdot M^+$ 随后引发单体的阳离子型加聚反应。

②间接引发过程。在此过程中，电子转移过程发生在电极与其他作为引发剂的电化学活性物质之间，形成有导致聚合能力的活性物质，该活性物质再与单体反应而引发聚合过程。在阴极上的一般反应式为：

$$C^+ + e \longrightarrow C\cdot,\ C\cdot + M \longrightarrow C^+ + \cdot M^- \text{或}\ C\cdot + M \longrightarrow C—M\cdot$$

此处电化学活性物质C^+可以是支持电解质的阳离子，如H^+、碱金属阳离子、四烷基铵离子等。随后引发的是阴离子型或自由基型加聚反应。阳极上也可以有类似的反应。最简单的情况是阳极腐蚀产物的引发：

$$A(\text{阳极金属}) \longrightarrow A^+ e, A^+ + M \longrightarrow A^{2+} + \cdot M^-$$

链增长电加聚反应过程中的链增长步骤在紧靠电极的液相中进行，一般不受电极电位的影响。其反应式在形式上与化学加聚反应的链增长步骤完全相同。例如，丙烯酰胺电加聚反应的链增长步骤为

$$A—[—CH_2—CH(CONH_2)—]_n \cdot + CH_2 = CH(CONH_2) \longrightarrow A—[—CH_2—CH(CONH_2)—]_{n+1} \cdot$$

式中，A为从引发剂产生的自由基。阴离子型和阳离子型加聚反应链增长步骤的一般反应式与上式类似，其中的聚合物活性链分别为$\cdot M_n^-$和$\cdot M_{n+1}^-$。

链终止与通常的化学加聚反应类似，电加聚反应中的聚合物活性链可通过与终止剂或传递剂反应而结束链增长。在电加聚反应过程中，最重要的链引发步骤是在电极表面上进行的电化学步骤，但决定聚合反应产物组成的链增长步骤是在电极表面附近的液相中进行的化学步骤。因此，用电加聚方法得到的聚合物在组成上与化学加聚方法得到的相同，这是与电缩聚方法的不同之处。

电聚合的方法为聚合反应提供了新的可控制因素（电流或电位以及电极材料），有希望合成出用普通化学聚合反应方法不能得到的高聚物。

电聚合的方法，特别是电缩聚方法，目前通常被用于在阴极或阳极表面制备有各种功效的聚合物膜，主要应用于化学修饰电极、导电高聚物、生物传感器或电化学传感器、离子交换膜、化学电源等领域，该方法被认为在高科技领域有重要的应用前景。

6.6.3 电化学聚合反应影响因素

（1）电化学极材料

电化学聚合反应中使用的电极材料既可以是金、铜、不锈钢与铂等金属导体，也可以是氧化锆、碳等半导体材料。可根据所需设定不同的电极形状，既可以是光滑平板，也可以是凸凹不平的纳米管。在不同的电极材料上发生电聚合反应的各项实验参数（如电压范围、扫描速率、峰值电位、峰值电流等）也会有所不同。起始电位和峰值电位越低，说明单体在该电极上更容易发生聚合反应，并且能耗较低；而峰值电流越大，聚合反应也就越容易发生。例如，磺化苯酚在不锈钢片上电化学聚合的电压窗口要窄于在半导体石墨片与氧化锆电极上的电压窗口，这主要是为了抑制不锈钢电极上副反应的发生而得到更加致密的聚合物膜。

(2) 扫描速率

作为电化学聚合过程中的一个重要参数，扫描速率是指在单位时间内扫过电极的电压范围，在电化学聚合过程中对聚合物具有较大影响。电化学聚合过程中的循环伏安曲线的峰值电流与扫描速率的平方根呈线性正比关系，意味着其电化学聚合反应受扩散过程所控制。当扫描速率较高时，电化学聚合反应速率也较高，在电极附近的单体消耗速度较快，距离电极较远的单体扩散速率小于单体消耗的速度，从而出现浓度梯度，因此，电化学聚合反应受较慢的扩散过程所控制，电流与溶液浓度梯度成比例；当扫描速率较低时，电氧化反应的速率较慢，生成的膜较为致密，即聚合物膜的渗透性较低，对电极的保护钝化作用就越明显。在金属防腐测试中，较低的扫描速率更有利于提高聚合物膜的电阻，表明低的扫描速率有利于提高膜的致密性和耐腐蚀性能。

(3) 反应条件

在电化学聚合中，温度影响电解质的离子传导性和电极表面反应动力学，温度升高通常会提升聚合反应速率，但可能导致产物聚合度降低；另一方面，电场参数包括电压和电流密度直接影响单体在电极表面的氧化或还原过程，进而控制聚合速率和产物结构。

(4) 原料与催化剂

单体浓度、催化剂类型和浓度以及杂质控制等因素也会影响聚合速度或者产物聚合度，水分、氧气、一氧化碳等毒物会干扰链增长，需严格控制原料纯度。

6.6.4　导电聚合物的基本性质及其应用

导电高分子又称导电聚合物（conducting polymer），是由具有共轭Π键的高分子经化学或电化学“掺杂”使其由绝缘体转化成导体的一类高分子材料，兼具半导体能带结构特征与分子链间电荷跳跃传输机制。这类聚合物通常指本征导电聚合物，在它们的主链上含有交替的单键和双键，从而形成了大的共轭Π体系，Π电子的流动产生了导电的可能性。导电聚合物导电需要两个条件。第一个条件是它必须具有共轭的Π电子体系，第二个条件是它必须经过化学或电化学掺杂，即通过氧化还原过程使聚合物得到或失去电子。

导电聚合物材料可以分为共轭型和复合型两大类。共轭型导电聚合物是指聚合物本身具有导电性或经掺杂处理后才具有导电功能的聚合物材料。复合型导电聚合物，即导电聚合物复合材料，是指以通用聚合物为基体，通过加入各种导电性物质，采用物理化学方法复合后而得到的既具有一定导电功能又具有良好力学性能的多相复合材料，其导电作用主要通过其中的导电材料完成。而共轭导电聚合物是依靠分子本身产生的导电载流子导电。

经典的导电聚合物如聚吡咯（PPy）、聚苯胺（PANI）、聚噻吩（PTH）因具有电活性、结构可控性，以及良好的电学性能和光学性能，被应用于各种领域。

(1) 聚吡咯

作为p型掺杂的导电聚合物，由于其高的电导率、快速的充/放电速率、良好的环境稳定性、价格低廉和高的能量密度等优点，逐渐成为导电聚合物研究的重点。吡咯单体是一种C、N五元杂环分子，在电场或氧化剂的作用下易被氧化，发生聚合反应生成聚吡咯。

吡咯的聚合过程属于氧化偶合机理，首先吡咯单体失去一个电子被氧化为阳离子自由基；生成的阳离子自由基间发生加成性偶合反应，脱去两个质子后，生成比单体更易于氧化的二聚物；二聚物继续被氧化成阳离子，与自由基或其他低聚的阳离子继续其链式偶合反应，直至生成长链聚吡咯，相应的反应机理如图6-8所示。

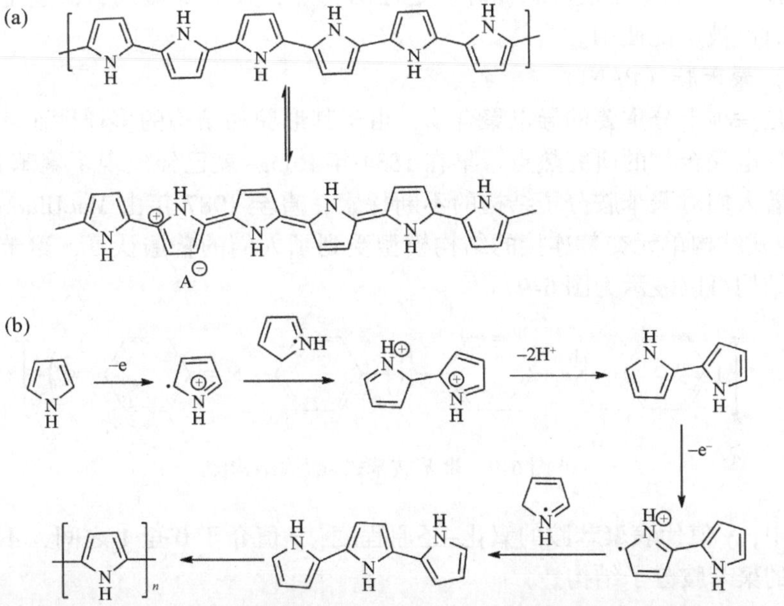

图6-8 (a) 聚吡咯掺杂/去掺杂过程；(b) 聚吡咯聚合机理

聚吡咯具有良好的导电性并具有完全可逆的掺杂和脱掺杂过程，离子可以在膜内自由传输，更为有益的是聚吡咯膜密度小，单位质量的能量载荷大，因此对于二次电池和电化学高能电容器来说，聚吡咯是一种非常理想的电极材料。Tsutsumi等[10]在室温条件下利用聚（N—甲基吡咯）和二氯化硫制备了具有五角结构的聚（N—甲基吡咯）/二氯化硫聚合物膜修饰电极，该电极在含有高氯酸的碳酸丙烯酯和1,2-二甲氧基乙烷的混合有机电解液中呈现良好的电化学响应。在持续充放电的情况下，利用该修饰电极组成的锂二次电池的最大容量为

14. 8Ah/kg，平均容量为 11. 5Ah/kg。

超级电容器主要是由四个部分组成：电极材料（electrode）、集流体（current collector）、电解液（electrolyte）和隔膜（separator）。这四个部分各司其职，在超级电容器中起到不同的作用，集流体主要是作为电极材料的载体，具有良好的导电性，主要是不锈钢网、金属铂和石墨等；电解液则是为电极材料提供电解质离子和反应的空间，主要分为水溶性电解液、有机电解液、固体和胶体电解质；隔膜是起到阻隔两电极之间直接接触的作用；电极材料则是超级电容器的重要组成部分，分为碳材料、过渡金属氧化物、导电聚合物和复合材料。聚吡咯因具有良好的导电性和电活性，引起了巨大的研究兴趣。已发现用于导电聚合物的广泛应用，包括电池、超级电容器、传感器、热电和电致变色设备以及抗静电和防腐涂料。其中超级电容器作为一种能量存储设备，具有快速充放电速率（从几秒钟到几分钟）、高功率密度和长循环稳定性的特点，在需要短期、快速地吸收或输送能量时已被广泛使用。

（2）聚苯胺（PANI）

这是一种十分重要的导电聚合物，由于其形貌和结构的多样性而著称，并一跃成为导电聚合物的研究热点。早在 1834 年 Runge 就已经发现了聚苯胺的存在，之后随着人们对聚苯胺分子结构的不断探索，直至 1987 年由 MacDiarmid 提出的苯式-醌式结构单元交替连接的结构模型受到了人们的普遍认可，聚苯胺本征态的分子结构可以表示为图 6-9。

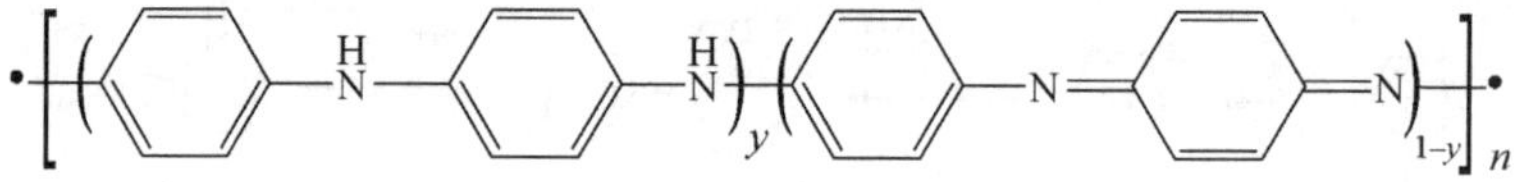

图 6-9　聚苯胺苯式-醌式结构图

其中，y 值代表聚苯胺的氧化-还原程度，y 值介于 0 至 1 之间，不同 y 值对应不同的聚苯胺分子结构。

$y=0$ 时，聚苯胺为全氧化态，分子链均由醌二亚胺结构单元构成；

$y=1$ 时，聚苯胺为全还原态，分子链均由苯二胺结构单元构成；

$y=0.5$ 时，聚苯胺为中间氧化态，分子链则由醌二亚胺和苯二胺结构单元交替构成，对其进行质子酸的掺杂便可具有良好的导电能力。

聚苯胺是苯胺单体通过不同方法聚合形成的，具有合成简单、酸/碱掺杂/脱掺杂化学简单、环境稳定性好等优点。聚苯胺作为超级电容器的电极，具有高导电性和优良的柔韧性。PANI 用作电极材料的工作原理如下：在充放电过程中，PANI 电极上发生快速可逆的掺杂/去掺杂反应从而存储电荷。以 PANI 作正极为例，当超级电容器充电时，PANI 电极将电子输送到外电路从而呈现正电性，电解液中的负离子为了维持PANI电极的电中性，迁移至电极表面并进入PANI的内部间隙发生p-型掺杂。当超级电容器放电时，电子从外电路重新回到PANI电极，PANI发生去掺杂反应，内部恢复至电中性，由于PANI内部间隙与电解液之间存在浓度差，其内部掺杂的负离子又重新扩散至电解液。

（3）聚噻吩

聚噻吩具有典型而特别的π电子结构，如图6-10所示，同时，它的特殊的构成原子和结构也成为科学家争相研究的理由。通过对聚噻吩的结构分析发现，环与环之间既可以是共面的，也可以是扭转了一定的角度的另一种或者无数种结构。

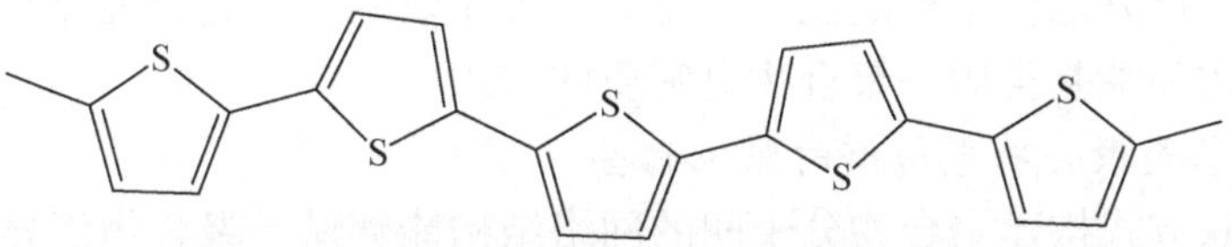

图6-10 聚噻吩主链结构

聚噻吩及其衍生物作为一类重要的本征型导电高分子材料，分子链中存在共轭结构，具有一定的导电性，而且稳定性好，易于制备，掺杂可以提高其导电性能，因此在电导体、非线性光学器件、电磁屏蔽材料、人造肌肉组织、光电池、微波吸收材料、影像材料、纳米光电设备等方面有广泛的应用前景，备受学术界和产业界关注。一些聚噻吩及其衍生物有非常好的环境热稳定性，易于加工，在经过掺杂后具有很高的导电性。

导电聚合物不仅在国家安全、国民经济，而且在工业生产和日常生活等领域都有极大的应用价值。导电聚合物具有防静电的特性，可以用于电磁屏蔽。导电聚合物具有掺杂和脱掺杂特性，可以做可充放电的电池、电极材料；它对电信号的变化非常敏感，因此可以做传感器；能够吸收微波，因此可以做隐身飞机的涂料；利用导电聚合物可以由绝缘体变为半导体再变为导体的特性，可以使巡航导弹在飞行过程中隐形，然后在接近目标后绝缘起爆；与纳米技术相结合，导电聚合物可以制成分子导线材料，制作分子器件和其他电子元件。

6.6.5 原位聚合

1. 原位聚合的概念

原位聚合法就是先将纳米粒子在单体中均匀分散，利用引发剂引发聚合，使纳米粒子或分子均匀地分散在聚合物基体上且形成原位分子聚合材料。原位多相聚合既保持了粒子的纳米特性，又实现了填充粒子的均匀分散，可以形成带有弹性包覆层的核-壳结构的纳米形粒子。因为外层是有机聚合物，所以它可以提高材料与有机相的亲和力。

采用原位聚合的方法在多层石墨烯间聚合生成聚酰胺-胺，将石墨烯片层撑开，使得层间距增大，这就在一定程度上阻止了石墨烯片层的团聚，同时，有利于实现石墨烯在聚丙烯基体中的均匀分散。

2. 原位聚合在锂离子电池电解质中的应用

聚合物电解质是由聚合物材料与锂盐复合而成，具有高安全性、高成膜性和黏弹性等优点，所以被广泛应用于锂离子电池电解质中，其核心优势体现在改善界面兼容性、提升电化学稳定性和优化离子传输效率。下面详细介绍醚基类固态聚合物电解质和酯基类固态聚合物电解质的应用。

（1）醚基类聚合物电解质的原位制备

通过交联方式构建聚合物分子间的网络结构能够赋予聚合物优异的机械稳定性，能够在保持高离子电导率的同时提升其安全性能。Zhang 等[11]采用原位紫外照射引发交联的方式制备了由 PEO 基体、三甘醇二甲醚（TEGDME）交联剂和三缩四乙二醇二甲基丙烯酸酯（TEGDMA）单体组成的高性能柔性固体聚合物电解质（PTT-SPE），如图 6-11 所示。由于交联反应降低了 PEO 的结晶度，通过 TEGDMA 的自聚合形成线性低聚物，可以在不牺牲离子电导率的前提下增强 SPE 的机械强度，获得了高达 2.7×10^{-4}S/cm 的室温离子电导率以及良好的机械强度。在电解质中填充纳米填料降低 PEO 的结晶度，可以增强 PEO 分子链的链段运动，实现电解质离子电导率、力学性能及电池电化学性能的提升。例如，Lin 等提出将单分散的直径为 12nm 的 SiO_2 纳米球与聚环氧乙烷（PEO）链之间通过原位水解制备陶瓷-固态聚合物电解质，获得了高达 5.5V（*vs.* Li/Li^+）的氧化起始电位，突破了传统的 PEO 基固态电解质电化学窗口低的缺点。

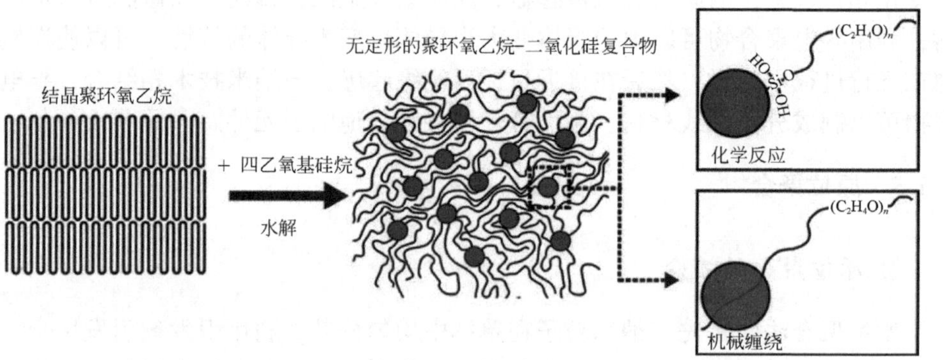

图 6-11　原位水解作用过程制备 $MUSiO_2$ 以及 PEO 链与 $MUSiO_2$ 之间的相互作用的机制原理示意图

此外，四氢呋喃（THF）是一类环状醚类有机化合物，具有很强的极性，常被用作一种中等极性溶剂或有机原料。例如，Mackanic 等[12]制备了交联 PTHF 聚合物并获得高性能的 SPE（图 6-12）。*x*PTHF 主链中氧原子的空间浓度较低，导致 O—Li^+配位的相互作用减弱，从而增强了 Li^+的快速输运能力。因此，该电解质在室温下离子电导率高达 1.2×10^{-4} S/cm，离子迁移率高达 0.53，此外研究表明这种 SPE 具有良好的电化学稳定性。

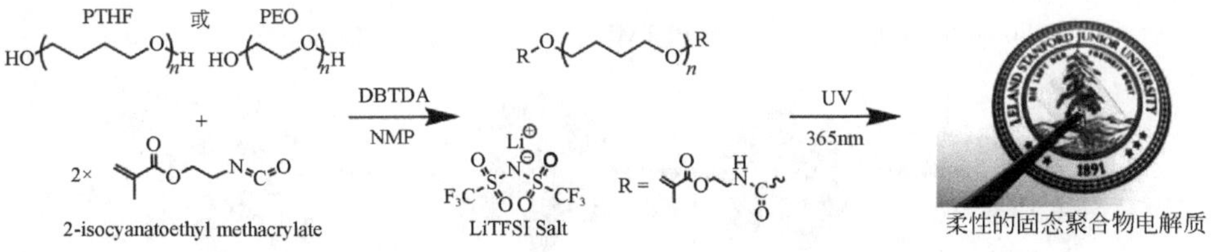

图 6-12 交联 *x*PTHF 和 *x*PEO 的合成路径

（2）酯基类固态聚合物的原位制备

碳酸亚乙烯酯（VC）是一种典型的调控电极表面固态电解质界面层（SEI）生长的添加剂，能够改善电极-电解液界面相容性和电池的循环性能。通过聚合 VC 可以得到 PVCA 电解质同时可改善电解液的热稳定性，使其在宽温度范围内保持高效的离子传输能力，优化电池低温放电与高温防胀气功能。聚合之后的 PVCA 兼具离子电导行和机械强度，可直接作为固态电解质的集体材料，满足高电压锂电池对电解质氧化稳定性的需求，同时，也可以通过分散氧化物、硫化物或者硅酸盐填料进一步提升离子电导率，并维持电化学稳定性。例如，Yin 等[13]将 VC 作为聚合物单体，通过在单体中添加 $Li_{6.4}Ga_{0.2}La_3Zr_2O_{12}$（LLZO）纳米颗粒在锂金属电池内部通过原位聚合生成 PVC/LLZO 固态聚合物电解质，有效降低了电池的界面阻抗，同时提高了固态电解质的热稳定性，其室温电导率良好（5.1×10^{-4} S/cm）、氧化起始电位大于 4.7V（*vs.* Li /Li^+）的 SPE。在基于含有 20% 的 LLZO 的固态电解质组装的锂-磷酸铁锂电池也实现了室温下的稳定循环，0.2C 电流密度下循环 160 周次后容量保持率为 99.8%。

除此之外，聚乙二醇二丙烯酸酯（PEGDA）作为一种常见的聚丙烯酸酯，是具有代表性的聚合物电解质基体材料之一。Wang 等[14]合成了一系列具有空间立体结构的金属有机骨架（MOFs），通过支化结构的 PETMP 与 PEGDA 连接，在紫外光或热引发的作用下原位形成了一种硫醇支化的具有三维互穿网络结构的 SP 来提升离子电导率（室温下为 2.26×10^{-4} S/cm）和机械强度（9.4MPa），从而解决了聚合物电解质离子电导率和机械强度之间的平衡问题（图 6-13）。此外，该 SPE 也表现出高氧化起始电位［5.4V（*vs.* Li/Li^+）］、较低的界面阻抗

(<550Ω）和较高的锂离子迁移数（0.44）。由此组装的锂金属电池的放电容量为143.7mAh/g，并在0.5C的电流密度下循环500周次后仍能保持85.6%的放电容量。

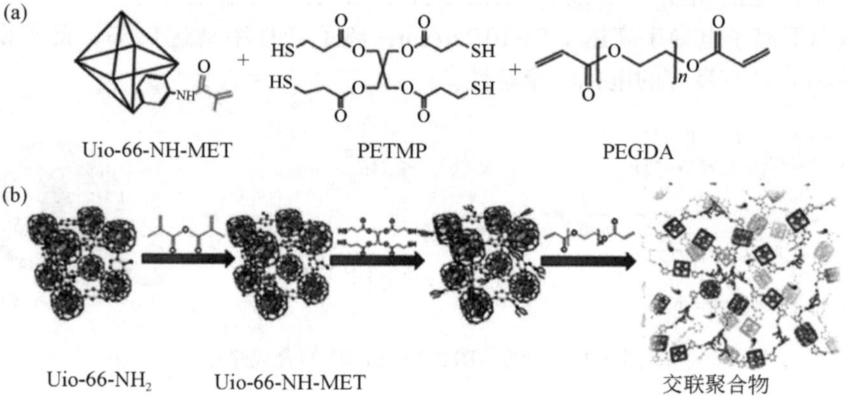

图6-13 （a）用于合成交联聚合物的前驱体；（b）M-SPEGDA的合成步骤及结构示意图

思 考 题

（1）什么是电化学体系？基本单元有哪些？

（2）描述现代双电层理论的概要。

（3）在电镀工业上一般都用钾盐而不用钠盐，为什么？

（4）导电聚合物分为哪几种？分类的依据是什么？

（5）简要概述原位聚合的反应机理，以及原位聚合应注意什么条件。

参 考 文 献

[1] Tetsuya T, Toshiyuki N, Yasuhiko I. Electrodeposition of lanthanum in lanthanum chloride saturated $AlCl_3$-1-ethyl-3-methylimidazolium chloride molten salts[J]. Electrochimica Acta, 2001, 46: 1891-1897.

[2] Kumar P, Malhotra L K. Electrochemical loading of hydrogen in palladium capped samarium thin film: structural, electrical, and optical properties[J]. Electrochimica Acta, 2004, 49: 3355-3360.

[3] An M Z, Wang J L, Sun D Z. Electrodeposition of La-Ni alloy films in a nonaqueous system[J]. Journal of Applied Electrochemistry, 2001, 31: 891-896.

[4] Chen G Z, Fray D J, Farthing T W. Direct electrochemical reduction of titanium dioxide to titanium in molten calcium chloride[J]. Nature, 2000, 407: 361-364.

[5] Xiao Y Y, Derek J F. Electrochemical studies on reduction of solid Nb_2O_5 in molten $CaCl_2$-NaCl

eutectic: II. Cathodic processes in electrodeoxidation of solid Nb_2O_5[J]. Journal of The Electrochemical Society, 2005, 152: E308.

[6] Liang H, Qiu X, Zhang S, et al. High performance lithium cobalt oxides prepared in molten KCl for rechargeable lithium-ion batteries[J]. Electrochemistry Communications, 2004, 6: 505-509.

[7] Zhao X, Cui Y, Xiao L, et al. Molten salt synthesis of $Li_{1+x}(Ni_{0.5}Mn_{0.5})_{1-x}O_2$ as cathode material for Li-ion batteries[J]. Solid State Ionics, 2011, 192: 321-325.

[8] Chang Z, Chen Z, Wu F, et al. The synthesis of $Li(Ni_{1/3}Co_{1/3}Mn_{1/3})O_2$ using eutectic mixed lithium salt $LiNO_3$-LiOH[J]. Electrochimica Acta, 2009, 54: 6529-6535.

[9] Chang Z R, Yu X, Tang H W, et al. Synthesis of $LiNi_{1/3}Co_{1/3}Al_{1/3}O_2$ cathode material with eutectic molten salt LiOH-$LiNO_3$[J]. Powder Technology, 2011, 207: 396-400.

[10] Tan K S, Reddy M V, Rao G V S, et al. High-performance $LiCoO_2$ by molten salt ($LiNO_3$: LiCl) synthesis for Li-ion batteries[J]. Journal of Power Sources, 2005, 147: 241-248.

[11] Lin D, Liu W, Liu Y, et al. High ionic conductivity of composite solid polymer electrolyte via *in situ* synthesis of monodispersed SiO_2 nanospheres in poly(ethylene oxide) [J]. Nano Letters, 2015, 16(1): 459-465.

[12] Mackanic D G, Michaels W, Lee M, et al. Crosslinked poly(tetrahydrofuran) as a loosely coordinating polymer electrolyte[J]. Advanced Energy Materials, 2018, 8(25): 1800703.

[13] Shi W F, Cao S Y, Zhang G, et al. Interfacial ionic conductivity and cyclic performance of lithium metal battery using *in-situ* polymerized poly(vinylene carbonate)-$Li_{6.4}Ga_{0.2}La_3Zr_{1.4}O_{12}$ solid electrolytes[J]. Solid State Ionics, 2025, 420: 116771.

[14] Wang H, Wang Q, Cao X, et al. Thiol-branched solid polymer electrolyte featuring high strength, toughness, and lithium ionic conductivity for lithium-metal Batteries[J]. Advanced Materials, 2020, 32(37): 2001259.

第7章 气相沉积

7.1 气相沉积概述

气相沉积技术是20世纪80年代以来迅速发展起来的一门新技术，气相沉积技术是在真空条件下，利用物理或化学方法，使材料蒸发或溅射，通过反应、凝结在镀件表面形成薄膜的一种技术。该技术涉及等离子体、磁控、电弧、电子束和离子束等诸多因素，在本征材料表面制备微纳米尺度的薄膜，赋予物体表面原来没有而又希望具有的功能特性，使经过镀膜的材料具有与本体不同或比本体更优的使用性能，是一项节能、节材和获得产品多功能属性的高新技术。气相沉积技术的发展与很多技术的发展相辅相成，应用涉及多个领域，仅在改善机械零件耐磨抗蚀性能方面，其用途就十分广泛。例如，用上述方法制备的TiN、TiC、Ti（CN）等薄膜具有很高的硬度和耐磨性，在高速钢刀具上镀制TiN膜可以说是高速钢刀具的一场革命，在刀具切削面上镀覆1～3μm的TiN膜就可使其使用寿命提高3倍以上。在一些发达国家的不重磨刀具中约有30%～50%加镀了耐磨层。其他金属氧化物、碳化物、氮化物、立方氮化硼、类金刚石等膜，以及各种复合膜也表现出优异的耐磨性。用气相沉积技术获得的Al_2O_3、TiN等薄膜耐蚀性好，可作为一些基体材料的保护膜，含有铬的非晶态膜的耐蚀性则更高。离子镀Al、Cu、Ti等薄膜已部分代替电镀制品用于航空工业的零件上。用真空镀膜制备的抗热腐蚀合金镀层及进而发展的热障镀层已有多种系列用于生产中，作为离子束技术的一个重要分支，离子注入处理已使模具、刀具、工具以及航空轴承、轧辊、涡轮叶片、喷嘴等零件的使用寿命提高了1～10倍。同时，气相沉积技术在5G通信、新能源、新材料、电子信息、生物医疗等领域也有重要的应用。

气相沉积技术按机理不同，通常被划分为物理气相沉积（PVD）和化学气相沉积（CVD）两大类。但无论是物理气相沉积还是化学气相沉积，都包括3个必备环节，即①提供气相镀料；②向所镀制的工件（或基片）输送镀料；③镀料沉积在基片上形成膜层。气相沉积技术的主要特点在于不管原来需镀物料是固体、液体或气体在输运时都要转化成气相形态进行迁移，最终到达工件表面沉积凝聚成固相薄膜。

本章分为化学沉积技术（CVD）和物理沉积技术（PVD）两部分（图7-1）。第一部分从CVD基本反应原理，详细介绍了CVD过程中的热力学与动力学以及热分解沉积、氧化还原反应沉积等各种 CVD 技术，对 CVD 技术沉积在电池、催化领域的应用进行了归纳和总结。第二部分从 PVD 薄膜生长成膜的原理出发，详细介绍了蒸镀、激光脉冲沉积、溅射沉积、离子镀等各种 PVD 技术，对 PVD 技术的特点进行了归纳和总结，最后对 PVD 技术在电池、催化领域进行了介绍，详细介绍了 PVD 技术在电极材料等方面的应用，并提出了提升相应性能的思路和方法。

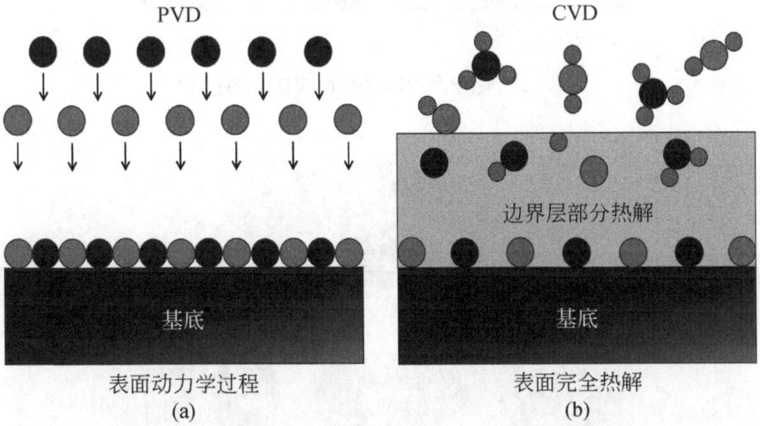

图 7-1　物理（a）和化学（b）气相沉积示意图

7.2　化学气相沉积

7.2.1　原理介绍——化学反应

在 CVD 薄膜制备过程中，反应源气化后通入真空室中混合。在适当温度和压力下，气态分子吸附在基体表面，通过化学反应在基片表面最终形成固态薄膜[1]。图 7-2 为 CVD 的过程。图 7-3 为 CVD 制备方法用到的基底材料。CVD 反应大致可分为如下几种：

①热解反应。利用元素的化合物（如氧化物、羟基化合物、有机物等）气态，在一定的条件下，在基体表面吸附，在热和催化剂作用下，分解为单质固体薄膜和气体（被抽出），比较典型的例子是 SiH_4 热解制备单质 Si 薄膜。

$$SiH_4(g) = Si(s) + 2H_2(g)\ (650℃) \tag{7-1}$$

②还原反应。一些元素的卤化物、卤氧化物、羟基化合物等在气态下热稳定性非常好，需要采用适当的还原剂才能将其还原出来，H_2 因容易得到是目前使用最为广泛的一种还原剂。例如，利用 H_2 还原 $SiCl_4$ 外延制备单晶薄膜的反应，

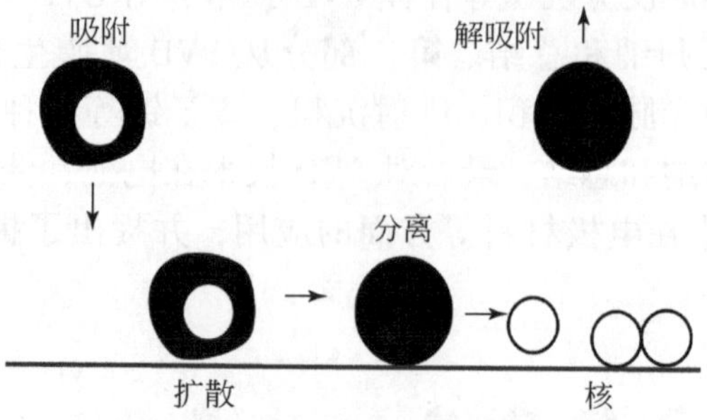

图 7-2　化学气相沉积（CVD）的过程

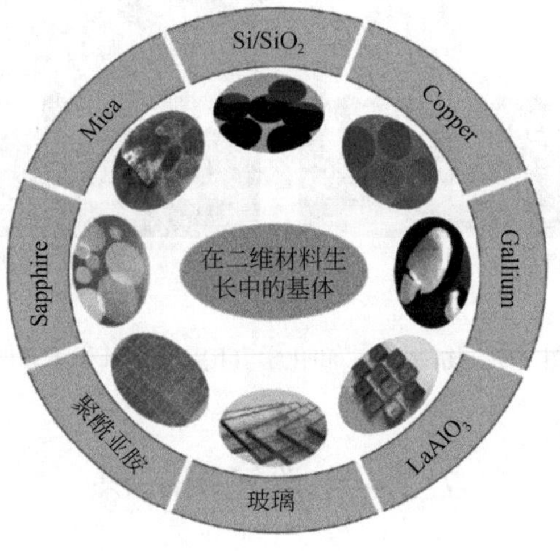

图 7-3　CVD 制备方法用到的基底材料

$$SiCl_4(g)+2H_2(g)=\!=\!=Si(s)+4HCl(g)(1200℃) \quad (7\text{-}2)$$

以及从六氟化物制备难熔金属 W、Mo 薄膜的反应：

$$WF_6(g)+3H_2(g)=\!=\!=W(s)+6HF(g)(300℃) \quad (7\text{-}3)$$

热解反应和还原反应常用来制备金属单质薄膜。

图 7-4 为 CVD 方法制备膜材料的步骤及原理。

③氧化反应。氧化反应是利用氧化剂（如 O_2、H_2O 等）与化合物气源反应制备氧化物薄膜。例如，利用 O_2 与 SiH_4 反应制备 SiO_2 薄膜。

$$SiH_4(g)+2O_2(g)=\!=\!=SiO_2(s)+2H_2O(g)(450℃) \quad (7\text{-}4)$$

④置换反应。由两种或两种以上的反应气态前驱物，利用不同元素间的置换反应时沉积出所需要的固态薄膜，与热分解法相比该方法的应用更为广泛，因为可用于热分解沉积的化合物并不多，而只要所需物质的反应前驱物可以气态形式

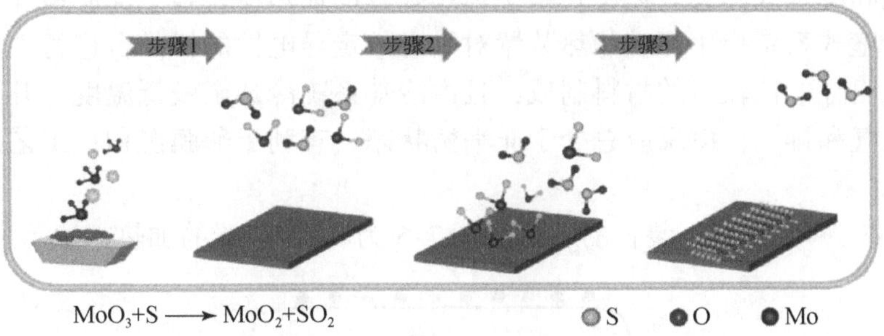

图7-4　CVD方法制备膜材料的步骤及原理

存在且有一定反应活性，都可以利用该方法制备。例如，各种碳化物、氢化物、硼化物等无机薄膜。

$$SiCl_4(g)+CH_4(g)=\!=\!=SiC(s)+4HCl(g)\ (1400℃) \quad (7\text{-}5)$$

⑤歧化反应。有些元素具有多种气态化合物而每种化合物具有不同的稳定性。外界条件的变化可以促使一种化合物转变为另一种化合物。例如，Ge-I化合物在较高温度下（600℃）下易形成GeI_2，在相对较低温度下（400℃）容易形成GeI_4。利用该特性通过调整反应温度，可以实现Ge的制备。在高温下让GeI_4通过Ge形成GeI_2，然后在低温下让GeI_2在衬底上歧化反应生成Ge薄膜。

$$2GeI_2(g)=\!=\!=Ge(s)+GeI_4(g)\ (300\sim600℃) \quad (7\text{-}6)$$

⑥气相输运反应。把需要沉积的物质作为源物质使之与适当的气体介质发生反应并形成气态化合物。这种气态化合物经化学迁移或物理载带运输到与源区温度不同的沉积区，再发生逆向反应生产源物质而沉积出来。

$$Ge(s)+I_2(g)=\!=\!=GeI_2(g) \quad (7\text{-}7)$$

一些物质的升华温度不高时也可以利用其升华和冷凝的可逆过程实现其气相的沉积。例如，利用如下反应可使处于较高温度T_1的CdTe发生升华，并被气体夹带输送到处于低温T_2的衬底上，然后发生冷凝沉积。

$$2CdTe(s)=\!=\!=2Cd(g)+Te_2(g) \quad (7\text{-}8)$$

除上述反应外，还有利用等离子体、激光、微波、射频等增强反应沉积。借助其他能源的增强，可以显著降低CVD沉积温度和气压，实现低温低压制备。

7.2.2　高温和低温CVD装置

薄膜制备的两个重要参数是气相反应物的过饱和度和沉积温度。完整单晶的沉积条件是气相过饱和度低和沉积温度高。在强调薄膜晶体质量的场合，多采用高温CVD系统；而强调材料的低温制备条件的场合，多使用低温CVD系统。高温CVD系统广泛应用于半导体外延薄膜的制备、金属部件耐磨涂层的制备，分为热壁式和冷壁式两类。热壁式系统指用外置的加热器将整个反应室加热至较高温度。冷壁式系统指用感应加热装置对具有一定导电性的样品台进行加热，而反应室器壁由导电性较差的材料制成，且由冷却系统冷却至较低温度。开口体系可连续地供气和排气，使反应总处于非平衡状态，有利于薄膜沉积；工艺简单，重复性好。

图 7-5 为几种 CVD 装置的示意。图 7-6 为 CVD 装置的加热方法示意。

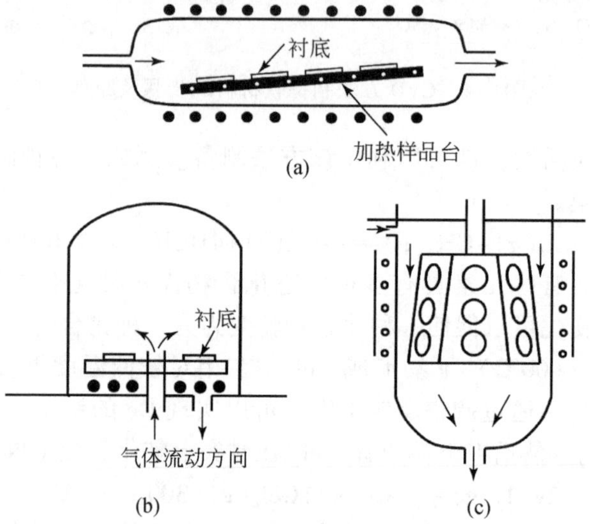

图 7-5　几种 CVD 装置的示意图

（a）卧式；（b）立式；（c）转筒式

7.2.3　原理介绍——热力学与动力学

CVD 制备过程本质是一种气-固表面多相化学反应。如图 7-7 所示整个沉积过程可分为如下几个步骤：①参加反应的气源物质向沉淀区输运；②反应物质分子由沉淀区向生长表面转移；③反应物分子吸附在衬底表面；④吸附物之间或吸附物与气态物种之间在表面或表面附近发生反应形成成晶粒子和气体副产物成晶粒子经表面扩散排入晶格点阵；⑤副产物分子从表面解吸；⑥副产物气体分子由表面区向主气流空间扩散；⑦副产物和未反应的反应物分子离开沉淀区从系统中排出。这些步骤是依次接连发生，最慢步骤决定总沉积速率，因此最慢步骤也称为“速率控制步骤”。其中“质量输运控制”或“质量转移控制”（如步骤②、⑥、⑦等）过程速率由气体分子的扩散、对流等物理过程控制；“化学动力学控制”或“表面控制”由固体表面上发生的有关表面吸附、反应、扩散或解吸步骤控制过程的速率。

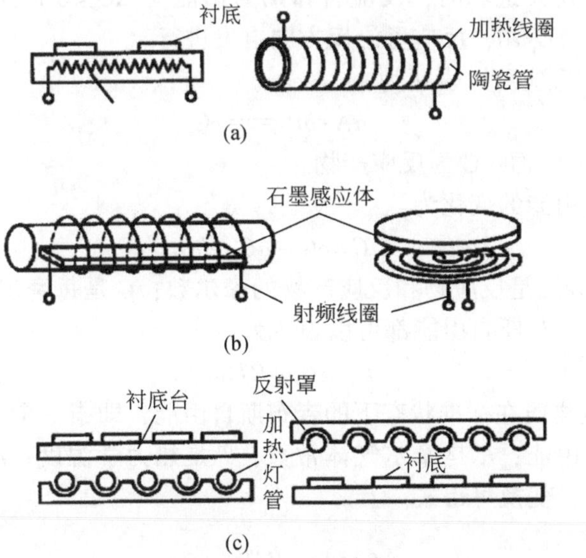

图 7-6　CVD 装置的加热方法

（a）电阻加热；（b）感应加热；（c）红外加热

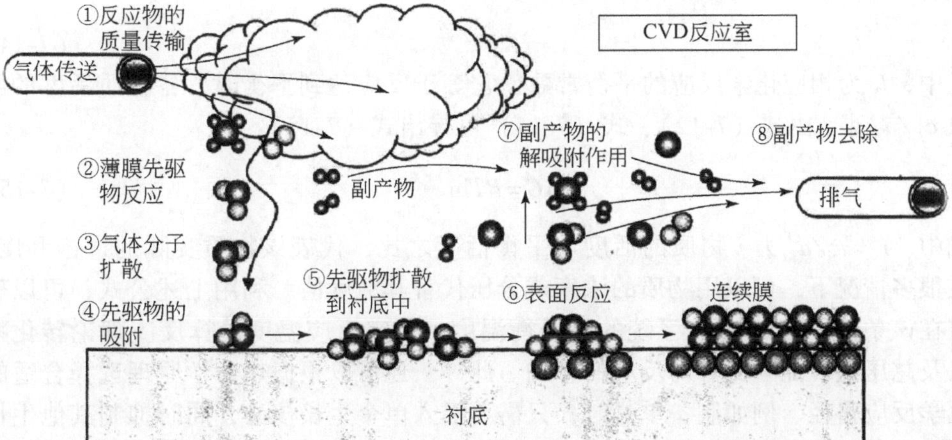

图 7-7　CVD 传输与反应过程示意图[2]

(1) CVD 的生长热力学

按热力学原理，化学反应的吉布斯自由能变化 ΔG 可以预测某些特定条件下 CVD 反应的可行性（化学反应的方向和限度），由此确定 CVD 工艺参数。当反应物过饱和而产物欠饱和时，反应吉布斯自由能变 $\Delta G_r<0$ 即反应可以沿正方向自发进行；反之 $\Delta G_r>0$，反应可沿反方向自发进行。

CVD 中化学反应可以表达为：

$$aA+bB=\!=\!=cC \tag{7-9}$$

式中，A、B 为反应物；C 为反应产物。

其吉布斯自由能的变化为：

$$\Delta G=cG_C-aG_A-bG_B \tag{7-10}$$

式中，a、b、c 分别是反应物和反应产物的摩尔数；G 是每摩尔 i 物质的自由能。由于每种物质的吉布斯自由能都可以表达为：

$$G_i=G_i+RT\ln a_i \tag{7-11}$$

式中，G_i 是相应物质在标准状态下的吉布斯自由能，即指一个大气压、温度为 T 时的纯物质的自由能；R 是摩尔气体常数，T 是热力学温度；a_i 为物质的活度，相当于有效浓度。变换可得式：

$$\Delta G=\Delta G+RT\ln\frac{a_C}{a_A a_B} \tag{7-12}$$

式中，$\Delta G=cC_C-aC_A-bC_B$，反应达到平衡时，有 $\Delta G=0$，因而：

$$\Delta G=-RT\ln K \tag{7-13}$$

或者

$$K=e^{-\frac{\Delta G}{RT}} \tag{7-14}$$

式中，K 为相应化学反应的平衡常数，它等于反应达到平衡时，各物质活度的函数 $a_C/a_A a_B$，由式（7-12）、式（7-14）可导出式（7-15）：

$$\Delta G=RT\ln\frac{r_C}{r_A r_B} \tag{7-15}$$

式中，$r_i=a_i/a_{io}$ 为 i 物质的活度与平衡活度之比，代表该物质实际的过饱和度。在很多情况下，可以用物质的浓度或分压代替其活度值。利用上述公式，可以确定在该条件下 CVD 反应系统的热平衡温度，设定反应温度计算反应理论转化率以及总压强、配料比等对反应的影响。此外，还可以根据热力学原理选择合适的化学反应路径。例如制备单晶时，只需要引入单个生长核心，同时抑制其他生长核心的形成。根据晶体的形核理论，要满足晶体的生长条件，需要新相形成过程的自由能变化 ΔG 小于 0；但要抑制多个晶核的形成，确保单晶的生长条件，需要过程的 ΔG 尽量接近零，使反应物与产物近似处于一种平衡共存的状态。如果 ΔG 负值过大，会导致大量的新相核心同时形成，破坏所需的单晶生长条件，产物只能是多晶体。

（2）CVD 的生长动力学

热力学计算可以从理论上计算出特定沉积条件下（温度、压强以及物质浓度等）薄膜沉积量和所有气体的分压，但不能给出沉积速率。反应动力学是研究化学反应的速度和各种因素对其影响的科学。CVD 反应动力学可以研究薄膜的生长速率，确定过程速率的控制机制，进一步调整工艺参数，从而获得高质量、厚度均匀的薄膜（图 7-8）。

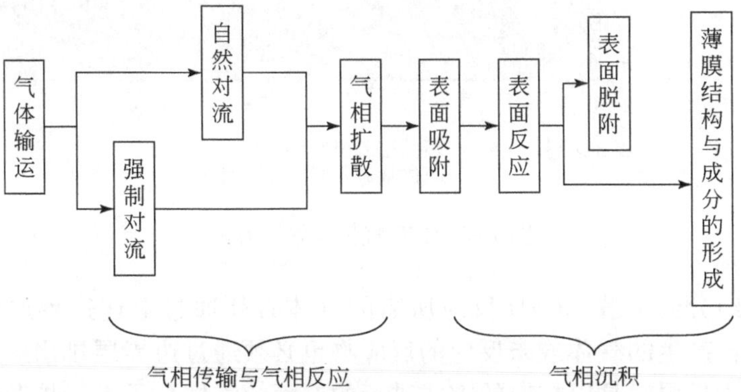

图 7-8 化学气相沉积过程中的各个动力学环节

①气体的输运。CVD 沉积需要把含有构成薄膜元素的气态反应剂的蒸气及反应所需的其他气体引入反应室，并在衬底表面发生化学反应沉积薄膜。所以气体的输运过程对薄膜的沉积速率、薄膜厚度的均匀性、反应物的利用效率等都有重要影响。气体运输过程中气体分子与器壁或基片相对运动产生摩擦，使气体流动处于黏滞流的状态出现边界层。

如图 7-9 所示，在边界层内气体处于一种流动性较低的状态，而反应物和反应产物都需要经过扩散过程通过这一边界层，因此边界层影响反应物向基片的输运和薄膜生长。对于平板表面，其边界层厚度函数为：

$$\delta(x)=\frac{5x}{\sqrt{Re(x)}} \tag{7-16}$$

式中，x 为沿长度方向的坐标；Re 为雷诺（Reynolds）准数，$Re(x)=\nu\rho x/\eta$；ν、ρ、η 分别为气体的流速、密度和动力学黏度系数。

边界层的存在限制了薄膜的沉积速率。为了提高反应气体向基片的运输，需要减少边界层的厚度。提高 Re 有利于减少边界层的厚度，提高薄膜的沉积速率，这要求相应地提高气体的流速和压力，降低气体的黏度系数。提高薄膜的沉积速率，但当 Re 过高时（>1200），气体流动状态由层流转为紊系流，影响薄膜沉积的均匀性，造成薄膜缺陷。因此应尽可能使气体流动状态维持层流状态。气体的流速也不应过高，过高不仅会提高 CVD 过程的成本，同时也使气体分子尤其使活性基团在衬底附近的停留时间过短，降低利用率[3,4]。

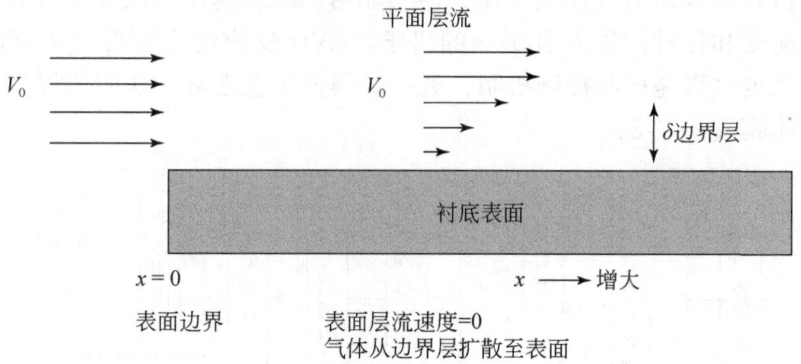

图 7-9　CVD 气体运输示意图

②气相组分的扩散。CVD 反应所需的气体必须通过上述边界层到达基片的表面而反应，产生的气体或未反应的反应物也必须通过边界层排出。反应气体或生成物通过边界层时是以扩散的方式进行的，而使气体分子进行扩散的驱动力来源于气体分子局部的浓度梯度。扩散通量 J_i 的一般表达式为：

$$J_i = -D_i \frac{\mathrm{d}n_i}{\mathrm{d}x} \tag{7-17}$$

式中，x 为坐标；n_i 为 i 组分的摩尔体积浓度；D_i 为扩散系数。

理论推导表明，气相中组分的扩散系数 D_i 与气体的温度 T 和总气压 P 有关，并且满足 $D_i \propto T^{3/2}/P$，因而一般情况下可将扩散系数写成如下的形式：

$$D_i = \frac{P_0}{P}\left(\frac{T}{T_0}\right)^n D_{i0} \tag{7-18}$$

式中，D_{i0}为 i 组分在参考温度 T_0 和参考压力 P_0 时的扩散系数。

不难看出，D_i 与压强成反比，减少反应器中压力可提高气体的输运速率。利用理想气体的状态方程 $n_i = P_i/RT$，扩散通量可以改为：

$$J_i = -\frac{D_i}{RT}\frac{\mathrm{d}p_i}{\mathrm{d}x} \tag{7-19}$$

式中，p_i 为相应气体组分的分压。

对于通过衬底表面厚度为 δ 的边界层的扩散来说，上式可以近似为：

$$J_i = -\frac{D_i}{RT\delta}(P_i - P_{is}) \tag{7-20}$$

式中，P_{is}是在衬底表面处相应气体组分的分压；P_i 是边界层外该气体组分的分压。若 i 组分为反应物，则衬底表面的分压将低于边界层外该组分的压力，引起相应组分向衬底方向的扩散。压力梯度驱动的扩散过程使得该组分得以不断到达衬底表面。提高温度、减少压强有利于增强扩散。

③表面吸附及表面化学反应。气体组分在扩散至薄膜表面之后，还要经过表面吸附、表面扩散、表面反应、反应产物脱附等过程完成薄膜的沉积。吸附、扩散、反应、脱附过程的快慢可能成为薄膜过程的控制性环节。

如图7-10所示，假定气相组分向衬底表面的扩散通量为J，在其到达衬底表面以后被衬底表面俘获的概率为δ，则被反射离开衬底表面的概率为$1-\delta$。被俘获的分子被物理吸附（范德瓦耳斯力）在衬底表面，在热能作用下，沿着衬底表面进行一定距离的扩散。在扩散过程中，一些分子会获得适当的能量，经脱附过程离开衬底。能够从物理吸附态进一步转化为化学吸附态的分子只占扩散通量J的一部分，相应的转化率被称为化学吸附概率ζ。而被化学吸附的分子中，只有部分分子最终融入薄膜之中，其余分子则通过脱附过程又返回气相之中。在扩散来的通量J中，最终溶入薄膜的分子比例被称为凝聚系数S_c。S_c决定薄膜的生长速率。在气相与固相处于平衡的情况下，$S_c=0$。设化学吸附速率$R_r=k_r n_{s0}=k_r n_{s0}\theta$，化学脱附速率$R_d=k_d n_d=k_d n_{d0}\theta$，其中$k$为系数，$n$为吸附分子面密度，$\theta$为所有可能被占据的表面吸附位置中已被物理吸附分子所占的比例。假设物理吸附了分子的表面位置不会再吸附新的分子，则存在如下关系：

$$J\delta(1-\theta)=R_r-R_d=(k_r+k_d)n_{s0}\theta \tag{7-21}$$

$$\theta=\frac{J\delta}{J\delta+n_{s0}(k_r+k_d)}S_c=\frac{R_r}{J}=\frac{k_r n_{s0}\delta}{J\delta+n_{s0}(k_r+k_d)} \tag{7-22}$$

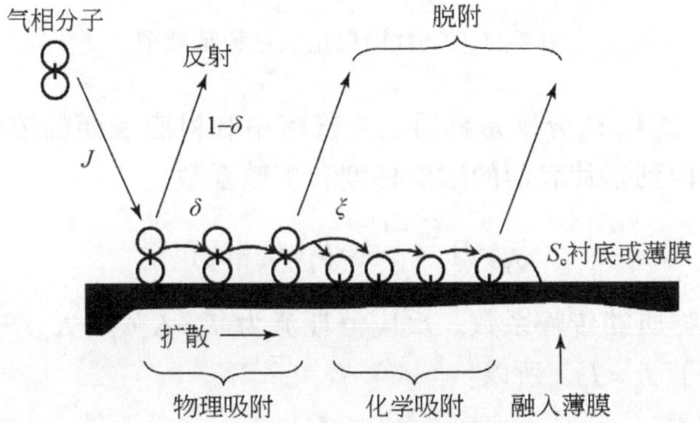

图7-10 表面吸附及表面反应过程

一般情况下，表面位置被物理吸附分子占据的概率以及分子的凝聚系数不仅与各过程的反应常数k_r、k_d以及δ有关，也与扩散通量J有关。J很大时，表面将趋于被吸附分子全部占据$\theta=1$，同时凝聚系数将趋于零，即扩散来的分子被溶入薄膜的概率很低。J很小时，表面被物理吸附分子占据的概率θ与J成正比，而分子凝聚系数S_c将趋近于一个常数。薄膜的沉积速率为：

$$R_r = k_r n_s = k_r n_{s0}\theta = \frac{k_r \delta}{k_r + k_d} J \tag{7-23}$$

将各过程速度常数代入式（7-23），得到：

$$R_r = \frac{\delta}{1 + \frac{k_{d0}}{k_{r0}} e^{-\frac{E_d - E_r}{RT}}} J \tag{7-24}$$

当 $E_d - E_r > 0$ 时，提高温度 R_r 下降，促进脱附强于促进反应；当 $E_d - E_r < 0$ 时，提高温度 R_r 上升，促进反应强于促进脱附。

温度对薄膜的生长有很大的影响。典型的 CVD 反应可以分为扩散控制和表面反应控制。如图 7-11 所示为描述温度对生长控制影响的简单模型。

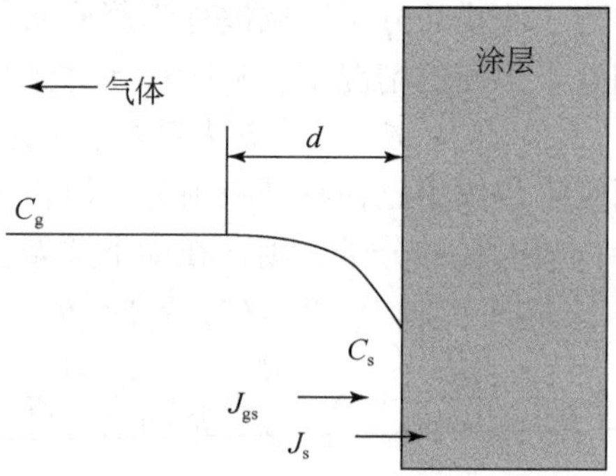

图 7-11　CVD 涂层生长过程示意图

图 7-11 中，C_g 和 C_s 分别是物质在主气流中和衬底表面的浓度。扩散沉积流正比于气体从体内到基片表面的浓度梯度和扩散系数。

$$j_g = D\frac{C_g - C_s}{\delta} = h_g(C_g - C_s) \tag{7-25}$$

式中，h_g 为气相物质的传输系数。反应消耗流为 $J_s = K_s C_s$，K_s 为表面最慢反应常数。在稳定状态下 $J_g = J_g$，所以：

$$C_s = \frac{C_g}{1 + \frac{k_s}{h_g}} \tag{7-26}$$

当 $k_s >> h$ 时，$C_s < C_g$，此时反应物质在界面层的低运输扩散速率控制薄膜生长。当 $h_g >> k_s$ 时，$C_s \approx C_g$，此时反应速率决定薄膜生长速度。温度对反应参数和质量运输系数影响不同。温度对 K_s 影响符合 Arrhenius 公式，即 $K_s \sim e^{-\Delta E_a/kT}$。随着温度的升高，活化过程的速率成指数上升。温度对质量运输系数 $h_g = D/\delta \sim T^2$，薄膜的生长速率为：

$$G_{(x)}=\frac{j_S}{N_0}=\frac{h_g k_s G_g}{(h_g+k_s)N_0} \tag{7-27}$$

高温时，$k_s>>h_g$，$G_{(x)}=h_g C_g/N_0$，此时，薄膜生长过程为扩散生长控制；低温时，$k_s<h_g$，$G(x)=k_s C_g/N_0$，此时，薄膜生长过程由表面反应速度控制。如图 7-12 所示。

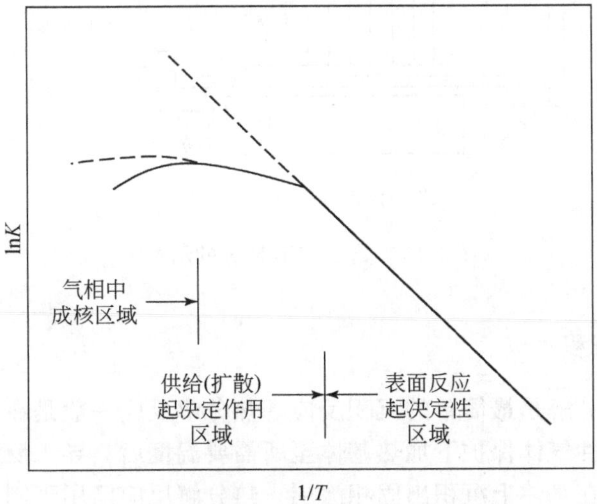

图 7-12　CVD 成膜速率与温度关系的模型
（K 为生长速率；T 为生长温度）

7.3　化学气相沉积的分类与特点

化学气相沉积技术有多种分类方法。按激发方式可分为热化学气相沉积（TCVD）、等离子体化学气相沉积（PCVD）、激光（激发）化学气相沉积等。按反应室压力可分为常压化学气相沉积、低压化学气相沉积（图 7-13）等。按反应温度的相对高低可分为高温化学气相沉积、中温化学气相沉积和低温化学气相沉积。有人把常压化学气相沉积称为常规化学气相沉积，而把低压化学气相沉积、等离子体化学气相沉积、激光化学气相沉积等列为“非常规”化学气相沉积。也有按源物质归类，如金属有机化合物化学气相沉积、氯化物化学气相沉积、氢化物化学气相沉积等。还有以主特征进行综合分类，即分为热激发化学气相沉积、低压化学气相沉积、等离子体化学气相沉积、激光（诱导）化学气相沉积、金属有机化合物化学气相沉积等。特别的是，利用挥发性的金属卤化物和金属有机化合物等在高温发生气相化学反应，可以将化学气相沉积分为热分解沉积、氧化还原反应沉积、化学运输反应沉积以及其他合成反应沉积。下面将进行简要叙述[5]。

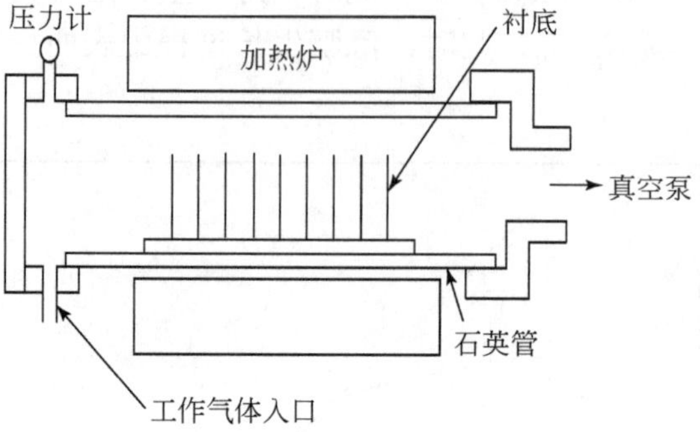

图 7-13　低压 CVD 装置的示意图

7.3.1　热分解沉积

化合物的热分解是最简单的沉积反应。热分解反应一般是在简单的单温区炉中，在真空或惰性气体保护下加热基体至所需要温度后，导入反应物气体使之发生热分解，最后在基体上沉积出固相涂层。热分解反应已用于制备金属、半导体和绝缘体等各种材料。热分解反应体系的主要问题是源物质与热解温度的选择。在选择源物质时，既要考虑其蒸气压与温度的关系，又要特别注意在不同热分解温度下的分解产物中固相是否仅为所需要的沉积物质，而没有其他的夹杂物[6]。

热分解反应一般是在真空或惰性气氛下加热衬底至所需温度后，导入反应气体使之发生热分解，最后在衬底上淀积出固体材料层。通式为：

$$AB_{(g)} \xrightarrow{\triangle} A_{(s)} + B_{(g)} \tag{7-28}$$

最常见的热分解反应有 4 种[7]。

①氢化物的热分解。氢化物的键能及离解能都比较小，热分解温度低，唯一的副产物是没有腐蚀性的氢气。例如：

$$SiH_{4(g)} \xrightarrow{\triangle} Si_{(s)} + 2H_{2(g)} \quad (650℃) \tag{7-29}$$

②金属有机化合物的热分解。在金属的烷基化合物中，一般金属与碳之间的键能小于碳与碳之间的键能，因而可通过热分解沉积金属膜。例如，用三丁基铝和三异丙基苯铬热分解，可制备金属铝膜和铬膜。也可以用含氧又含金属元素的有机化合物热分解制备氧化物，例如：

$$2Al(OC_3H_7)_3 \xrightarrow{420℃} Al_2O_3 + 6C_3H_6 + 3H_2O \tag{7-30}$$

③氢化物和金属有机化合物体系的热分解反应利用氢化物和金属有机化合物

共同作为反应的源物质。加热分解可以制备多种化合物半导体。例如：

$$Cd(CH_3)_2 \xrightarrow{475℃} CdS+2CH_4 \tag{7-31}$$

④其他气态络合物及复合物的热分解。这类反应主要用于沉积贵金属和其他过渡金属材料等。例如：

$$Ni(CO)_4 \xrightarrow{140\sim240℃} Ni+4CO \tag{7-32}$$

7.3.2 氧化还原反应沉积

①还原反应。一些元素的卤化物、卤氧化物、羟基化合物等在气态下热稳定性非常好，需要采用适当的还原剂才能将其还原出来。H_2 因容易得到，是目前使用最为广泛的一种还原剂。例如利用 H_2 还原 $SiCl_4$ 外延制备单晶薄膜的反应。

$$SiCl_{4(g)}+2H_2 = Si_{(s)}+4HCl_{(g)}(1200℃) \tag{7-33}$$

②氧化反应。氧化反应是利用氧化剂（如 O_2、H_2O 等）与化合物反应制备氧化物薄膜。如利用 O_2 与 SiH_4 反应制备 SiO_2 薄膜。

$$SiH_{4(g)}+2O_{2(g)} = SiO_{2(s)}+2H_2O_{(g)}(450℃) \tag{7-34}$$

7.3.3 化学运输反应沉积

把需要沉积的物质作为源物质使之与适当的气体介质发生反应并形成一种气态化合物。这种气态化合物经过化学迁移或物理载带运输到与源区温度不同的沉积区，再发生逆向反应生产源物质而沉积出来。一些物质的升华温度不高时也可以利用其升华和冷凝的可逆过程实现其气相沉积[8]。

$$Ge(s)+I_2(g) \rightleftharpoons GeI_2(g) \tag{7-35}$$

7.3.4 其他合成反应沉积

①歧化反应。利用不同温度下，不同价化合物稳定性的差异，实现元素沉积。其原理是某些元素具有多种气态化合物，其稳定性各不相同，外界条件的变化往往可促使一种化合物转变为稳定性较高的另一种化合物。有些金属卤化物即具有这类特性，其中金属元素往往可以两种不同的化合价构成不同的化合物。例如，在歧化反应中，GeI_2 和 GeI_4 中的 Ge 分别是以+2 价和+4 价存在：

$$2GeI_2(g) \xrightarrow{300\sim600℃} Ge(s)+GeI_4(g) \tag{7-36}$$

提高温度有利于 GeI_2 的生成。上述特性使我们可以通过调整反应室的温度，实现 Ge 的转移和沉积。具体做法是，在高温（600℃）时使 GeI_4 气体通过 Ge 而形成 GeI_2，在低温（300℃）时使后者在衬底上发生歧化反应生成 Ge。显然，为了实现上述反应过程，需要有目的地将反应室划分为高温区和低温区，同时需要调整许多参数以实现元素的可控沉积[4]。

②可逆反应。可逆反应是利用某些元素的统一化合物的相对稳定性随温度变化的特点，用以实现物质的转移和沉积。

③化学合成反应沉积。化学合成反应沉积是由两种或两种以上的气态物质在加热的衬底表面上发生化学反应而沉积出固态薄膜的方法。这种方法是化学气相沉积中使用最普通的一种方法。与热分解法比较，化学合成反应沉积的应用更为广泛。因为可用于热分解沉积的化合物并不很多，而无机材料原则上都可以通过合适的反应合成得到。

化学气相沉积的特点如下：

①设备简单，操作维护方便，灵活性强，既可制造金属膜、非金属膜，又可按要求制造多种成分的合金膜，并且通过对多种原料气体的流量调节，能够在相当大的范围内控制产物的组分。

②可在常压或低真空状态下工作，镀膜的绕射性好，形状复杂的工件或工件中的深孔、细孔都能均匀镀膜。

③由于沉积温度高，涂层与基体之间结合好，这样经过 CVD 法处理后的工件，即使用在十分恶劣的加工条件下，涂层也不会脱落。

④涂层致密而均匀，并且容易控制它们的纯度、结构和晶粒度。该法最大缺点是沉积温度高，一般在 700 ~ 1100℃ 范围内，许多材料都经受不了这样高的温度，使其用途受到很大的限制。

目前化学气相沉积用来制备高纯金属、无机新晶体、单晶薄膜、晶须、多晶材料膜以及非晶态膜等各种无机材料。这些无机材料由于其特殊的功能，已在复合材料、微电子学工艺、半导体光电技术、太阳能利用、光纤通信、超导电技术和保护涂层等许多新技术领域得到了广泛应用[9]。

7.4 化学气相沉积在新能源中的应用

7.4.1 CVD 技术在锂离子电池负极材料中的应用

目前，实际用于锂离子电池的负极材料一般为碳类材料，包括石墨和无定形碳（软碳、硬碳），而正在研究的负极材料有锡基与硅基材料、过渡金属氧化物以及纳米材料等。这些材料都有各自的结构或性能方面的缺陷，通常通过机械球磨、高温固相反应等方法，进行掺杂或包覆处理来制备成复合电极，但是并不能够准确控制材料的组成、形貌、尺寸、厚度等，材料均匀性较差，影响了其电化学性能的提高。CVD 技术可通过控制前驱体的浓度、反应时间等参数，实现对气相掺杂或包覆的沉积过程进行精确控制，从而得到较好的效果。

（1）碳负极材料

①石墨。石墨类材料是最常用的锂离子电池负极材料，它能够可逆嵌入和脱嵌锂，充放电平台低而平稳，很好地解决了锂离子电池安全性问题。但是石墨仍存在诸多不利因素，如首次循环效率较低、与有机溶剂相容性较差及倍率充放电特性差等缺点，需要对其进行改性处理。

Ding 等[3]用 CVD 法在石墨颗粒表面沉积无定形碳，首次库仑效率由 82.1%提高至 90.3%，可逆容量由 240mAh/g 提高至 300mAh/g，且循环 60 次后可逆容量几乎不衰减。改性处理后石墨颗粒活性较高的边缘消失，电极表面趋于均匀。

Natarajan 等[10]进行类似的尝试，可逆容量提高到 350～360mAh/g，库仑效率可达 92%。CVD 法对石墨材料表面修饰，降低了因石墨表面不均匀性引起的溶剂在表面不同位置反应活性的差异，避免局部活性过高引起溶剂剧烈分解所造成的不可逆损失，提高了石墨材料的可逆容量和循环性能。

图 7-14 为 CVD 方法在无催化剂的条件下合成石墨烯示意图。

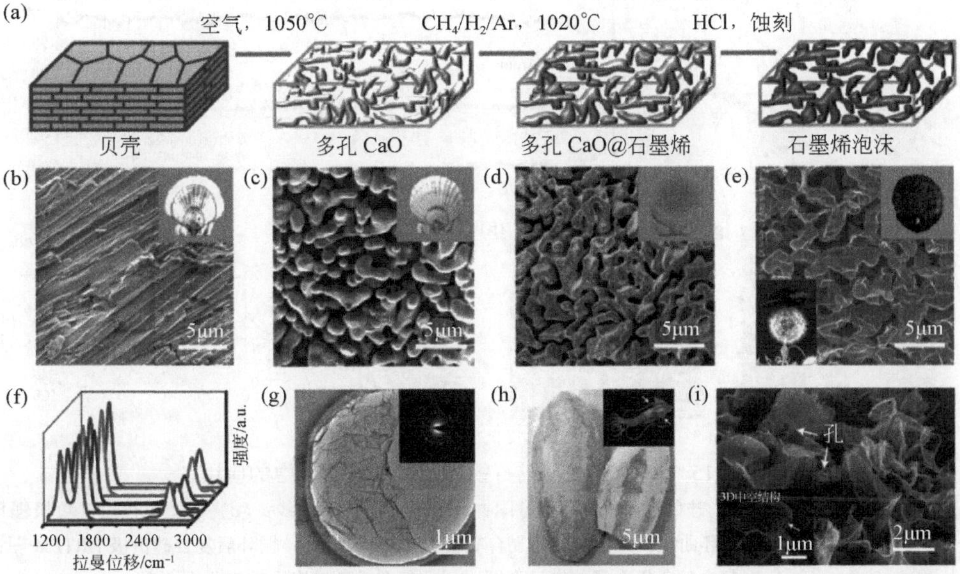

图 7-14 CVD 方法在无催化剂的条件下合成石墨烯

Han 等[11]采用滚筒式 CVD 法在石墨表面包覆无定形碳制得核壳结构的复合材料。该材料的首次库仑效率可达 93.3%，可逆容量为 350.19mAh/g，200 次循环后容量保持率在 95%以上。该方法可有效地减小石墨的外表面积，降低过大的外表面积形成过多的 SEI 膜所造成的不可逆损失，而且有效阻止了因溶剂分子的共嵌入导致的石墨层状剥离。

Zhang 等[12]采用催化 CVD 法在天然石墨表面原位生长纳米碳纤维，制得海胆状的天然石墨/纳米碳纤维（NG/CNF）复合材料，电极的循环稳定性和倍率性能都有显著提高。

Kim 等[13]采用等离子体增强 CVD 法在石墨颗粒表面沉积硅薄膜，首次放电容量为 540mAh/g，库仑效率为 76%，但容量衰减较快，进一步在硅薄膜上磁控溅射铜层制得 Cu_2Si 包覆的石墨电极，容量保持率可大大提高。

图 7-15 为 CVD 方法合成石墨烯及其在硅负极中的应用。

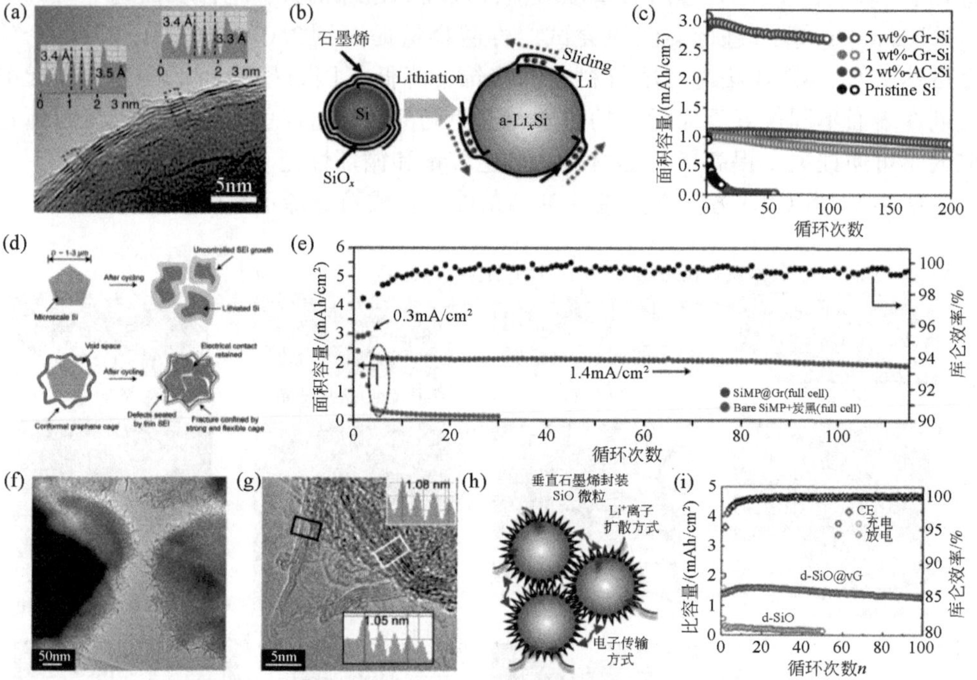

图 7-15　CVD 方法合成石墨烯及其在硅负极中的应用

（a）样品的 TEM 图像；（b）硅负极锂化过程示意图；（c）硅负极循环曲线；（d）石墨包覆后硅负极锂化示意图；（e）复合硅负极循环曲线；（f）循环后复合硅负极 TEM 图；（g）循环后复合硅负极 HRTEM 图；（h）复合硅负极电子传输示意图；（i）复合硅负极库仑效率曲线

②无定形碳。无定形碳又分为软碳和硬碳。软碳材料即易石墨化碳，主要包括焦炭、中间相碳微球（MCMB）、碳纤维等。软碳的结晶度低、晶粒尺寸小、晶面间距较大、与电解液的相容性好，但首次循环不可逆容量损失较高，电池输出电压较低，无明显的充放电平台电位，原因在于软碳材料容易发生溶剂共嵌入。Isaeva 等[14]提出采用 CVD 法在多孔碳表面沉积碳，首次充电时多孔碳表面形成一薄层钝化膜后，锂离子可以嵌入其闭合孔洞中，溶剂分子无法嵌入，抑制

了溶剂分子共嵌入，减小了不可逆容量损失。利用 CVD 法还可以在软碳材料上沉积金属或氧化物，制备复合材料。Joong 等[15]采用流化床 CVD 法在 MCMB 表面包覆 SnO-Cu 复合层，SnO 的存在提高了电极容量，Cu 作为抑制氧化物体积膨胀的缓冲体，改善了电极的循环性能。

图 7-16 为 CVD 方法合成 3D 石墨烯泡沫及其在锂离子电池中的应用。

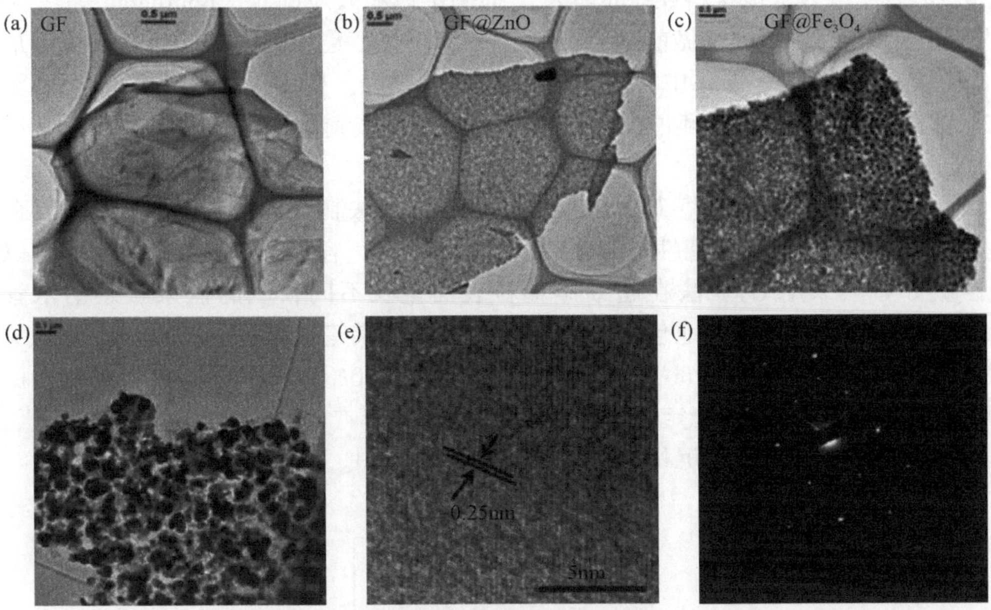

图 7-16　CVD 方法合成 3D 石墨烯泡沫及其在锂离子电池中的应用

(a) 石墨，(b) 石墨负载氧化锌，(c) 石墨负载氧化铁的 TEM 图像，以及对应石墨负载氧化铁 (d) 的高分辨 (e) 及选区电子衍射图像 (f)

硬碳材料是高分子聚合物热解碳，这类碳在 2500℃ 以上的高温也难以石墨化。硬碳材料通常有较高的初始容量，但是没有石墨那样低而平的充放电平台，存在电压滞后现象，随热解温度的升高嵌锂容量降低，不可逆容量升高，首次充放电效率降低。Wang 等[16]以乙炔为碳源，采用 CVD 法对微孔硬碳球（HCS）进行表面修饰，在 HCS 表面沉积了大量的碳颗粒，减少了在 HCS 外表面和内部微孔内形成的 SEI 膜，提高了库仑效率和循环容量。Ohzawa[17]使用压力脉冲 CVD 技术在硬碳球上沉积一层结晶度相对较高的热解碳膜，降低了其 BET 比表面积，减少了首次循环的不可逆容量，改善了循环性能。

（2）Si 基材料

在锂离子电池负极材料中，纯 Si 的理论比容量最高（$Li_{4.4}Si_2$：4200mAh/g），远大于石墨的理论容量，而且没有溶剂共嵌入现象。但是 Si 基材料在锂离子嵌入和脱出时体积膨胀严重，造成电极材料结构的破坏和机械粉化，容量急剧下降，室温下5次循环后将丧失其最初容量的90%[18]。利用CVD法可以制备特殊的Si基材料（如纳米Si及Si薄膜）；还可以对Si基粉末材料进行掺杂修饰或包覆处理，形成Si基复合材料，从而缓解Si基材料的体积膨胀效应。

刘增涛等[19]应用CVD法合成出竹节状硅纳米管材料，锂离子可在实心节部和空心管壁嵌入，该材料在一定程度上抑制了体积效应问题。Bourderau等[20]采用低压CVD法，以硅烷做前驱气，在多孔镍基体上覆盖厚度为1.2μm的无定形硅薄膜，在前3个循环中，容量高达1000mAh/g，但20个循环后容量降至200mAh/g，可归结为循环过程中的电极材料的机械剥离，因此需要对其微观结构进行修饰。

Yoshio等[21]以Si粉、苯为前驱物，采用CVD法制备出Si粉外裹碳层的复合材料，具有良好的循环特性。经过20次循环以后，容量仍保持在950mAh/g以上。Jie等[22]采用CVD法在超细硅颗粒表面生长不同长度的盘条状碳纳米管（CNTs），碳纳米管紧紧地包裹在硅颗粒的周围形成笼形结构的CNTs/Si复合材料，可逆比容量高达940mAh/g，首次库仑效率为80%，良好的电接触及表面稳定的SEI膜保证了电极稳定的循环性能。

图7-17为化学气相沉积法制备CNT的装置简图。

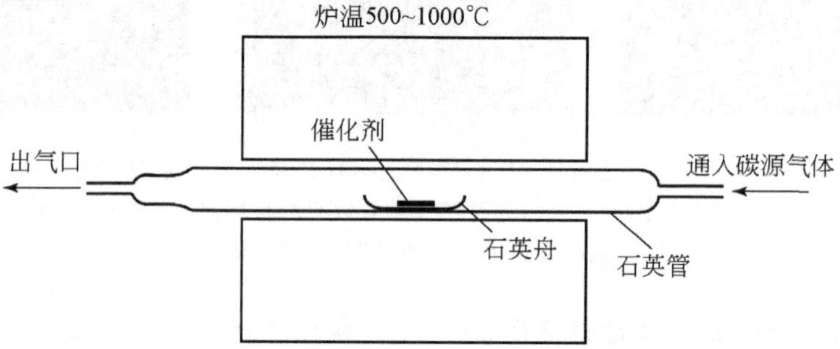

图7-17　化学气相沉积法制备CNT的装置简图

（3）Sn基材料

Sn基材料也具有较高的理论容量（990mAh/g），但是嵌脱锂过程同样存在严重的体积膨胀问题导致合金的粉化，容量衰退。利用CVD技术掺杂或包覆一种或多种非活性相，抑制充放电过程中电极因体积膨胀而导致的粉化或团聚现象，可以提高电极的循环性能。

Brousse等[23]采用低压CVD法制得具有良好反应活性的SnO_2粉末，首次循环所有的SnO_2均被还原为金属锡，并与锂形成$Li_{3.9}Sn$；第二次循环形成$Li_{3.3}Sn$，可逆比容量为580mAh/g；在不添加任何黏结剂和导电剂的条件下，80次循环后容量降至370mAh/g。薄膜SnO_2同金属间的机械结合力更强，可以保证SnO_2粒子和集流体及SnO_2粒子间良好的电接触。

Marcinek 等[24]采用微波等离子体 CVD 法合成 Sn/C 复合物薄膜，纳米 Sn 粒子均匀分布在石墨化薄层上，在 C/25 和 5C 的放电倍率下，可逆容量分别为423mAh/g 和 297mAh/g，在 1C 倍率下复合物 500 次循环后的容量保持率为60%。

7.4.2 CVD 技术在锂离子电池正极材料中的应用

在锂离子电池中，一些正极材料容易与有机电解液发生反应导致材料中主要元素的溶解流失，影响电池的性能和安全性，需要对正极材料进行表面改性掺杂或包覆处理。CVD 法也可以用来制备薄膜正极材料或对正极材料进行表面改性修饰。

McGraw 等[25]通过等离子增强 CVD 合成无定形结构V_2O_5，与晶体结构的材料相比，扩散速率加快，不存在晶格膨胀问题。在4.1～1.8V、5C 倍率下，尽管初容量稍有下降，但在300个循环内膜层均表现出优异的循环稳定性。

Kikkawa 等[26]采用等离子体 CVD 制备出TiS_2细粉及定向薄膜，TiS_2细粉晶体呈完整的盘状结构，作为锂离子电池正极时，具有较大的放电容量。Fragnaudt[27]和 Choi[28]在450～500℃温度范围内分别采用低压 CVD 和液相扩散金属有机物 CVD 法制备出$LiCoO_2$薄膜。

Moona 等[29]采用电子回旋共振 CVD 法在$LiMn_2O_4$上沉积类金刚石碳（DLC）膜，在充放电反应过程中结构更稳定，且在较宽的电位范围内表现出更高的放电容量。

Endoa 等[30]采用等离子体 CVD 法在$LiNiO_2$表面沉积无定形碳薄膜，有效地抑制了充电过程中电解液的分解，首次放电容量达到211mAh/g，首次库仑效率为84%，第5个循环可保持在96%～98%。

Omanda 等[31]采用 CVD 法在$LiNi_{0.8}Co_{0.2}O_2$粒子表面沉积无定形SiO_x薄膜，膜厚3～5nm，可防止材料表面与电解质的直接接触，并抑制充电态时放热反应的发生，锂离子通过包覆层嵌入正极材料中，首次放电容量不受包覆层的影响，但包覆后容量衰减在循环过程中稍有增加。

Li[32]用 CVD 渗透技术，在$LiFePO_4$颗粒的表面包覆高温热解的碳膜，显著提高了$LiFePO_4$的电化学性能，热解碳含量达到19.4%时，150次循环后容量仍保持132mAh/g 左右。通过 CVD 技术在材料表面包覆处理，有助于减少$LiFePO_4$颗粒与电解液的接触，降低电化学反应的电阻。

化学气相沉积（CVD）技术因其具有精确控制、易于重现及覆盖性均匀等特点，在锂离子电池负极材料和正极材料的制备及修饰中发挥着重要作用，可以通过采用 CVD 技术对各种锂离子电极材料进行掺杂、包覆等处理，制备复合材料，从而提高电极的电化学性能[33]。

图 7-18 为 CVD 方法在金属催化剂存在的条件下合成石墨烯。

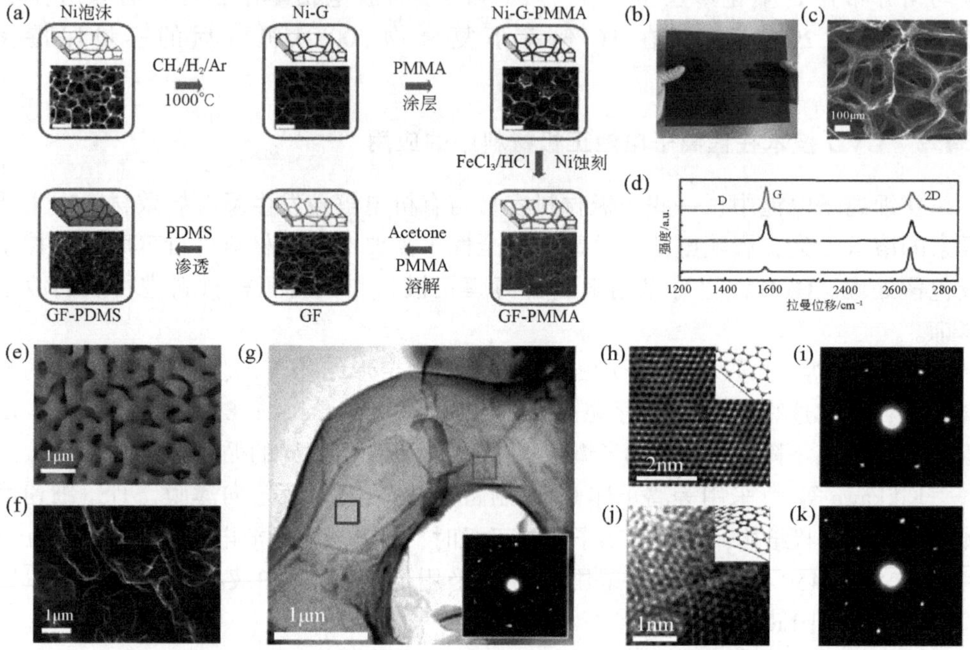

图 7-18　CVD 方法在金属催化剂存在的条件下合成石墨烯

(a) 石墨烯泡沫 (GF) 的合成及其与 PDMS 的集成示意图；(b) 170 × 220mm² 独立 GF 照片；(c) GF 的 SEM 图像；(d) GF 的典型拉曼光谱；(e) 纳米多孔石墨烯在 900℃ 下生长 5min 的纳米多孔 Ni 上的 SEM 图像；(f) 纳米多孔石墨烯去除纳米多孔 Ni 衬底后的 SEM 图像；(g) 纳米多孔石墨烯的典型低倍率 STEM 图像；(h) (i) 从纳米多孔石墨烯的平面区域获得的 HRTEM 图像和 SAED 模式；(j) (k) 从曲率梯度较大的区域获得的 STEM 图像和 SAED 模式

7.5　物理气相沉积

物理气相沉积 (physical vapor deposition，PVD) 技术是指在真空条件下采用物理方法将材料源（固体或液体）表面气化成气态原子或分子或部分电离成离子，并通过低压气体（或等离子体）过程，在基体表面沉积具有某种特殊功能的薄膜的技术。物理气相沉积技术具有膜/基结合力好、薄膜均匀致密、薄膜厚度可控性好、应用的靶材广泛、溅射范围宽、可沉积厚膜、可制取成分稳定的合金膜和重复性好等优点；同时，物理气相沉积技术由于其工艺处理温度可控在500℃以下，因此可作为最终的处理工艺用于高速钢和硬质合金类的刀具薄膜上。

物理气相沉积技术是极具发展潜力的薄膜制备技术，如特殊功能薄膜、复合薄膜以及超硬薄膜等的制备与研究。随着辅助设备、材料和工艺的进一步优化，以及与其他交叉学科的共同发展，物理气相沉积技术的应用前景更加广阔。

物理气相沉积的方法主要有真空蒸镀、脉冲激光沉积、溅射、离子镀等。

7.5.1　真空蒸镀

真空蒸发镀膜简称蒸发镀膜，是指在真空条件下，用蒸发器加热待蒸发物质，使其气化后沉积至基片材料表面，形成固态薄膜的技术。这种方法最早由法拉第于1857年提出[34]，具有设备工艺简单、制备薄膜纯度高、成膜速率快以及易于操作等优点，是PVD技术中发展最早、应用最广泛的镀膜技术（图7-19）。

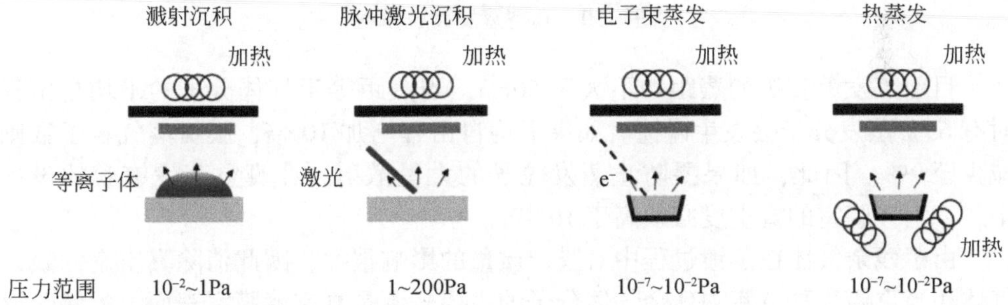

图7-19　PVD方法

(1) 蒸镀原理

将膜材置于真空镀膜室内，在高真空条件下通过蒸发源将膜材加热并蒸发，当蒸发分子的平均自由程大于真空镀膜室的线性尺寸后，将膜材蒸气的原子和分子从蒸发源表面逸出，几乎不受到其他分子或原子的冲击与阻碍可直接到达被镀基材表面，由于基材温度较低，膜材蒸气分子凝结成膜，其原理如图7-20所示。

(2) 蒸发镀膜的真空条件

在蒸发镀膜过程中，蒸发的膜材粒子以一定的速度在空间沿直线运动直到与其他粒子碰撞为止。在真空室内，当气相中的粒子浓度和真空室内的残余气体压力足够低时，膜材蒸气粒子在空间中会保持直线飞行，否则就会与其他粒子产生碰撞而改变运动方向。因此，为增加真空室内的残余气体的平均自由程，减少其与膜材蒸气粒子的碰撞概率，将膜材室抽成真空状态极为重要。当真空镀膜室内的蒸气分子的平均自由程大于蒸发源与基材距离（蒸距）时，就会获得充分的真空条件。

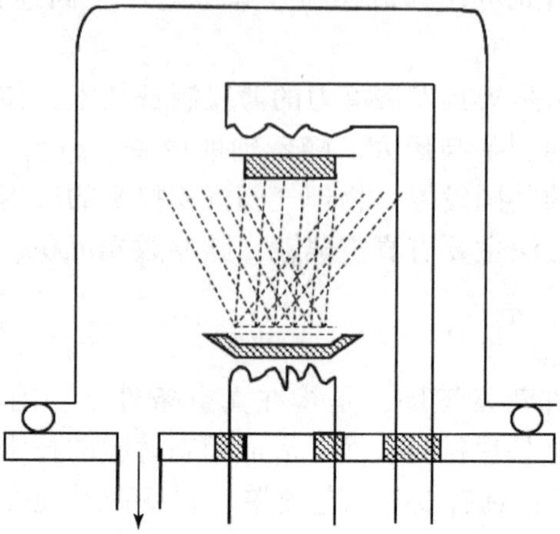

图 7-20　真空蒸发镀膜原理

目前蒸发镀膜机的蒸距均不大于 50cm，当蒸距等于气体分子的平均自由程时有 63% 蒸发分子会发生碰撞。如果平均自由程增加 10 倍，膜材蒸气粒子数则减少至 9% 。因此，如果要防止蒸发粒子的大量散射，在真空蒸发镀膜的设备中，真空镀膜室的真空度必须高于 10^{-2}Pa。

由于残余气体在蒸镀过程中对膜层质量的影响很大，因此消除真空室的残余气体相当重要。真空室中残余气体分子的主要来源是真空镀膜室表面上的解吸放气、蒸发源释放的气体、抽气系统的返流以及设备的漏气等。在常用的高真空系统中，其内表面所吸附的单层分子数远远超过气相中的分子数。因此除了蒸发源在蒸镀过程中释放的气体外，在密封和抽气系统均良好的清洁真空系统。若气压处于 10^{-4}Pa 时，真空室内残余气体的主要成分为水蒸气。水气与膜层蒸发源均会发生反应，直接影响制备的膜层质量。为减少残余气体中的水分，可以提高真空室内的温度使水分蒸发，从而提高膜层质量。

要使真空镀膜室内真空度低于 10^{-6}Pa 时，必须对真空系统加热。但加热除气在一定程度上会对基材造成污染，并考虑不经过加热除气即可达到 10^{-5}Pa 的高真空状态，其成膜质量不比超高真空下所制备的膜的质量差，因此，在真空蒸发镀膜设备中，镀膜室内达到的真空度一般应处于 10^{-5} ~ 10^{-2}Pa 之间。

(3) 真空镀膜的蒸发条件

膜材加热到一定温度时会发生气化现象，即由固相或液相进入气相。在真空条件下物质的蒸发比在常压下容易得多，所需的蒸发温度也大幅度下降，因此蒸发过程缩短，蒸发效率明显提高。以金属铝为例，在 1 个大气压（0. 1MPa）下，铝必须加热到 2400℃才能蒸发，但是在 10^{-3}Pa 下只要加热到 847℃就可以大量蒸发。某些常用材料在蒸气压为1Pa时的蒸发温度见表7-1[35]。

从表7-1可以看出，某些材料如铁、镉、锌、铬、硅等可从固态直接升华到气态，而大多数金属及电介质则是先达到熔点，然后从液相中蒸发。一般来说，金属及其他热稳定化合物在真空中只要加热到能使其饱和蒸气压达到1Pa以上就能迅速蒸发。除了锑以分子形式蒸发外，其他金属均以单原子形式进入气相。在一定温度下，真空室中蒸发材料的蒸气在固体或液体平衡状态下呈现的压力为饱和蒸气压。在饱和平衡状态下，分子不断地从冷凝液相或固相表面蒸发，同时有相同数量的分子与冷凝液相或者固相表面发生碰撞而返回到冷凝液相或固相中。

表7-1　常用材料的熔化温度以及在1Pa时的蒸发温度

材料	熔化温度/℃	蒸发温度/℃	材料	熔化温度/℃	蒸发温度/℃
铝	660	1272	锡	232	1189
铁	1535	1477	银	961	1027
金	1063	1397	铬	1900	1397
铟	157	957	锌	420	408
镉	321	271	镍	1452	1527
硅	1410	1343	钯	1550	1462
钛	1667	1737	三氧化二铝	2050	1781
钨	3373	3227	二氧化硅	1710	1760
铜	1084	1084	三氧化二硼	450	1187

饱和蒸气压p_v可以按照克拉珀龙–克劳修斯方程进行计算：

$$dp_v/dT=\Delta H_v/T(V_g-V_l) \tag{7-37}$$

式中，ΔH_v为摩尔汽化热；V_g、V_l为气相或液相的摩尔体积；T为绝对温度。

因为$V_g \geqslant V_l$，故$V_g-V_l \geqslant V_g$，在低气压符合理想气体定律：

$$pV/T=R \tag{7-38}$$

式中，R为摩尔气体常数，$R=8.31\text{J}/(\text{mol}\cdot\text{K})$。

据此，令$V_g=RT/p_v$，代入式（7-37），则有

$$dp_v/p_v=(\Delta H_v/R)(dt/T^2) \tag{7-39}$$

或

$$d(\ln p_v)/d(1/T)=-\Delta H_v/R \tag{7-40}$$

随着温度升高，蒸发热的还原量在蒸发过程中变化很小，可以认为是常数。

在式（7-40）中，当蒸气压接近1mbar左右时，蒸发技术体现出其特点。蒸发源中的饱和蒸气压、冷凝速率与物料温度之间存在指数相关关系，即温度变化

相对较小，凝结速率变化较大。金属的蒸气压值与温度的函数变化关系如图 7-21 所示。

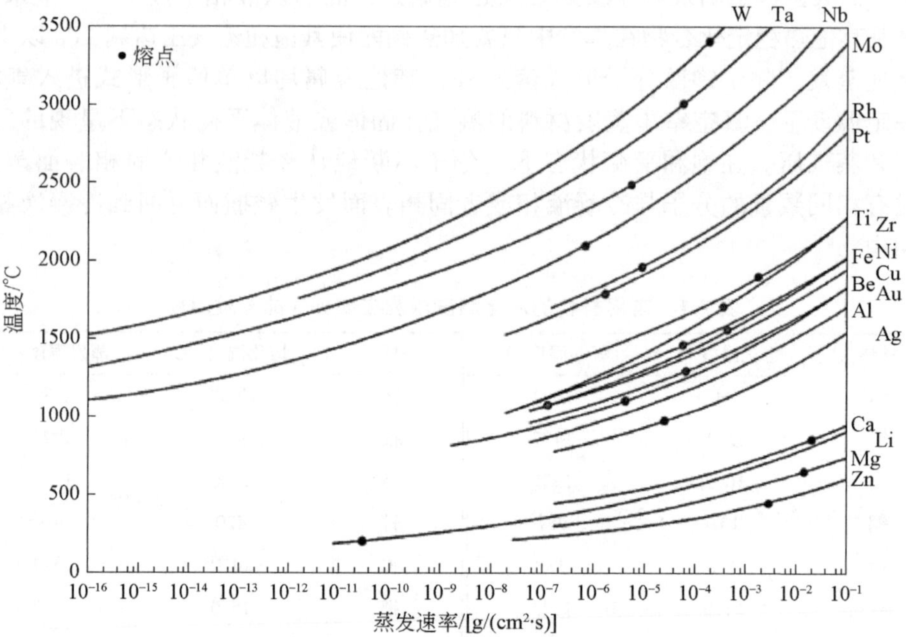

图 7-21　高真空范围内金属的蒸发速率[36]

膜材气化过程与温度有密切的联系，几种常用金属气化热与温度的关系见表 7-2[35]。从表 7-2 可以看出，气化热随温度增高而逐渐减小，气化热使原子或分子获得足够能量逸出变为气相，并给逸出粒子提供足够的动能。因此，气化热主要用来克服镀膜材料中的原子间相互吸引力使镀膜材料蒸发。

表 7-2　几种常用金属气化热与温度的关系式

材料	气化热（kJ/mol）与温度（K）的关系
Al	$(67580-0.20T-161\times10-3T^2)\times4.1868$
Cr	$(89400-0.20T)-1.48\times10^{-3}T^2$
Cu	$(80070-2.53T)\times4.868$
Au	$(80070-2.53T)\times4.1868$
Ni	$(80070-2.53T)\times4.1868$
W	$(202900-0.68T-0.33\times10^{-3}T^2)\times4.1868$

7.5.2 脉冲激光沉积

自1960年第一台红宝石激光器的问世，开启了激光与物质相互作用的全新领域。人们发现当用激光照射固体材料时，有电子、离子和中性原子从固体表面“跑”出来，并在其附近形成一个发光的等离子区，其温度估计在几千到一万摄氏度之间。随后有人想到，若能使这些粒子在衬底上凝结就可得到薄膜，这就是激光镀膜的概念。1965年Smith等第一次尝试用激光制备了光学薄膜，但经分析发现，这种方法类似于电子束打靶蒸发镀膜，未显示出很大的优势，所以一直不为人们所重视。直到1987年，美国Bell实验室首次成功利用短波长脉冲准分子激光制备了高质量的钇钡铜氧（YBCO）超导薄膜[37]，脉冲激光沉积（pulsed laser deposition，PLD）技术才成为一种重要的制膜技术，受到国际上广大科研工作者的高度重视。当前，PLD技术在铁电、半导体、金刚石（类金刚石）等[38]多种功能薄膜以及生物陶瓷薄膜的制备上显示出广阔的应用前景。这种方法已发展成为最好的制备薄膜的方法之一。

（1）工作原理

从激光器中产生的激光，先经过反射镜改变其前进方向后经过一个凸透镜将激光束聚焦到靶面上。这时，聚焦激光产生一个足够大的电场将处于光吸收深度范围内的电子通过一些非线性过程从原子中移出。对于一个纳秒激光脉冲来说，该过程所用时间极短，约为10ps左右。对于大部分的材料来说，激光与靶材的相互作用范围，即光吸收深度大约在10nm以内，因此对于$1mm^2$的聚焦光斑来说，将会有大约1015个外层电子产生。这些电子在激光光束产生的电磁场中振荡的同时还与邻近的原子或离子相互碰撞，从而将一部分能量转移到靶表面的晶格中。一旦产生足够密度的自由电子，逆韧致辐射将成为主要的过程。当激光脉冲停止后，由于库仑排斥和靶表面的反冲作用，由高能离子、电子、原子、分子等组成的等离子体从融蒸的靶材附近快速绝热地膨胀和传播，并与背景气体发生复杂的气相反应。这些膨胀的等离子体所发出的可见光光谱，就是我们通常所说的羽辉（plume），它们的温度接近100000K，或者更高。这些高能粒子在到达衬底表面后以一定的概率吸附在其上继而成核、长大，形成连续的薄膜。图7-22是脉冲激光沉积装置的基本结构示意图[39]。

（2）PLD镀膜过程

整个PLD镀膜过程通常分为三个阶段：

①激光与靶材相互作用产生等离子体。在靶材光束聚焦表面，在足够高的能量密度下和短的脉冲时间内，靶材吸收激光能量并使光斑处的温度迅速升高至靶材的蒸发温度以上而产生高温及烧蚀，靶材气化蒸发，有原子、分子、电子、离子和分子团簇及微米尺度的液滴、固体颗粒等从靶的表面逸出。这些被蒸发出来

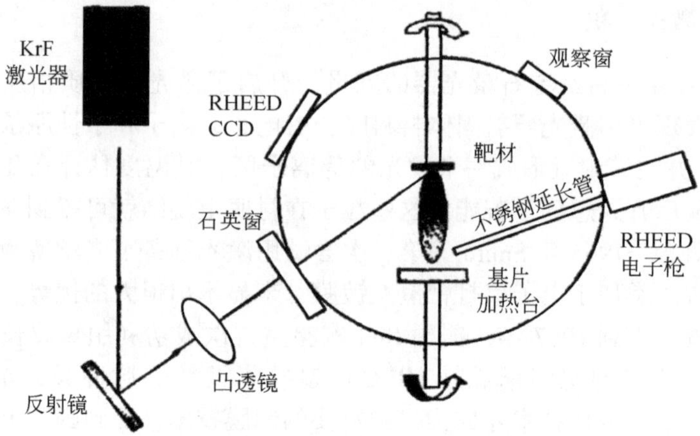

图 7-22 脉冲激光沉积装置的基本结构示意图

的物质反过来又继续和激光相互作用，其温度进一步提高，形成区域化的高温、高密度的等离子体，等离子体通过逆韧致吸收机制吸收光能而被加热到 10^4K 以上，形成一个具有致密核心的明亮的等离子体火焰。

②等离子体在空间的输运（包括激光作用时的等温膨胀和激光结束后的绝热膨胀）。等离子体火焰形成后，其与激光束继续作用进一步电离，等离子体的温度和压力迅速升高，并在靶面法线方向形成大的温度和压力梯度，使其沿该方向向外做等温（激光作用时）和绝热（激光终止后）膨胀。此时，电荷云的非均匀分布形成相当强的加速电场。在这些极端条件下，高速膨胀过程发生在数十纳秒瞬间，迅速形成了一个沿法线方向向外的细长的等离子体羽辉。

③等离子体在基片上成核、长大形成薄膜。激光等离子体中的高能粒子轰击基片表面，使其产生不同程度的辐射式损伤，其中之一就是原子溅射。入射粒子流和溅射原子之间形成了热化区，一旦粒子的凝聚速率大于溅射原子的飞溅速率，热化区就会消散，粒子在基片上生长出薄膜。这里薄膜的形成与晶核的形成和长大密切相关。而晶核的形成和长大取决于很多因素，如等离子体的密度、温度、离化度、凝聚态物质的成分、基片温度等。随着晶核超饱和度的增加，临界核开始缩小，直到高度接近原子的直径，此时薄膜的形态是二维的层状分布[40]。

脉冲激光沉积技术是目前最有前途的制膜技术，该技术简单且有很多优点。

①可对化学成分复杂的复合物材料进行全等同镀膜，易于保证镀膜后化学计量比的稳定。与靶材成分容易一致是 PLD 的最大优点是区别于其他技术的主要标志。

②反应迅速，生长快。通常情况下 1h 可获 1μm 左右的薄膜。

③定向性强、薄膜分辨率高，能实现微区沉积。

④生长过程中可原位引入多种气体，引入活性或惰性及混合气体对提高薄膜质量有重要意义。

⑤易制多层膜和异质膜特别是多元氧化物的异质结，只需通过简单的换靶就行。

⑥靶材容易制备不需加热，等离子能量高能量大于10eV，离子能量1000eV左右，如此高的能量可降低膜所需的衬底温度，易于在较低温度下原位生长取向一致的结构和外延单晶膜。

⑦高真空环境对薄膜污染少可制成高纯薄膜；羽辉只在局部区域运输蒸发，故对沉积腔污染要小得多。

⑧可制膜种类多，几乎所有的材料都可用PLD制膜，除非材料对该种激光是透明的。

同时PLD技术也存在一些缺点，主要表现在：①脉冲瞬间沉积时不能避免产生液滴及大小不一的颗粒的形成，会以大的团簇形状存留在膜中，影响膜的质量。②薄膜厚度不够均匀。融蚀羽辉具有很强的方向性，在不同的空间方向，等离子体羽辉中的粒子速率不尽相同，使粒子的能量和数量的分布不均匀。③等离子局域分布难以形成大面积的薄膜[41]。

7.5.3 溅射

溅射镀膜是在真空环境中利用荷能粒子轰击靶材表面，使靶材原子溅射出靶面并沉积到基体表面形成薄膜。通常靶材由镀膜材料制成基片作为阳极，真空室中通入0.1～10Pa的氩气或其他惰性气体，在阴极（靶）1～3kV直流负高压或13.56MHz的射频电压作用下产生辉光放电，惰性气体发生电离。电离出的氩离子轰击靶材表面，使得靶材原子发生溅射逃离靶面，并在电场或磁场的作用下高速定向移动到基体表面，形成薄膜。最早是由英国物理学家格罗夫（William Robert Grove）在1852年研究电子管阴极腐蚀问题时发现，到20世纪60年代，不同溅射设备开始大量涌现，使得各项溅射沉积技术研究飞速发展，特别是1974年磁控溅射技术成功商业化，极大地扩展了溅射技术的应用领域。到目前为止，溅射镀膜技术在薄膜制备领域仍占据举足轻重的地位。

目前，溅射方法种类繁多，主要有二级溅射、三级或四级溅射、磁控溅射、对靶溅射、射频溅射、偏压溅射、非对称交流射频溅射、离子束溅射以及反应溅射等。

高能离子撞击固体（目标）表面，可能会产生以下影响：①溅射；②电子发射（二次电子发射）；③离子注入；④离子反射；⑤晶格振动（发热）。1969年，Sigmund在总结大量实验工作的基础上，提出了原子线性级联碰撞的理论模型，如图7-23所示。

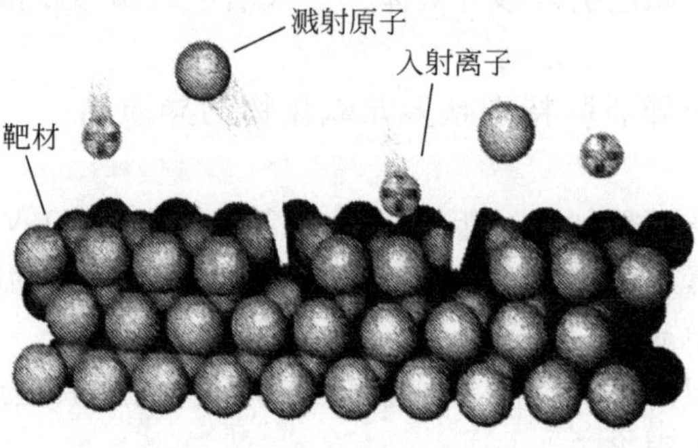

图 7-23　Sigmund 在 1969 年提出的溅射模型[42]

能量粒子轰击固体表面会产生多种效应，如图 7-24 所示，主要有入射粒子的反射、入射粒子中性化后反射、入射粒子在表面沉积、表面电子发射、表面中性原子和分子发射、表面正负离子反射、表面溅射粒子的背散射、表面吸附气体的解吸、溅射粒子与表面作用产生辐射射线，以及粒子注入等效应。在这些效应中，与真空镀膜密切相关的是表面吸附气体的解吸、入射粒子在固体表面的沉积、入射粒子导致表面原子的溅射，以及入射粒子注入固体内部。

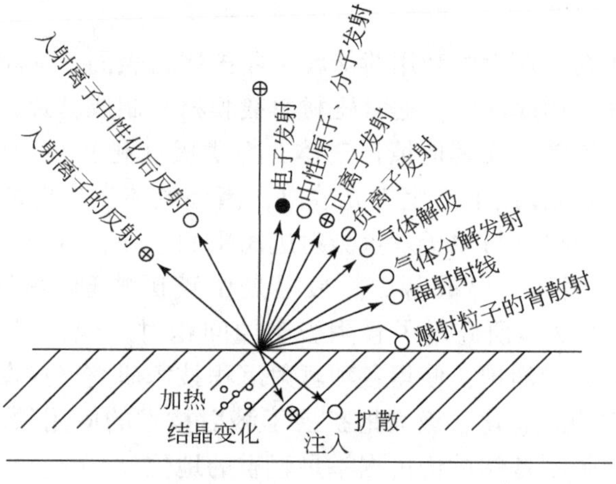

图 7-24　离子轰击表面时引起的各种现象[43]

随着入射粒子能量的增加，产生不同的现象，例如：

①固体表面吸附粒子的解吸。到达表面的粒子将能量传递给表面吸附的外来分子或原子，这些分子或原子由于吸收能量，克服表面束缚能的约束而逃逸表面的概率增大，所以粒子轰击可以清除固体表面吸附的分子或污染物，达到清洁基体表面的效果。

②原子在固体表面的沉积。到达表面的粒子将能量交给基体，并与表面原子形成化学吸附，沉积在表面，形成薄膜。

③表面原子的溅射。当到达固体表面的粒子能量比较大时，固体表面原子可能获得较大的能量，在垂直于表面向外的方向上获得较大的动量而离开表面，即发生溅射现象。

④原子注入。当到达表面的粒子能量非常大时，粒子可能会注入固体内部，改变固体近表面成分、晶格结构，或形成物理混合层等。

以上现象中，与溅射镀膜最相关的现象是表面电子发射和表面原子的溅射，前者维持辉光放电，后者则是成膜所必需的。而影响镀膜过程的一个重要因素是靶材的溅射产额或溅射率。

溅射产额及影响因素：溅射过程中最重要的特征因素之一就是溅射产额，即入射粒子数与溅射粒子数的比值，常用 Y 表示。溅射产额受多重因素的影响，如入射离子的能量、类型和入射方向，以及靶材的原子序数、晶态结构、温度、表面形貌等。

将基体置于真空室中的装载台，溅射镀膜过程由以下 4 个步骤组成：

①加热。目标真空的准备阶段。由模块化控制系统控制加热电阻使真空室的温度逐渐升高，并在加热过程中启动真空泵，使真空室的气压不断降低。该抽真空系统一般涉及多级真空装置，如低真空的机械泵中真空的罗茨泵以及高真空的分子泵。

②刻蚀。阴极基材的清洗阶段。该过程中，电弧将真空室内的惰性气体电离产生大量等离子体，这些等离子体中的带电离子在电场的作用下不断轰击基体，以清洗其表面的污染物。这是薄膜沉积前的重要步骤，因为它不仅直接影响膜-基结合力，同时对多膜层的硬度、表面粗糙度等有一定影响。

③镀膜。涂层的沉积过程。通过溅射过程使固体靶材表面原子逸出，在电场或磁场的作用下沉积到基体表面形成膜层。

④降温。真空室的冷却阶段。镀膜结束后，基体将随炉冷却至室温，然后停止真空泵的工作，使真空室内温度及压强与外界一致。冷却过程中需要冷却系统对真空泵和真空室进行冷却。

7.5.4　离子镀

真空离子镀膜技术（ion plating）是由美国 Somdia 公司的 Mattox 等于1963 年综合了真空蒸发镀膜和真空溅射镀膜两种方式开发出的一种全新镀膜技术[44]。可概述为在真空状态下通过加热或高能粒子轰击的方式将镀膜材料（工作气体或靶材原子）引入气体放电空间中，并使之部分电离得到高能量密度的等离子体。同时，在基体上施加负偏压以加速等离子体沉积在基体表面，从而得到所需的薄膜。根据靶材释放粒子的方式可以将离子镀膜大致分为两种：蒸发源型离子镀与溅射靶型离子镀。前者是通过电阻、电子束或者等离子体束等方式加热靶材使之蒸发并电离得到金属离子与中性原子；后者是利用高能离子（如 Ar^+）对靶材表面进行轰击溅射得到金属粒子，这些粒子在负偏压电场作用下到达基体表面沉积形成薄膜。离子镀技术涵盖了真空蒸镀、真空溅射、辉光放电以及离子沉积注入等过程。凭借其高离化率、高结合强度、组织结构致密、绕射性好等特点，离子镀技术可以在材料表面制备金属、合金、陶瓷等薄膜，并使其具备优秀的力学、光学、电学等性能。

(1) 离子镀技术的原理

首先将真空室气压抽至 10^{-3} Pa 以下，然后通入工作气体（Ar）使炉腔内气压升高至 10^{-1} ~ 10^{0}Pa。通入高压电源，在靶材（阳极）与基体（阴极）之间建立起一个低压气体放电的低温等离子体区。靶材通过加热蒸发或者高能粒子轰击的方式产生金属粒子，这些金属粒子在通过低温等离子体区时与等离子体区中的离子、原子和电子发生碰撞，其中部分金属粒子与电子碰撞后被电离成正离子，这些正离子在负偏压电场作用下被加速，以较高能量轰击基体表面，形成薄膜；除此之外，这些正离子在到达基体之前也可能与靶材或工作气体的中性原子发生碰撞，在进行电荷交换后以中性原子的状态沉积在基体或薄膜表面，形成“颗粒”。通常情况下，离子镀膜传递到基体的能量 10% 由离子携带，90% 由中性原子携带，而这些高能离子与中性粒子的能量则由基体上施加的负偏压提供。

(2) 离子镀技术的特点

离子镀又称离子辅助沉积（IA）、电离辅助沉积（IAD）或离子气相沉积（IVD），是一种物理气相沉积工艺，其利用高能粒子对基体和薄膜进行周期性轰击。沉积前的轰击可以溅射清洗基体表面而沉积过程中的轰击可以获得良好的附着力使沉积材料致密化，改变沉积薄膜的结构、形貌和性能以及改善薄膜残余应力。值得一提的是，在清洗和沉积之间的轰击是连续的，这可以保持一个相对洁净的界面，从而产生以下一系列效应。

①涂层与基体结合强度高。高能离子轰击基体可以有效去除基体表面的氧化物或污染物，同时活化基体表面。而离子轰击时产生的热量可以增强基体的扩散效应，当离子能量足够高时，在膜-基界面会产生一个界面过渡层，具有一定的离子注入和离子束混合效应，增强薄膜与基体的附着力。

②离子镀膜绕射性较好。在镀膜气压较高时（≥1.0Pa），工作气体或靶材的离子在到达基体前会与中性原子发生多次碰撞，并均匀分布于基体周围，从而改善薄膜性能。在电场作用下，带电离子可以沉积在基体表面任意位置。

③镀层沉积效率高、质量好。离子轰击作用使得薄膜组织结构致密程度得到提高，均匀性较好，薄膜无孔洞、空隙、夹杂等缺陷。

④靶材与基体的材料选择性广。离子镀技术可以在金属或非金属表面制备金属、化合物、非金属材料的薄膜。由于等离子体的活性有利于降低化合物合成温度，因此离子镀技术广泛应用于各种硬质化合物薄膜的制备。

(3) 影响离子镀镀膜技术的因素

影响薄膜质量的因素主要是沉积在基体上的各种高能粒子（靶材、工作气体、反应气体的原子和离子）的能量，以及基体表面的温度与状态。

①真空室镀膜气压。一般来说，真空室镀膜气压是抽至本底气压后通入的工作气体的压力，它是建立和调控等离子体浓度、影响粒子到达基体数量的重要因素。高能粒子在到达基体之前会与气体粒子多次碰撞，发生散射作用。随着气体压力的增加，散射效应增强，粒子绕射性随之增强。然而，气压过大会使得散射效应过强，进而降低薄膜的沉积速率。

②工作气体与反应气体的分压。在反应离子镀中，真空室会同时通入工作气体和反应气体。例如，在沉积CrN薄膜时会同时引入工作气体Ar和反应气体N_2的混合气体，镀膜阶段Ar稳定放电，Cr离子与氮反应得到CrN。此时，不仅需要控制混合气体的总体气压，还要调控工作气体和反应气体的分压比例。N_2分压比例的高低影响反应产物的化学计量配比，换言之就是影响CrN、Gr_2N、Cr_xN_y的含量，进而表现为生成颜色和性能不同的薄膜。利用离子镀技术制备多元复合薄膜，必须精确调控各种反应气体分压与流量，并且保证布气系统均匀合理从而获得质量上乘的薄膜。

③蒸发功率和速率。蒸发功率直接影响蒸发速率，但对薄膜沉积速率没有必然的影响。一般来说，靶材蒸发功率提高，蒸发速率可以提高，但蒸发出的粒子在到达基体前会与真空室的气体粒子发生多次碰撞，散射在真空室中，在到达基体表面后会产生反溅射效应；此外，涂层沉积过程中会受到界面应力、薄膜生长应力、热应力的影响。因此，蒸发功率对沉积速率的影响是多样化的。若蒸发功率过高，蒸发速率随之升高，基体表面易沉积较多的未经离化的中性靶材颗粒，导致薄膜表面粗糙度提高均匀性下降，进而影响薄膜性能。

④靶材与基体的距离。靶基距受到等离子体区位置、蒸发离子数量与浓度、蒸发源热辐射效应以及薄膜沉积速率的影响。随着靶-基距的增加，成膜粒子在迁移过程中会更易发生碰撞，从而增加离化率和散射率。一般来说，平面靶磁控溅射离子镀靶-基距为70mm，平面圆靶阴极电弧离子镀靶基距为150～200mm，增加靶-基距可以将基体正、反面薄膜厚度比例控制到1∶1，但沉积速率和能量会相应降低。

⑤基体偏压。在基体上施加一定的负偏压可以促使粒子电离并加速碰撞基体表面[47]。随着负偏压的增加，离子对基体的轰击作用强化，薄膜结构由粗大的柱状晶结构逐渐转变为细晶结构，但同时高能离子轰击会迫使薄膜产生夹杂、裂

纹等缺陷。经验表明，负偏压取值一般在 50～200V 之间，刻蚀阶段会施加较高的偏压（>600V）以清洗基体表面的氧化物和污染物，同时活化基体表面。

⑥基体温度。基体温度是影响离子镀薄膜组织结构的重要因素，在离子镀中镀膜温度可以控制在室温至450℃之间，不同的基体温度可以得到晶粒形状、大小、结构、表面粗糙度完全不同的薄膜。

图 7-25 为 PVD 方法制备 LLZ 复合电极材料。

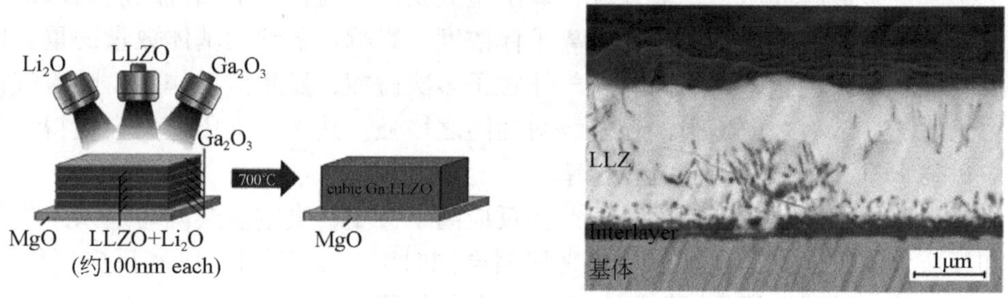

图 7-25 PVD 方法制备 LLZ 复合电池材料

7.5.5 物理气相沉积在新能源材料制备中的应用

PVD 技术在广泛的电池概念范围内解决开发的各个方面是非常有用的。PVD 技术可以用于扩展对电池材料的基本理解，例如，晶体结构、晶体取向以及缺陷对电子和离子的电导率、电化学性能和底层材料转变的影响。

①PVD 技术为新材料的高通量筛选和材料库的生成提供了独特的可能性。当前电池研究的一个关键任务是具有可调厚度、多元素组成和组成梯度的薄膜能够以一种可控的方式沉积。薄膜的几何结构是否完全适合可以通过各种表征技术进行快速筛选。分析过程通常采用最新发展的自动化和数据处理与成熟的薄膜图形技术（如光刻）相结合，这使得编译大型数据库成为可能（图 7-26）。

②通过 PVD 可以非常精确地控制结晶程度，这可以研究材料的结晶或非晶态。在原位或退火后的过程中通过加热进行的结晶是多种电池材料的关键步骤，这意味着可能发生有害的扩散/反应到基材或与基材。此外，如果基材和沉积层由于热膨胀系数（CTE）、键合特性和/或晶格参数的不同而不相容，则随着处理温度的升高，缺陷的风险也会增加。因此，降低沉积温度（例如在溅射过程中施加偏压）在薄膜研究中是一种可以采取的方法。

③通过 PVD 工艺沉积的薄膜不含有机添加剂和溶剂，并有一个确定的表面积，这允许相对直接地测量基本的电学和电化学性能。此外，PVD 方法适用于外延生长或具有优选取向的薄膜的制备，使材料性能可以沿确定的晶体轴确定。化

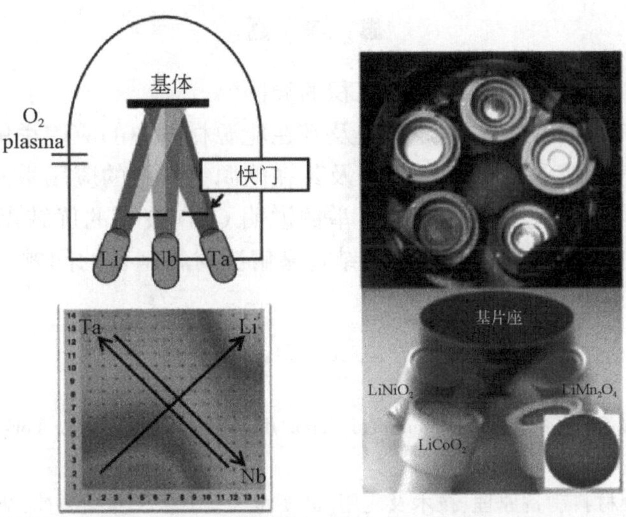

图 7-26 通过 PVD 生成材料库的不同技术设置[48]

学信息的分析，例如二次离子质谱（SIMS）和 X 射线光电子能谱（XPS），也为薄膜几何形状的分析提供了很大的便利。

④利用 PVD 与 CNT 生成的 2D 多孔纳米薄片渗透而设计出独立的电极，提供了一种有希望的通用途径，并为开发高能电池系统提供了重要的见识。物理气相沉积（PVD）定制的二维（2D）多孔非晶 Si 纳米薄片，用超长多壁碳纳米管（MWCNT）增强，可以集成到具有高体积/面积容量和能量密度的独立式薄膜电极中。由于特殊的 1D/2D 纳米管/纳米片纠缠结构，独立的 Si-MWCNT 膜具有高度的多孔性、导电性和机械坚固性（图 7-27）。此外，相互连接的 MWCNT 网络用作隔离层，以防止相邻的 Si 纳米薄片重新堆叠连通。由于非晶硅纳米薄片（中孔）和 Si-MWCNT 电极（大孔）中都存在大量孔，因此可以显著抑制体积变化，从而使电极的质量负载十分稳定。

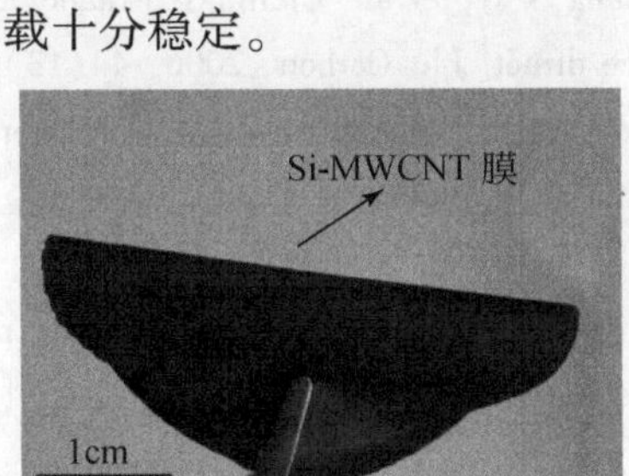

图 7-27 通过 PVD 与 CNT 生成的 Si-MWCNT 膜[49]

思 考 题

（1）化学气相沉积与物理气相沉积的异同?

（2）物理气相沉积的原理、分类及其在能源材料中的应用举例。

（3）化学气相沉积的原理、分类及其在能源材料中的应用举例。

（4）结合当前研究的实际问题，举例说明 CVD 技术的优缺点。为克服 CVD 技术的缺点，可以采取与其他技术相结合来解决材料制备的问题，试进行文献调研后举例说明。

参 考 文 献

[1] Pierson, Hugh O. Handbook of chemical vapor deposition[M]. New York: William Andrew Pub, 2000.

[2] 唐伟忠. 薄膜材料制备原理、技术及应用[M]. 北京：冶金工业出版社，2003.

[3] Ding Y S, Li W N, Iaconetti S, et al. Characteristics of graphite anode modified by CVD carbon coating[J]. Surface & Coatings Technology, 2006, 200(9): 3041-3048.

[4] 田民波. 薄膜技术与薄膜材料[M]. 北京：清华大学出版社,2006.

[5] 杜军，朱晓莹，底月兰. 气相沉积薄膜强韧化技术[M]. 北京：国防工业出版社，2018.

[6] 刘红. 工程材料[M]. 北京：北京理工大学出版社，2019.

[7] 钱苗根. 材料表面技术及其应用手册[M]. 北京：机械工业出版社，1998.

[8] 张世宏，王启民，郑军. 气相沉积技术原理及应用[M]. 北京：冶金工业出版社，2020.

[9] 谭昌瑶，王钧石. 实用表面工程技术[M]. 北京：新时代出版社，1998.

[10] Natarajan C, Fujimoto H, Tokumttsu K, et al. Reduction of the irreversible capacity of a graphite anode by the CVD process[J]. Carbon, 2001, 39(9): 1409-1413.

[11] Han Y S, Lee J Y. Improvement on the electrochemical characteristics of graphite anodes by coating of the pyrolytic carbon using tumbling chemical vapor deposition[J]. Electrochimica Acta, 2003, 48(8): 1073-1079.

[12] Zhang H L, Zhang Y, Zhang X G, et al. Urchin-like nano/micro hybrid anode materials for lithium ion battery—science direct[J]. Carbon, 2006, 44(13): 2778-2784.

[13] Kim I C, Byu U D, Lee S, et al. Electrochemical characteristics of copper silicide-coated graphite as an anode material of lithium secondary batteries[J]. Electrochimica Acta, 2007, 52(4): 1532-1537.

[14] Isaeva I, Salitra G, Soffer A, et al. A new approach for the preparation of anodes for Li-ion batteries based on activated hard carbon cloth with pore design[J]. Journal of Power Sources, 2003, 119(1): 28-33.

[15] Joong Gun Oh, Kwanyong Pak, Choong Sun Kim, et al, A high-performance top-Gated graphene field-effect transistor with excellent flexibility enabled by an iCVD copolymer gate dielectric[J]. Small , 2018, 14(1): 1703035-1703042.

[16] Wang Q, Li H, Chen L, et al. Novel spherical microporous carbon as anode material for Li-ion batteries[J]. Solid State Ionics, 2002, 152(1): 43-50.

[17] Ohzawa Y, Yamanaka Y, Naga K. Pyrocarbon-coating on powdery hard-carbon using chemical vapor infiltration and its electrochemical characteristics[J]. Journal of Power Sources, 2005, 146(1/2): 125-128.

[18] Park M, Lee Y, Rajendran S C, et al. Electrochemical properties of Si/Ni alloy-graphite composite as an anode material for Li-ion batteries[J]. Electrochimica Acta, 2005, 50(28): 5561-5567.

[19] 刘增涛, 傅焰鹏, 李晨,等 竹节状硅纳米管的制备及锂离子嵌入/脱出性能研究[J]. 电化学, 2006, 12(4): 363-367.

[20] Bourderau S, Brousse T, Schleich D M. Amorphous silicon as a possible anode material for Li-ion batteries[J]. Journal of Power Sources, 1999, s 81-82(1): 233-236.

[21] Yoshio M, Wang H, Fukuda K, et al. Carbon-coated Si as a lithium-ion battery anode material [J]. Journal of the Electrochemical Society, 2002, 149(12): A1598-A1603.

[22] Jie S, Hong L, Yang R, et al. Cage-like carbon nanotubes/Si composite as anode material for lithium ion batteries[J]. Electrochemistry Communications, 2006, 8(1): 51-54.

[23] Brousse T, Lee S M, Pasquereau L, et al. Composite negative electrodes for lithium ion cells[J]. Solid State Ionics, 1998, 113: 51-56.

[24] Marcinek M, Hardwick L J, Richardson T J, et al. Microwave plasma chemical vapor deposition of nano-structured Sn/C composite thin-film anodes for Li-ion batteries[J]. Journal of Power Sources, 2007, 173(2): 965-971.

[25] Mcgraw J M, Perkins J D, Zhang J G, et al. Next generation V_2O_5 cathode materials for Li rechargeable batteries[J]. Solid State Ionics, 1998, s 113-115(1): 407-413.

[26] Kikkawa S. Titanium disulphide thin film prepared by plasma-CVD for lithium secondary battery [J]. Ceramics International, 1997, 23(1): 7-11.

[27] Fragnaudt P, Nagarajan R, Schleich D M, et al. Thin-film cathodes for secondary lithium batteries[J]. Journal of Power Sources, 1995, 54(2): 362-366.

[28] Choi W G, Yoon S G. Structural and electrical properties of $LiCoO_2$ thin-film cathodes deposited on planar and trench structures by liquid-delivery metalorganic chemical vapour deposition[J]. Journal of Power Sources, 2004, 125(2): 236-241.

[29] Moona H S, Lee S W, Lee Y K, et al. Characterization of protective-layer-coated $LiMn_2O_4$ cathode thin films[J]. Journal of Power Sources, 2003, 119(Jun): 713-716.

[30] Endoa E, Yasuda T, Yamaura K, et al. $LiNiO_2$ electrode modified by plasma chemical vapor deposition for higher voltage performance[J]. Journal of power sources, 2001, 93(1-2): 87-92.

[31] Omanda H, Brousse T, Marhic C, et al. Improvement of the thermal stability of $LiNi_{0.8}Co_{0.2}O_2$ cathode by a SiO_x protective coating[J]. Journal of the Electrochemical Society, 2004, 151 (6): A922.

[32] Li J, Suzuki T, Naga K, et al. Electrochemical performance of $LiFePO_4$ modified by pressure-pulsed chemical vapor infiltration in lithium-ion batteries[J]. Materials Science and Engineering B, 2007, 142(2-3): 86-92.

[33] 尚晓丽，程新群．化学气相沉积技术在锂离子电池电极材料中的应用[J]．化工新型材料，2009，(4)：3.

[34] 蔡清元．薄膜生长的宽光谱监控技术及其应用研究[D]．上海：复旦大学，2011.

[35] 张以忱．真空镀膜技术与设备[M]．北京：冶金工业出版社，2014.

[36] Frey H, Khan H R. Handbook of thin-film technology[M]. New York: McGraw-Hill, 2015.

[37] 邓联文，江建军，何华辉．脉冲激光沉积技术在磁性薄膜制备中的应用[J]．材料导报，2003，17(2)：66-68.

[38] Yang X, Tang Y, Ming Y, et al. Pulsed laser deposition of aluminum tris-8-hydroxyquinline thin films[J]. Thin Solid Films, 2000, DOI: 10.1016/50040-6090(99)00687-2.

[39] 王萍，解廷月，李海．脉冲激光沉积技术[J]．山西大同大学学报：自然科学版，2008，24(4)：4.

[40] 高国棉，陈长乐，王永仓，等．脉冲激光沉积(PLD)技术及其应用研究[J]．空军工程大学学报：自然科学版，2005，6(3)：5.

[41] 唐亚陆，杜泽民．脉冲激光沉积(PLD)原理及其应用[J]．桂林电子工业学院学报，2006，DOI：10.39691j. issn, 1673-808X. 2006. 01. 006.

[42] Sigmund P. Theory of sputtering. I. Sputtering yield of amorphous and polycrystalline targets[J]. Physical review, 1969, 184(2): 383.

[43] 方应翠．真空镀膜原理与技术[M]．北京：科学出版社，2014.

[44] Mattox D M, Mcdonald J E. Interface formation during thin film deposition[J]. Journal of Applied Physics, 1963, 34(8): 2493-2494.

[45] Zhang S, Li M. Influence of the C_2H_2 flow rate on gradient TiCN films deposited by multi-arc ion plating[J]. Applied Surface Science, 2013, 283: 134-144.

[46] Fei C, Zhang S, Li J, et al. Effect of nitrogen partial pressure on Al-Ti-N films deposited by arc ion plating[J]. Applied Surface Science, 2011, 258(5): 1819-1825.

[47] Zhang T F, Gan B, Park S M, et al. Influence of negative bias voltage and deposition temperature on microstructure and properties of superhard TiB_2 coatings deposited by high power impulse magnetron sputtering[J]. Surface and Coatings Technology, 2014, 253: 115-122.

[48] Lobe S, Bauer A, Uhlenbruck S, et al. Physical vapor deposition in solid-state battery development: From materials to devices[J]. Advanced Science, 2021, 8(11): 2002044.

[49] Wang Z, Li Y, Huang S, et al. PVD customized 2D porous amorphous silicon nanoflakes percolated with carbon nanotubes for high areal capacity lithium ion batteries[J]. Journal of Materials Chemistry A, 2020, 8(9): 4836-4843.

第8章 静电纺丝

8.1 静电纺丝概述

近些年，为了应对可持续发展带来的挑战，传统的化石能源燃料难以满足人们日益增长的需求，因此急需寻找利用可再生的清洁能源。在这个过程中，锂离子电池、太阳能电池和超级电容器等能源设备逐渐成为研究热点。纳米材料因独特的尺寸和表面性质可表现出优异的电化学性能、力学性能和光学性能，从而有效提高了新能源器件的储存与转换性能，因此被广泛研究与应用[1]。例如，对二次电池而言，使用具备独特形貌和结构的纳米材料可以提升电池的功率密度、能量密度和循环寿命。

纳米纤维作为纳米材料的一种，因具备高比表面积、高长径比和高延伸性等优异性能而受到重视。现阶段国内外制备纳米纤维的方法主要有拉伸法、自组装法和相分离法，但这些方法均存在如成本高昂、反应不便等不足。为了制造出有效的、具有优异性能的连续聚合物纳米纤维，静电纺丝技术引起了广泛的关注。与之类似，静电喷雾沉积技术能够便利地制备形貌、结构各异的薄膜，可用作薄膜电极或保护层，也是一种常见的新能源材料制备技术。

静电纺丝技术与静电喷雾沉积技术原理类似，二者均使聚合物前驱液以一定流速通过带电的喷头，通过电场力驱动、喷射后最终在接收装置收集。其主要区别在于：静电纺丝法使用的前驱液是黏度较高的非牛顿流体，在高压电场的作用下，通过喷头的带电液滴形成喷射细流，在溶剂蒸发或固化后形成纤维后落在接收端；而静电喷雾使用的前驱液是低黏度的牛顿流体，因此容易以雾化液滴的形式分散、沉积后形成形态各异的薄膜[2,3]。

静电纺丝/静电喷雾沉积技术能够生产高比表面积、高孔隙率，以及结构形貌各异的纳米材料，同时其生产效率高、生产成本低、工艺简单，因此被大量应用于锂离子电池、超级电容器、钠离子电池、电池隔膜、燃料电池、太阳能电池等新能源领域。

8.2 静电纺丝/静电喷雾发展历史

8.2.1 静电纺丝技术

静电纺丝技术的发展史最早可追溯到17世纪伊丽莎白一世时期，彼时担任英国皇家医学院院长的Gilbert在一次实验中观察到当带电的干燥琥珀片靠近液滴时，液滴逐渐从球状变形为圆锥状，最终从圆锥的尖端喷射出小液滴[4]。一百多年后，德国科学家Bose研究发现如果对流体液滴施加高压可以获得气凝胶。随后在1753年物理学家Beccaria在实验中发现带电流体相比于不带电流体具有更快的蒸发速度[5]。在这一时期的研究发现为后来静电纺丝技术的飞速发展提供了重要的基础。

在19世纪第二次工业革命后，人类进入了“电气时代”，电的发明极大促进了工程技术的发展，同时催生出大量的新技术。19世纪末期，合成纤维工业随着高压电源和可溶性聚合物的出现而得到广泛生产，同时与其相关的静电纺丝技术在欧美国家开始兴起。

19世纪80年代，Rayleigh研究发现，液滴的射流稳定性在某一临界范围内随着施加电压的增加而提高，但如果突破电压临界值，射流稳定性开始降低直至液滴破碎。在接下来反复实验和计算后，Rayleigh推导出液滴变形至形成射流的临界电压公式[6]，这为静电纺丝技术提供了部分的理论基础。随后在1887年，物理学家Boys在前人的研究基础上成功制得长度27m、直径254mm的石英纳米纤维[7]。

进入20世纪，关于静电纺丝技术的研究发展放缓脚步，但在一些重要领域仍然取得了关键成果，如工艺、原理、设备和材料等方面。1902年，Morton提出的流体分散装置及其方法经验证具有实际操作性，这使静电纺丝技术的应用成为可能。在理论研究方面，随着液滴表面张力与静电场力之间存在关系的发现和对流体液滴行为的分析研究，静电纺丝技术的理论体系初步形成，同时也为数学模拟下电场力对流体行为的影响关系奠定了基础。随后Formhals大大推动了静电纺丝技术的发展，他在1934年首次提出高压静电场纺丝，成功设计了一套聚合物溶液在强电场喷射进行纺丝的加工设备，并详细介绍了其工艺原理[8]。虽然此技术在当时并未引起科研人员广泛的注意，但现在被公认为是静电纺丝技术制备纳米纤维的开端。此外，Formhals还申请了二十多项与静电纺丝技术相关的专利，其中包括熔体静电纺丝的方法和喷气辅助熔体静电纺丝技术，这些技术的提出为静电纺丝的发展做出了巨大的贡献。

1964年，Taylor首次用数学模型模拟了液滴的静电喷射现象。在整个过程中，随着实验电压的升高，带电液滴逐渐变形为锥形，在到达临界电压时，通过在数学模型上计算得到了此时的锥形半角数为49.3°[9]。这标志着静电纺丝技术的理论体系正式确立，为了纪念Taylor在该方面的研究成果，静电喷射现象中的圆锥形液滴被称为Taylor锥。

在接下几十年，有关静电纺丝技术的应用层出不穷。1966年，Simons在其专利中叙述了用静电纺丝技术制备超细超轻无纺布的装置。1971年，Baumgarten设计了一套可以制备直径在0.05～1.1μm丙烯酸纤维的静电纺丝装置[10]。1981年，Larrondo和Manley设计了基于聚丙烯（PE）和聚乙烯（PP）的熔融静电纺丝技术[11]。1982年，Bornat发明了静电纺丝制备管状材料的方法和工艺[12]，这在多形式的射流喷射和纤维收集方式的领域中最具代表性。

20世纪90年代以来，以纳米结构材料和纳米结构器件为背景的纳米结构设计、合成和有序组装成为纳米材料研究的新热点，这使得静电纺丝技术再次站到世界研究热点前沿。Reneker研究组深入研究静电纺丝技术，在对纤维形成机理和射流不稳定性理论的基础上进行分析，利用聚环氧乙烷水溶液制备了直径为0.05～5μm的超细纤维[13]。同时Reneker研究组不断推广静电纺丝技术名称，从此标记着静电纺丝技术走向了成熟。

2003年，Kameoka使用低电压近场静电纺丝技术制备了有序化纤维，其纺丝距离2cm，施加的电压为4～6kV[14]。由于静电纺丝单喷头生产效率低、产量小的问题严重限制其工业化生产及其产品应用的推广，急需在工艺技术方面进行改进。2005年，Theron利用聚乙烯吡咯烷酮（PVP）的乙醇溶液为流体，改变单喷头的传统工艺，使用薄壁圆形状泡沫塑料管实现多射流静电纺丝[15]。2006年，Dosunmu采用无针射流静电纺丝技术获得了尼龙6纳米纤维[16]。这种工艺的生产效率是原始单喷头工艺的250倍，实现了高效率批量生产纳米纤维的可能性。

随着纳米纤维的使用要求不断变得更高，针对静电纺丝技术各方面的研究仍在继续。

8.2.2 静电喷雾沉积技术

由于静电喷雾沉积技术与静电纺丝技术原理类似，因此在某种程度上来说二者的发展史是相依相伴的过程。静电喷雾沉积技术在Gilbert发现高压下液滴会在电场作用下变为锥形时便开始发展，经过Rayleigh对稳定液滴带电量的极限值的研究后，静电喷雾沉积理论得到进一步发展。

进入20世纪，静电喷雾沉积技术与静电纺丝技术在从理论到应用的过程中逐渐走向不同研究方向。1952年，Vonnegut等利用电极浸入法探究了水的静电喷雾现象，在分析实验现象后发现如果要使溶液较易实现静电雾化，需要满足高压电源电极连接正极和溶液电导率较低这两个条件[17]。随后Drozin根据此发现研究了 13 种液体的静电喷雾现象，从而考察了静电喷雾时液体雾化的条件[18]。同时研究也发现在静电喷射雾化过程中溶液的电导率起到极其关键的作用，只有当电导率满足 $10^{-13}\sim10^{-15}/(\Omega\cdot cm)$ 时才会有明显的静电喷雾现象。

1964 年，Taylor 首次提出电场作用下喷嘴尖端液滴变为锥形的理论模型，这完善了静电喷雾的理论体系，进一步加快了静电喷雾沉积技术的发展和应用。在实际工业生产中，静电喷雾沉积技术与静电纺丝技术相同，在早期的应用中由于使用单喷嘴而存在生产效率低的问题。2005 年，Gu 提出了多射流静电喷雾模式，且实现了射流稳定持续可控和射流数目可调[19]，这大大推动了静电喷雾沉积技术在应用中向多喷射模式的发展。

8.3 静电纺丝/静电喷雾沉积原理与装置

8.3.1 静电纺丝/静电喷雾沉积原理

静电纺丝（electrostatic spinning，ES）的基本原理是在高压电场作用下，带电的前驱液液滴以一定速率通过喷头时被加速，当电场力足够大时，液滴可以克服自身的表面张力形成聚合物的微小喷射细流。细流在前进到接收端的过程中由于溶剂挥发或者固化形成纤维，最终获得非织造布状的纤维毡。

其装置由四个主要部件组成：提供高压静电场力的高压供电系统、带有喷射针头的注射器、控制纺丝液进样的推进泵和接地的接收装置。最初，将具有足够黏度的均质聚合物溶液填充到带有金属针头的注射器中，将含有溶液的注射器正确安装在注射器泵上，调整针头尖端和收集器之间的距离，高压供电系统提供尖端和接地电极之间所需的电压，利用注射泵将聚合物溶液推向针尖并形成液滴。此时，高压作用使得液滴表面产生电荷，引起电荷的相互排斥，从而降低其表面张力；随着电场强度的进一步增加，半球形液滴变得细长，并喷射形成“泰勒锥”，如图 8-1 所示[20]。溶液受到的静电力与表面张力形成非稳态平衡，可表示为：

$$\Delta P=\frac{2\gamma}{R}-\frac{e^2}{32\varepsilon_0\pi^2R^2} \tag{8-1}$$

式中，e 为液体所带总电荷；R 为液滴半径；γ 为喷头末端表面张力；ε_0 为介电常数。

当液滴外表面的电荷斥力逐渐增大，逐渐克服熔体或溶液的表面张力，液滴表面的相对稳定性被破坏，此时会有聚合物的细小液流高速喷射。此时的临界电压 V_c 可以表示为：

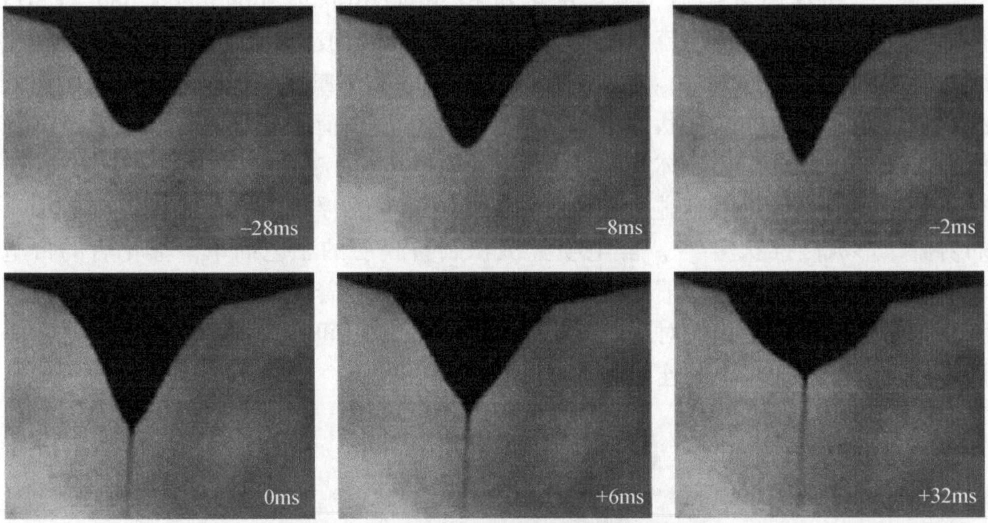

图 8-1　泰勒锥液滴随时间变化示意图

$$V_c=\frac{4H}{L^2}\left(\ln\frac{2L}{R}-\frac{3}{2}\right)(0.177\pi\gamma R_0) \tag{8-2}$$

式中，H 为两极之间的距离；L 为喷头伸出极板的距离；R_0 为喷头的半径。

射流沿电场力方向被拉伸，经过溶剂挥发或熔体冷却、纤维束固化，最终沉积在收集板上，形成直径为纳米级的聚合物纤维。静电纺丝过程中，射流先呈直线运动，在运动到一定距离后开始变得不稳定并发生振荡，然后在此不稳定状态下，射流最终被振荡拉伸为纤维，因此射流的运动过程可分为两个阶段，如图 8-2 所示，即射流稳定运动阶段和射流不稳定运动阶段。

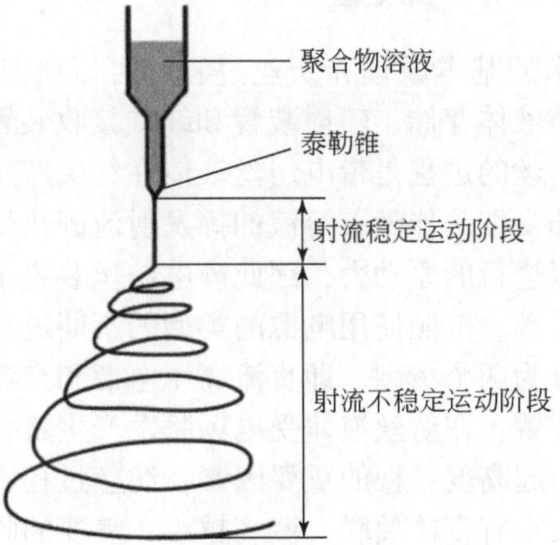

图 8-2　射流运动规律示意图

与静电纺丝原理类似，静电喷雾沉积（electrostatic spray deposition，ESD）是通过在液滴表面施加直流高压电场，进而形成气溶胶并通过电场作用沉积在基底上制备薄膜的一种方法。图 8-3 给出了常见的垂直 ESD 装置。喷雾过程中，液滴在电场作用下拉伸成锥状，出现泰勒锥。当表面电荷密度进一步增加超过临界值后，液滴迸发成为无数体积更小、带有同种电荷的液滴，并向衬底方向飞行。在飞行过程中，这些液滴进一步裂解并相互排斥，悬浮液由大液滴破碎变成细小的射流，形成圆锥状雾[21]。静电喷雾沉积制备膜层的工艺简单，雾化后的带电小液滴在电场的加速作用下到达基板并固化成膜。随着时间的推移，膜表面由于液滴的聚集而发生变化，对于时间最长的喷雾沉积时间，沉积的液滴可产生中心最厚且向边缘逐渐减小的连续膜。

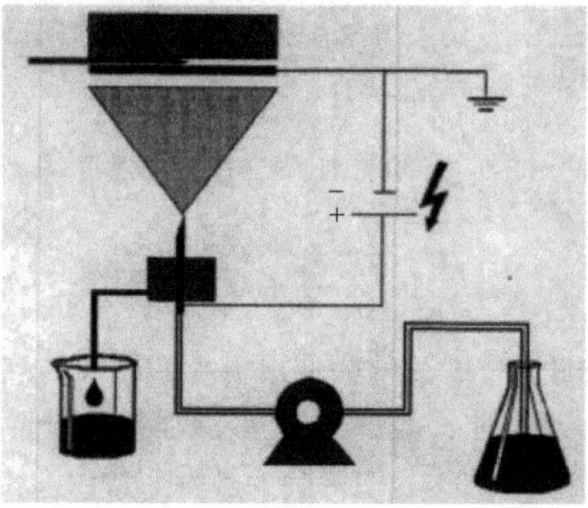

图 8-3　静电喷雾沉积装置示意图

8.3.2　静电纺丝/静电喷雾沉积装置

根据静电纺丝技术的基本原理和纺丝过程，可以将其装置组成分为四个部分，主要是高压电源、液体存储、喷射装置和纤维接收装置。

高压电源：静电纺丝的过程是带电纺丝液体在针尖产生射流，然后射流在高压电场力的作用下拉伸变细，伴随着溶液的挥发射流固化形成纤维。施加的高电压是使得静电纺丝得以进行的原动力，因此静电纺丝装置中最重要的组成部分是产生高压静电的高压电源。按照使用电源的类型的不同进行分类，又可以将用于静电纺丝的高压电源分为两个类型，即直流高压电源和交流高压电源[22]。

液体储存及喷射装置：在纺丝液体受电场激发产生聚合物射流的过程中，临界压力值是一个需要引起高度重视的重要因素。纺丝过程中的临界电压值通常和纺丝液体形成的液滴大小有直接关联，液滴越小，需要的临界电压值就越小，对于静电纺丝就越有利。喷丝头的作用就是使纺丝液体从储存装置挤出时产生纺丝液的小液滴，为接下来的射流激发提供位点。按照纺丝过程中产生液滴方式的不同进行分类，可以将喷射装置分为有针头和无针头两种装置体系。其中有针头装置体系根据使用针头数量和形式的不同进行区分，又可以分为单针头和多针头体系以及同轴针头和并列针头体系等类型[23]。

纤维接收装置：静电纺丝技术制备的纤维需要沉积到接收装置上才能被收集下来，按照接收方式的不同可以分为平板式、滚筒式、间隔式、转盘式和金属丝鼓式等；按照静电纺丝过程中喷丝头和接收装置之间的相对运动状态又可以分为动态接收和静态接收两种方式；除了用于收集的接收装置外，为了进一步调控所制备纤维的形态和结构，往往还引入了一些额外的接收装置作为辅助，如辅助磁场、辅助电场等[24]。

通常我们习惯按照针头装置体系进行分类，下面对这些不同类型的静电纺丝装置进行介绍。

①单射流静电纺丝装置：单射流静电纺丝装置指的是纺丝过程中仅能产生单根射流的静电纺丝装置，如图 8-4 所示，该装置简单且操作方便，但是纺丝过程中射流不稳定[25]。功能性纳米纤维的出现及其应用需求的扩大，引起了研究者的日益关注，他们在传统单射流静电纺丝装置的改进方面做了大量工作，主要集中在以下两个方面：一是改进接收装置，如附加外场，如电场、磁场、温度场和场流；另外一种是改进溶液输送装置，如喷头部分。

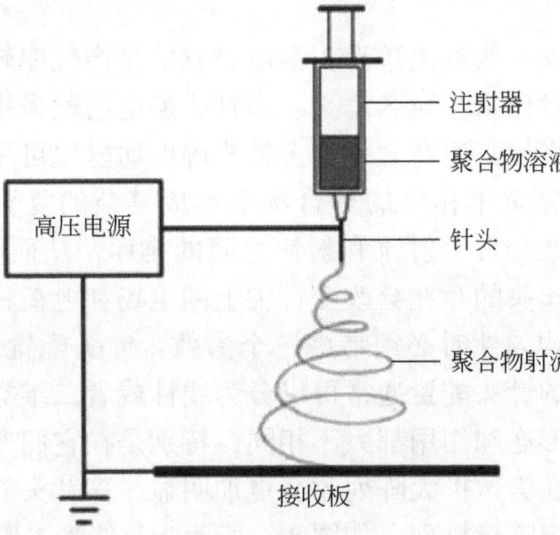

图 8-4　单射流静电纺丝装置示意图

②同轴或者三轴静电纺丝装置：同轴静电纺丝装置与单射流静电纺丝装置类似，但它不是采用简单的喷头，而是采用带有两个同心针头的喷丝头，每个针头都连接到相对应的纺丝液上，分别由不同的注射泵控制，如图 8-5 所示。由于各

个部分纺丝液体的流速并不相同，因为本身液体的性质并不相同，黏度和导电率都会受到不同的影响，因此需要不断优化外部和内部前驱液之间的相对流速来获得最合适的纤维收集条件。与传统装置相比，需要更加精确地控制耦合参数，例如精确控制两种涂料边界的表面张力等。同轴纺丝技术显示出许多优势，使其能广泛应用在如药物输送、组织工程再生、光学、智能材料和电子材料电子产品等方面[26]。

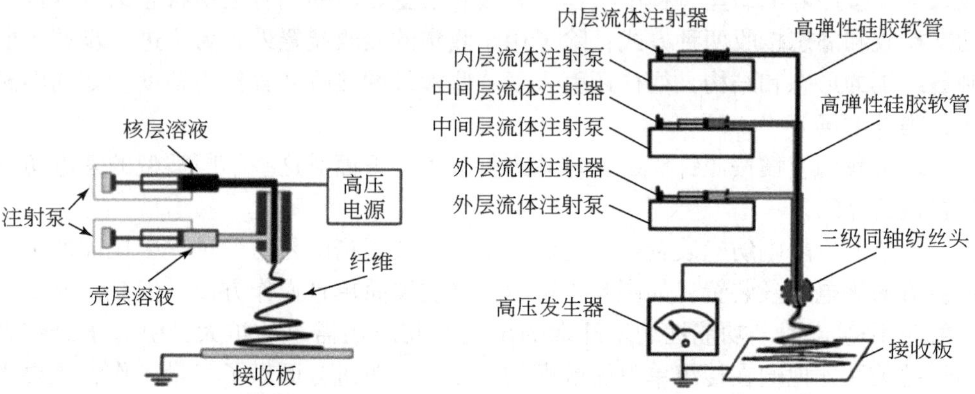

(a)二级同轴静电纺　　(b)三级同轴静电纺

图 8-5　同轴静电纺丝装置示意图

③多针头静电纺丝：为解决单针头静电纺丝的生产效率较低的问题，多针头的静电纺丝技术被开发出来。顾名思义，多针头静电纺丝采用一次纺丝过程多个针头共同工作的方式来提高生产效率。多针头静电纺丝也可用于在喷丝头上加载不同的纺丝溶液甚至完全不相容的聚合物来形成复杂的复合多层纤维材料。此外，喷丝针头之间可能会发生射流和射流之间的排斥，从而降低生产效率[27,28]。更重要的是，多个喷丝头的存在会改变针尖上的电场和电荷密度。在多轴静电纺丝过程中，优化电场均匀性时必须考虑三个参数：针头配置、数量和针头间距。在整个过程中，使用的针头配置通常可以分为线性或者二维类别。在线性阵列当中，阵列边缘的射流形态和作用都大不相同，特别是在它们弯曲方向和泰勒锥结构上，这些差异只有在尝试扩大阵列才会更加明显。多针头静电纺丝装置中多个针头的阵列一般以一定阵形排列，如图 8-6 所示为直线形、圆形和椭圆形等。

④无喷头多射流静电纺丝装置：尽管多喷头可以提高静电纺丝纳米纤维的产量，但在这一过程中仍存在针头堵塞、射流相互作用等问题[29]。因此，近年来出现了许多无喷头静电纺丝方法来获得高产量的纳米纤维，它们均是利用高压电场在自由液体表面自发形成射流的纺丝方法，其装置的改进主要在于喷丝装置

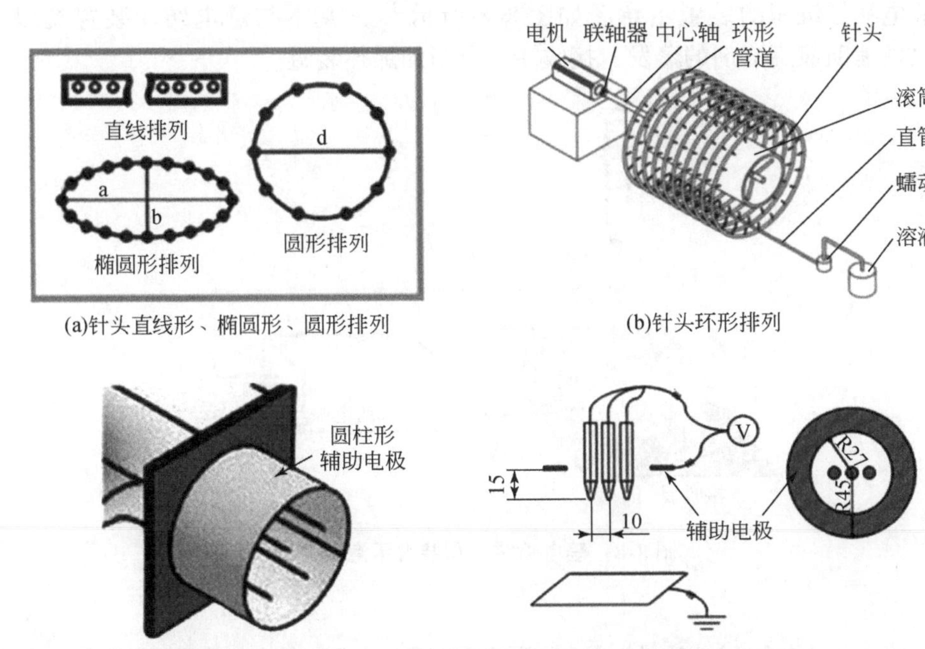

(a)针头直线形、椭圆形、圆形排列　(b)针头环形排列

(c)圆柱形辅助电极　(d)圆环形辅助电极

图 8-6　多针头静电纺丝装置示意图

（即储液装置）的改进，如图 8-7 所示。

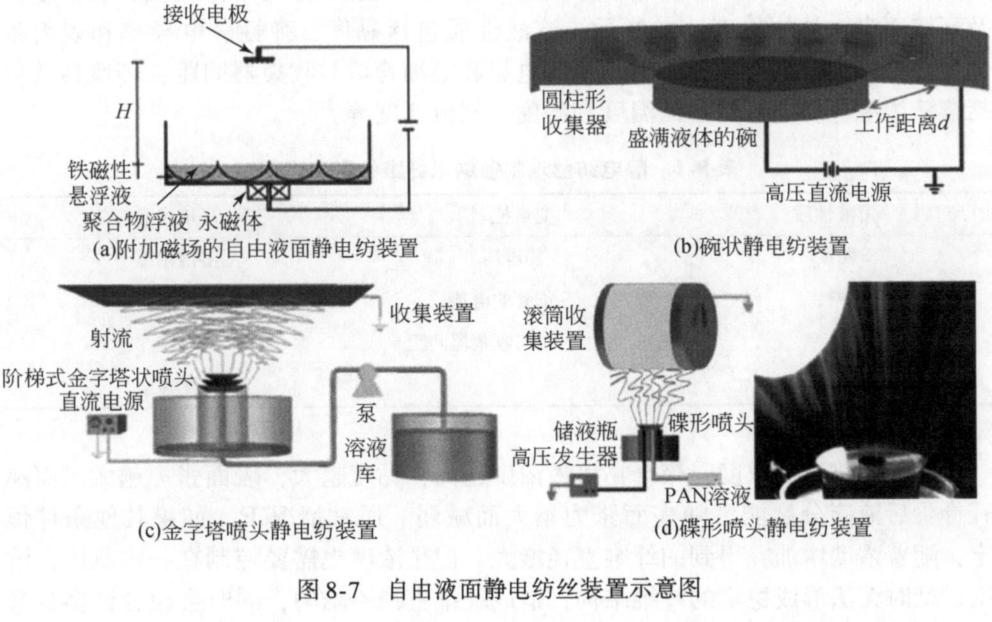

(a)附加磁场的自由液面静电纺装置　(b)碗状静电纺装置

(c)金字塔喷头静电纺装置　(d)碟形喷头静电纺装置

图 8-7　自由液面静电纺丝装置示意图

静电喷雾沉积的装置示意图如图 8-8 所示[30]，基本与静电纺丝装置类似，为了更好辅助液滴溶剂的蒸发，接收端可以附加加热装置。

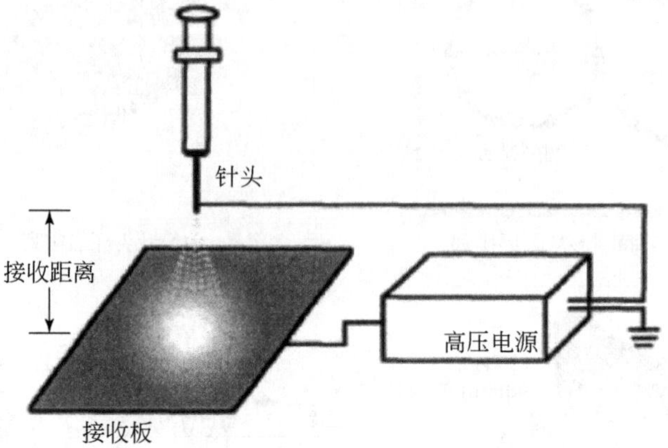

图 8-8　静电喷雾沉积装置示意图

8.4　静电纺丝/静电喷雾沉积影响因素与过程控制

8.4.1　静电纺丝/静电喷雾沉积影响因素

静电纺丝法制备纳米纤维的影响因素很多，大致可分为溶液性质、工作参数及环境因素，具体如表 8-1 所示。溶液性质包括黏度、弹性、电导率和表面张力；变量控制包括静电压、毛细管的电势和毛细管口与收集器间距；环境参数包括溶液浓度、纺丝环境中的温度和湿度、气流速度等[31-33]。

表 8-1　静电纺丝法制备纳米纤维的影响因素

溶液性质	变量控制	环境参数
黏度	静电压	溶液浓度
弹性	毛细管的电势	温度
电导率	毛细管口与收集器间距	湿度
表面张力		气流速度

①聚合物溶液浓度：聚合物溶液浓度越高，黏度越大，表面张力越大，而离开针尖后液滴分裂能力随表面张力增大而减弱。通常情况下，如果其他条件恒定，随着浓度增加，得到的纤维直径增大。但是浓度也需要控制在一定范围，浓度过低时无法形成稳定的纤维结构，造成纤维直径不均匀，同时会包含许多分叉

和串珠，并且容易黏结；过高则无法纺出纤维。随溶液浓度增大，纤维直径和间距增大，纤维截面由圆形逐渐向扁平转变。

在电纺丝溶液中添加无机盐可以增大溶液电导率并减少纳米纤维直径，其原因可能是随溶液电导率增大，使得电纺丝液更容易克服表面张力产生射流。但电纺丝液黏度和剪切强度受无机盐的影响很小，主要受纺丝溶液浓度的影响。

②电场强度：随电场强度增大，高分子静电纺丝的射流有更大的表面电荷密度，因而有更大的静电斥力。同时，更高的电场强度使射流获得更大的加速度。这两个因素均能引起射流及增大形成纤维的拉伸应力，导致有更高的拉伸应变速率，有利于制得更细的纤维。电场强度需要在一个合适的范围内，如图8-9所示，纺丝电压较低时，射流弯曲不稳定性影响显著，导致射流拉伸不充分且随机沉积，而在电压较高时，射流拉伸较充分且可定向沉积，但易发生劈裂、分叉等现象。

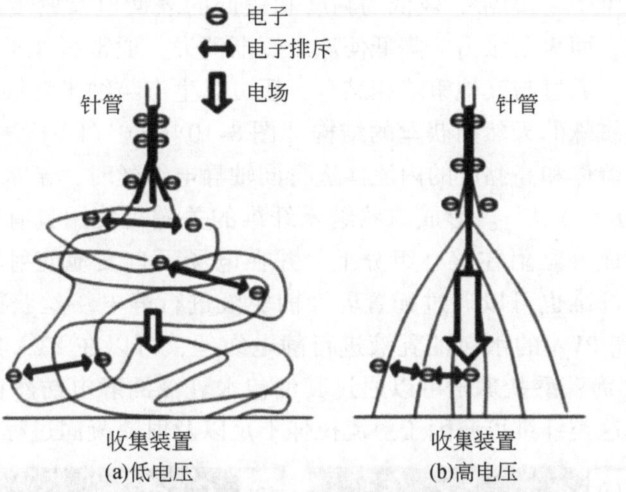

图8-9 静电纺丝在不同电压下射流示意图

③毛细口与收集器间距：聚合物液滴经毛细管口喷出后，在空气中伴随着溶剂挥发，聚合物浓缩固化成纤维，最后被接收器接收。随两者距离增大，直径变小。

④静电纺丝流体的流动速率：当喷丝头直径固定时，射流平均速度与纤维直径成正比。

⑤收集器的状态不同，制成纳米纤维的状态也不同：当使用固定收集器时，纳米纤维呈随机不规则情形；当使用旋转收集器时，纳米纤维呈现平行规则排列。因此，不同设备条件所生成的纤维网膜不同。

静电喷雾沉积的影响因素同静电纺丝技术相似，大致可以分为前驱液性质、实验参数以及实验装置三类。前驱液性质包括溶液的密度、黏度、电导率、表面张力以及介电常数等；实验装置包括喷头直径和极间距离等；实验参数包括极间电压、供液速度。极间电压与供液速度作为稳定的静电喷雾沉积系统中两个非常重要的可调参数，将共同影响射流沉积过程中的喷射行为[30]。

8.4.2　静电纺丝纤维的形态控制

静电纺丝纳米纤维通常具有形态学特征，包括均匀的直径、圆形横截面和光滑的表面。为了满足某些应用的要求，还需要使用具有其他形态的静电纺丝纳米纤维，例如珠状、芯鞘和空心。此外，许多研究还证明了控制静电纺丝纳米纤维的对准从而获得图案化的能力。

通过调整静电纺丝液体的表面张力和黏度以及射流携带的电荷密度，可以形成珠状纳米纤维[34]。通常，较低的黏度和较低的表面电荷密度都有利于珠状纳米纤维的形成，而表面张力的降低使珠子逐渐消失。通常，珠子和纳米纤维由相同的材料制成。通过与其他策略相结合，还可以生产与纳米纤维不同的材料制成的珠子，模仿蜘蛛的天然捕获丝的结构［图 8-10（a）（b）］[35]。研究表明，使用低黏度的外流体和高黏度的内流体进行同轴静电纺丝时，亲水珠会在疏水串上生成［图 8-10（c）］[35]。形成珠状纳米纤维的关键是使用具有高表面能的外层液体来防止鞘成分黏附在核心组分上，并在电场下自发地使射流中的外流体分解。珠状纳米纤维也可以通过配置乳液前驱液进行静电纺丝获得[36]。例如，通过对含有 PS 和 PVA 的水包油乳液进行静电纺丝，可以在 PVA 纳米纤维上产生 PS 珠。同样，海藻酸盐珠子可以通过其油包水乳液的静电纺丝在 PLA 纳米纤维上形成。产生这类纤维可归因于射流拉伸不足以及射流凝固过程中乳液中两种组

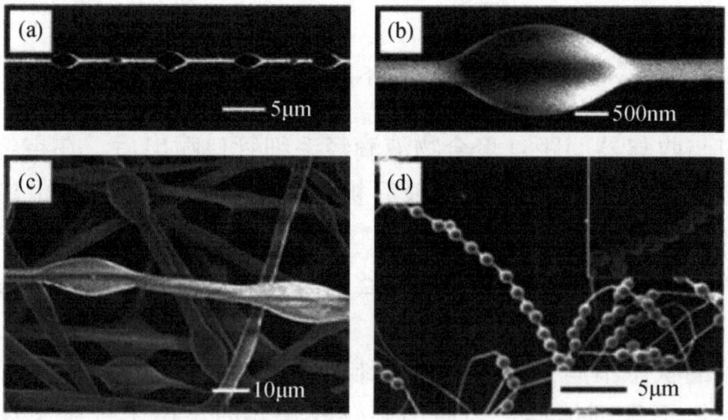

图 8-10　静电纺丝纤维不同形态示意图

（a）（b）珠状纳米纤维的形貌；（c）亲水珠在疏水串上；（d）SiO 珠串

分之间的相分离。此外，由聚合物和均匀颗粒组成的胶体悬浮液也被用于产生珠状纳米纤维。如图8-10（d）所示，使用聚丙烯酰胺和1μm SiO颗粒组成的悬浮液作为前驱液，通过静电纺丝获得含有聚丙烯酰胺的SiO珠串[37]。

静电纺丝还可以制备空心纳米纤维，如使用同轴静电纺丝和乳液静电纺丝获得预成型纳米纤维后，进行可控加热去除牺牲模板[38]。其中，采用同轴静电纺丝后选择性地去除芯鞘纳米纤维的核心来制造中空纳米纤维是最通用的方法[39]。例如，通过从PVP和TiO_2制成的纳米纤维中去除矿物油的核心来制备中空纳米纤维［图8-11（a）（b）］，然后煅烧以分解PVP获得TiO_2纳米纤维。中空纳米纤维的外径和壁厚可以通过调整内部和外部流体的流速来方便地调整[40]。基于这种方法，还制造了含有多通道或由多组分材料制成的中空纳米纤维。在一项研究中，三个金属毛细管入一个较大的毛细管中，并用作静电纺丝的喷丝头。采用四异丙醇钛和PVP的乙醇溶液为外层流体，石蜡油作为内层流体。通过煅烧从纺丝纳米纤维中除去有机物，制备了具有三个通道的TiO_2纳米纤

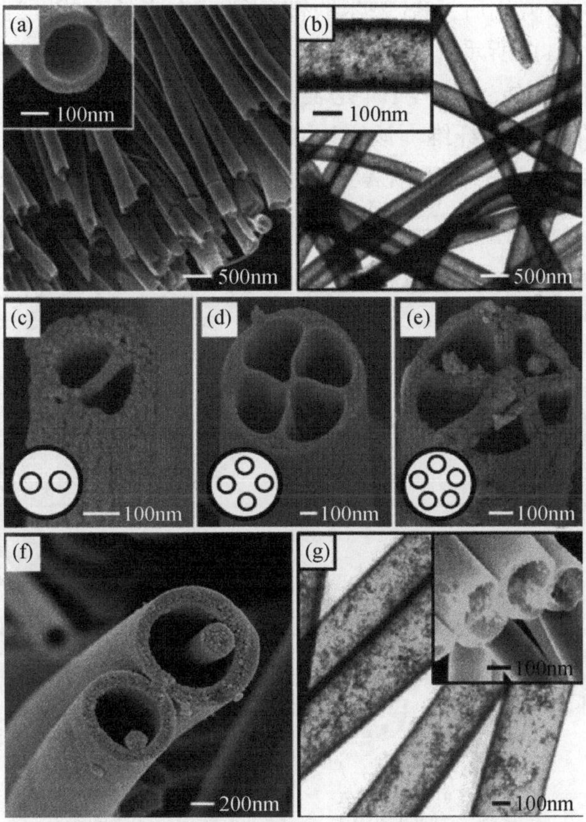

图8-11 静电纺丝纤维中空结构示意图

维[41]。如图 8-11（c）~（e）所示，通过调整内毛细管的数量，分别制备了具有两个、四个和五个通道的纳米纤维。在另一项研究中，使用三轴针，引入了称为流体垫片（例如，石蜡油/水乳液）的层以分离外部和内部流体。在选择性地除去间隔层后，产生管内纤维结构（例如，具有纳米线内微管结构的锐钛矿型纳米纤维），如图 8-11（f）所示。此外，中空纳米纤维的内芯和外表面可以通过简单地调整流体的组成来进一步修改，从而得到非均质结构和多功能的纤维[40]。例如，通过将异丙醇锡添加到油基内液中，获得了 SnO_2 纳米颗粒涂覆在中空 TiO_2 内表面上的纳米纤维［图 8-11（g）］[40]。基于这种方法，中空纳米纤维可以由壁厚受控的各种类型的材料制成。局限性在于需要同轴喷丝头和去除内部材料的复杂程序。

此外，中空纳米纤维也可以通过在乳液静电纺丝过程中诱导相分离来直接获得[42]。一个典型是通过在 PAN 溶液中加入聚苯乙烯（PS）而形成微乳液[43]。在静电纺丝时，PS 相被拉伸成 PAN 纳米纤维中的纳米线。随后，纺丝纳米纤维在 800℃氩气气氛中碳化后，PS 纳米线被分解，生成具有相互连接通道的碳纳米纤维，如图 8-12（a）所示。通过在 1∶10～1∶1 范围内改变 PS 与 PAN 的比率，可以轻松调整通道结构。另一项研究表明，可以在“梯度”静电纺丝过程中诱导相分离以产生中空纳米纤维。该方法在含有金属盐前驱体的溶液中使用具有不同分子量（低、中、高分子量 PVA，重量比为 3∶2∶1）的聚合物。在静电纺丝

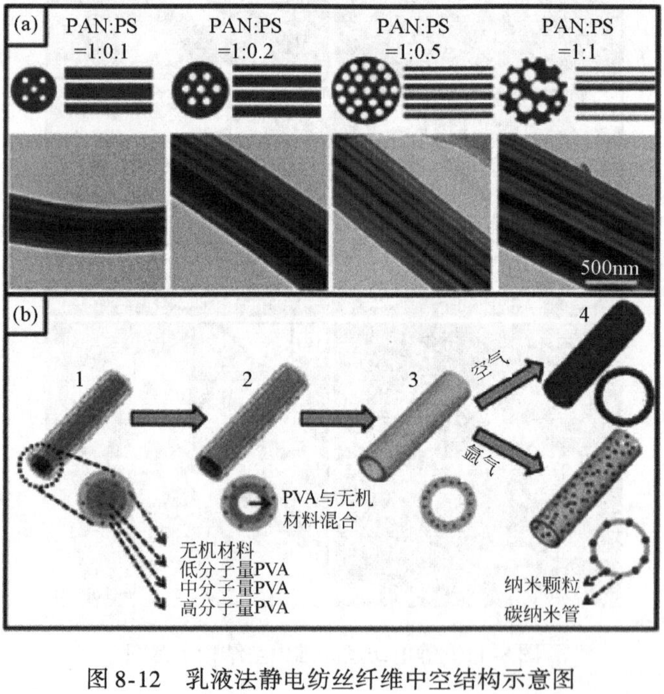

图 8-12　乳液法静电纺丝纤维中空结构示意图

过程中，低分子量、中分子量和高分子量的 PVA 分别倾向于分离到纤维的内层、中间层和外层，如图 8-12（b）所示。煅烧后，将低分子量和中分子量的 PVA 依次进行热解，并与生成的无机材料一起移动到外层，导致纳米纤维内部区域的膨胀。在有机成分被去除后就产生了空心的无机纳米纤维。

8.5 静电纺丝/静电喷雾沉积在新能源材料中的应用

静电纺丝/静电喷雾沉积已被广泛探索用于与催化、能源、光子学和电子学相关的应用。由聚合物、陶瓷和碳制成的静电纺丝纳米纤维由于其大孔隙率、高比表面积和优异的稳定性，是各种催化系统，特别是基于酶和金属纳米颗粒的催化体系的天然良好载体。当用正确的成分制造时，纳米纤维可以支持电子的快速传导或离子的插层，为能量收集、转换和储存的机会打开了大门。值得注意的例子包括将它们用作太阳能电池、可充电电池、超级电容器和燃料电池制造的电极或膜，通过这些电极或膜，从各种来源收集的能量被转换为电能或存储在设备中。由于对机械变形的耐受性显著，基于纳米纤维的器件可以制成具有柔韧性或拉伸能力的器件。另一方面，操纵纳米纤维的组成、结构、形态和对准的能力使它们能够在光子和电子设备的制造中使用。静电纺丝纳米纤维可以作为高性能可充电电池的先进电极材料，具有卓越的电化学性能、柔韧性和/或拉伸能力，以及良好的安全性[44,45]。

余彦等通过静电纺丝工艺制造了一种富硫 N 掺杂多通道中空碳纳米纤维膜作为自支撑锂离子负极[46]。将 PAN 和 PS（质量比 5∶1）加入到 *N*，*N*-二甲基甲酰胺（DMF）中搅拌 12h，得到前驱体溶液。将溶液倒入带有不锈钢针头的塑料注射器中，针头与圆柱状滚筒收集器之间的距离保持在 15cm，在 15kV 的电压下电纺。将收集到的 PAN/PS 纳米纤维薄膜加热至 280℃并保持 3h。然后将收集得到的 PS/PAN 纳米纤维薄膜和升华硫（质量比 1∶1）在氩气气氛下 800℃煅烧 1h，最后得到富硫 N 掺杂多通道中空碳纳米纤维膜（图 8-13）。制得的薄膜具有独特的结构、丰富的缺陷，同时增加的层间距可以促进钠离子的扩散和电子传输，拥有优越的储钠性能。

同轴静电纺丝是一种制备核壳纳米纤维及其表面功能化有广泛前景的方法。丁彦淮等通过同轴静电纺丝制备了一种不含粘结剂和导电剂的核壳 N 掺杂 C@SnO_2纤维膜用于柔性锂离子电池负极[47]。将 0.5g PAN 粉末和 0.8g $SnCl_2 \cdot 2H_2O$ 粉末溶在 DMF（5g）/乙醇（5g）溶液中，该溶液用作“核”静电纺丝溶液；将 0.5g PAN 粉末溶在 6g DMF 中，用作“壳”静电纺丝溶液。将两种溶液室温剧烈磁力搅拌 2h。然后将混合的“核”和“壳”溶液分别转移到 5mL 塑料注射器中。注射器针的直径为 0.6mm。在同轴静电纺丝过程中，电压设置为

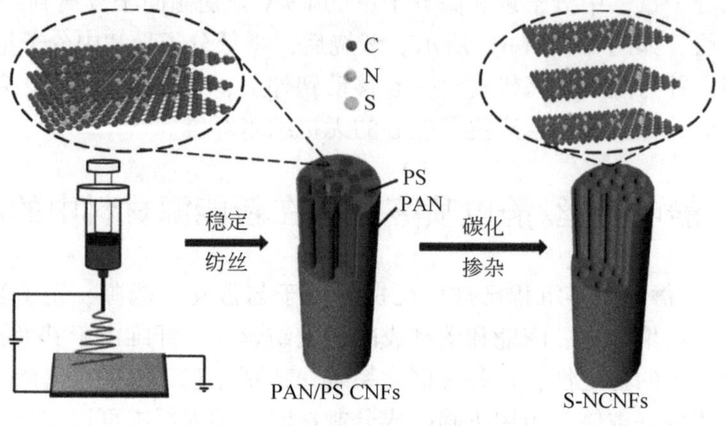

图 8-13 富硫 N 掺杂多通道中空碳纳米纤维膜制备示意图

15kV，针头和圆柱状滚筒收集器之间的距离为 15cm。核心和壳体溶液的流速分别设置为 0.4mL/h 和 0.6mL/h，铝箔覆盖在收集器上收集原始纤维，将原纤维进行热处理后得到自支撑的柔性锂离子电池负极膜。核壳 N 掺杂 C@ SnO_2 纤维不仅为 Li 插入和提取反应期间的体积膨胀提供快速离子传输和足够的缓冲空间，而且还具有很高的灵活性，可防止压缩和弯曲变形。刘勇等通过同轴静电纺丝制备一种表面多孔碳纳米纤维用于自支撑的锂离子电池负极[48]。通过将 1.5g PAN 粉末溶解在 16g DMF 中并搅拌以获得澄清溶液，然后添加 3.5g［PAN：聚甲基丙烯酸甲酯（PMMA）= 1∶1］得到外层溶液。将 3g PAN 粉末溶解在 22g DMF 中得到内层液。针头和圆柱状滚筒收集器之间的距离为 15cm，在电压 15kV 下进行同轴静电纺丝并收集。然后将膜进行热处理后得到表面多孔碳纳米纤维膜（图 8-14）。该结构通过同轴静电纺丝和程序化热处理制备。纤维有两层，内层是致密的碳，而外层是多孔碳结构。由于其独特的固体内层和改进的机械性能，表面多孔电极在大电流和长周期恒流充放电过程中更加稳定。

静电喷雾沉积与静电纺丝的结合也被广泛应用于 LIB 的复合纳米纤维和纳米颗粒的技术，王春生等通过同时静电喷雾沉积纳米 Si 的 PAN 分散体和静电纺丝 PAN 与静电纺丝 PAN 溶液备了一种 3D Si/C 纤维负极[49]。PAN 溶液和 Si/PAN 分散体两种溶液分别放入静电纺丝和静电喷雾沉积上的注射器中，这两个注射器由各个泵驱动。对 PAN 溶液和 Si-PAN 分散体中 PAN 的浓度进行了优化，以产生具有所需 Si/C 成分的细纤维形貌和碳包覆 Si 团簇，Si/C 比也可以通过改变电子纺丝/喷雾速度和针到集电极的距离来调整。通过改变静电纺丝/喷涂时间，制备了具有不同总 C-Si 负载质量的复合膜。然后碳化，制备了柔性电极，如图 8-15 所示。柔性三维 Si/C 纤维膜的独特结构，即弹性导电的碳纤维网络基体、碳包

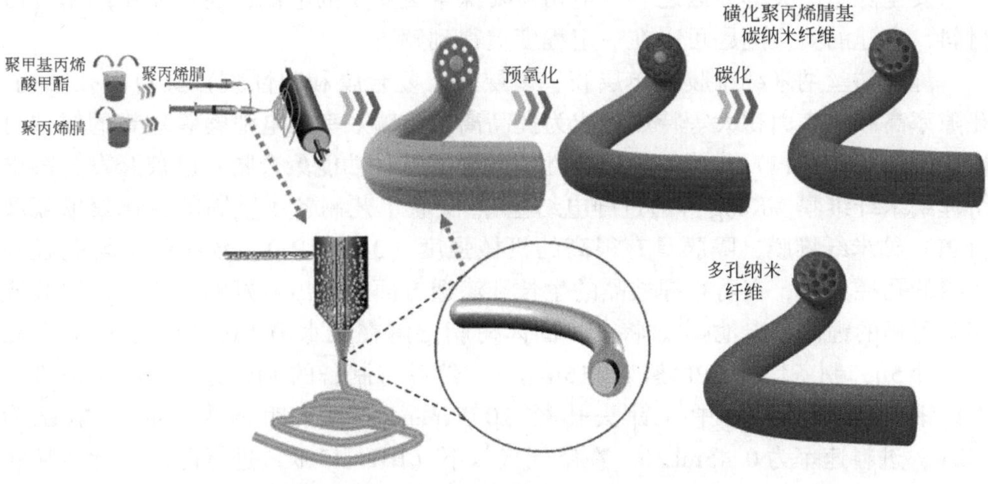

图 8-14 表面多孔碳纳米纤维制备示意图

覆的 Si 纳米颗粒簇、碳纤维与 Si 纳米颗粒簇之间的强附着力以及 Si/C 团簇在碳纤维框架中的均匀分布，具有优异的性能。柔性 3D Si/C 纤维纸电池具有可扩展性和简单的合成方法、良好的机械性能和在高 Si 负载下出色的电化学性能。

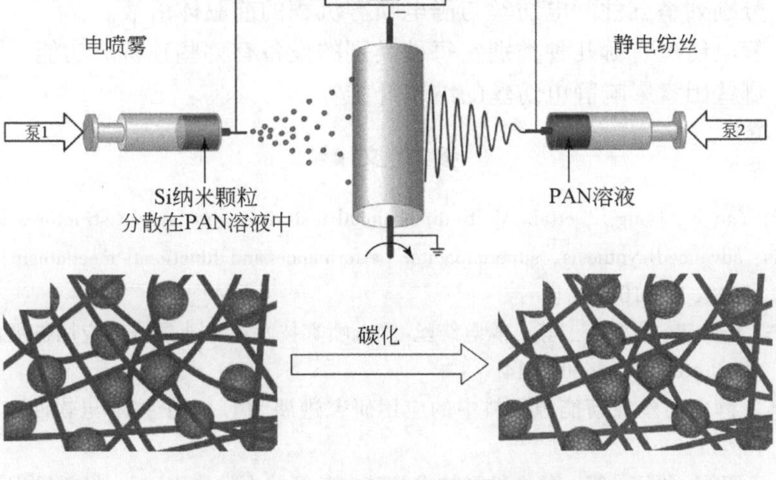

图 8-15 3D Si/C 纤维负极维制备示意图

近年来，与 LIB 火灾和爆炸有关的事故在全球范围内频繁发生，特别是涉及手机、笔记本电脑和电动汽车。迫切需要探索更安全的电池。随着纳米纤维基材料的使用，电池的安全问题可以在一定程度上得到解决。锂枝晶生长是造成 LIB

严重安全隐患的关键原因之一。迫切需要探索更安全的电池，通过使用纳米纤维材料，电池的安全问题可以在一定程度上得到解决。

静电纺丝纳米纤维膜（单层膜、多层膜、复合膜和改性膜）具有多孔结构、孔隙率高和比表面积大等特点，成为提高离子传输效率的电池隔膜理想的候选材料。聚酰亚胺（PI）作为一种综合性能优异的特种功能聚合物，已被开发为静电纺丝纳米纤维膜。Kong 等通过静电纺丝/热交联工艺制备了坚固的氟化聚酰亚胺（FPI）纳米纤维膜，隔膜具有很高的机械强度（31.7MPa）、较小的平均孔径和狭窄的孔径分布，在防止锂枝晶的生长和渗透方面表现出良好的性能，可组装成安全可靠的锂离子电池[50]。将 FPI 固体树脂溶解在无水 DMAc 中，在 80℃下磁力搅拌 5h，制备均相 FPI 溶液（15wt%）。然后将制备的 FPI 纺丝溶液输进带有不锈钢针头的注射器中（针头孔径：0.51mm），收集距离为 15cm，电压为 15kV，进料速率为 0.45mL/h，在空气气氛下（RH=45%）进行静电纺丝。从收集器上收集电纺丝 FPI 纳米纤维膜，原始的 FPI 纳米纤维膜在 300℃下热处理 15s 作为热交联 FPI 纳米纤维膜。原始膜的性能，如孔径分布、机械和热性能得到显著改进。

思 考 题

（1）静电纺丝与静电喷雾沉积有哪些相似之处，又有哪些区别？

（2）分别列举五种静电纺丝与静电喷雾沉积的前驱体溶液。

（3）静电纺丝有哪几种类别？每种类别的设备有哪些独特的功能？

（4）哪些因素影响静电纺丝的纳米纤维？

参 考 文 献

[1] Zhai Z, Yan W, Dong L, et al. Multi-dimensional materials with layered structures for supercapacitors: advanced synthesis, supercapacitor performance and functional mechanism[J]. Nano Energy, 2020, 78: 105193.

[2] 邓建辉, 杨晓青, 方称辉, 等. 静电纺丝/静电喷雾技术在电池领域的应用进展[J]. 化工进展, 2021, 40(10): 5600-5614.

[3] 戴子奥. 静电纺丝在新能源材料中的应用研究进展[J]. 电子技术与软件工程, 2020, (14): 109-111.

[4] 岳青, 王绍德, 徐飞, 等. 静电纺丝技术及其在各领域中的应用[J]. 材料导报, 2021, 35(S1): 594-599.

[5] 王艳芝. 静电纺丝技术发展简史及应用[J]. 合成纤维工业, 2018, 41(4): 52-57.

[6] Rayleigh L. Investigation of the character of the equilibrium of an incompressible heavy fluid of variable density[C]. London: Proc London Math Soc, 1882, 14(1): 170-177.

[7] Boys C V. On the production, properties, and some suggested uses of the finest threads[J].

Philos Mag, 2009, 23(145): 489-499.

[8] Formhals A. Process and apparatus for preparing artificial threads[P]. US: 1975504. 1934-10-02.

[9] Taylor G. Disintegration of water drops in an electric field[C]//Proceedings of the Royal Society of London Series A. Mathematical and Physical Sciences. London: Royal Society of London, 1964, 280(1382): 383-397.

[10] Baumgarten P K. Electrostatic spinning of acrylic microfibers[J]. J Colloid Interface Sci, 1971, 36(1): 71-79.

[11] Larrondo L, Manley R S. Electrostatic fiber spinning from polymer melts. Ⅰ. Experimental observations on fiber formation and properties[J]. J Polym Sci, 1981, 19(6): 909-940.

[12] Bornat A. Electrostatic spinning of tubular products[P]. US: 4323525. 1982-04-06.

[13] Reneker D H, Chun I. Nanometre diameter fibres of polymer, produced by electrospinning[J]. Nanotechnology, 1996, 7(3): 216-223.

[14] Kameoka J, Orth R, Yang Y, et al. A scanning tip electrospinning source for deposition of oriented nanofibers[J]. Nanotechnology, 2003, 14(10): 1124-1129.

[15] Theron S A, Yarin A L, Zussman E, et al. Multiple jets in electrospinning: experiment and modeling[J]. Polymer, 2005, 46(9): 2889-2899.

[16] Dosunmu O O, Chase G G, Kataphinan W, et al. Electrospinning of polymer nanofibres from multiple jets on a porous tubular surface[J]. Nanotechnology, 2006, 17(4): 1123-1127.

[17] Vonnegut B, Neubauer R L. Production of monodisperse liquid particles by electrical atomization [J]. Journal of Colloid Science, 1952, 7(6): 616-622.

[18] Marchant J A, Dix A J, Wilson J M. The electrostatic charging of spray produced by hydraulic nozzles Part Ⅱ. Measurements[J]. Journal of Agricultural Engineering Research, 1985, 31(4): 345-360.

[19] Gu W, Singh R, Kim K. Flow- limited field- injection electrostatic spraying for controlled formation of charged multiple jets of precursor solutions: theory and application[J]. Applied Physics Letters, 2005, 87(8): 084107.

[20] Ghosal K, Agatemor C, Spitalsky Z, et al. Electrospinning tissue engineering and wound dressing scaffolds from polymertitanium dioxide nanocomposites[J]. Chemical Engineering Journal, 2019, 358: 1262-1278.

[21] 汪龙. 高性能锂离子电池电极材料的静电喷雾沉积和静电纺丝技术制备[D]. 合肥: 中国科学技术大学, 2010.

[22] Mattews J A, Wnek G E, Simpson D G, et al. Electrospinning of collagen nanofibers[J]. Biomacromolecules, 2002, 3(2): 232-238.

[23] Pawlowski K J, Belvin H L, Raney D L, et al. Electrospinning of a micro-air vehicle wing skin [J]. Polymer, 2003, 44(4): 1309-1314.

[24] Gao K, Hu X, Dai C, et al. Crystal structures of electrospun PVDF membranes and its separator application for rechargeable lithium metal cells[J]. Materials Science and Engineering: B,

2006, 131(1-3): 100-105.

[25] 尹静，高璐璐，徐岗．静电纺丝装置及其力学机理研究进展[J]．力学与实践，2021，43(4)：489-505.

[26] Wang M, Wang K, Yang Y. et al. Electrospun environment remediation nanofibers Using unspinnable liquids as the sheath fluids: A review[J]. Polymers, 2020, 12: 103.

[27] Theron S A, Yarin A L, Zussman E, et al. Multiple jets in electrospinning: experiment and modeling[J]. Polymer, 2005, 46(9): 2889-2899.

[28] Wang X X, Yu G F, Zhang J, et al. Conductive polymer ultrafine fibers via electrospinning: preparation, physical properties and applications[J]. Progress in Materials Science, 2021, 115: 100704.

[29] Yarin A L, Zussman E. Upward needleless electrospinning of multiple nanofibers[J]. Polymer, 2004, 45(9): 2977-2980.

[30] 邓建辉，杨晓青，方称辉，等．静电纺丝/静电喷雾技术在电池领域的应用进展[J]．化工进展，2021，40(10)：5600-5614.

[31] Tong H W, Wang M I N. Negative voltage electrpspinning and positive voltage electrospinning of tissue engineering scaffolds: a comparative study and charge retention on scaffolds[J]. Nano LIFE, 2012, 02(01): 1250004.

[32] Hu J, Wang X, Ding B, et al. One-step electro-spinning/netting technique for controllably preparing polyurethane nano-fiber/net[J]. Macromolecular Rapid Communications, 2011, 32(21): 1729-1734.

[33] Maheshwari S, Chang H C. Assembly of multi-stranded nanofiber threads through AC electrospinning[J]. Advanced Materials, 2009, 21(3): 349-354.

[34] Hohman M M, Shin M, Rutledge G, et al. Electrospinning and electrically forced jets. I. Stability theory[J]. Physics of Fluids, 2001, 13(8): 2201-2220.

[35] Tian X, Bai H, Zheng Y, et al. Bio-inspired heterostructured bead-on-string fibers that respond to environmental wetting[J]. Advanced Functional Materials, 2011, 21(8): 1398-1402.

[36] Qi H, Hu P, Xu J, et al. Encapsulation of drug reservoirs in fibers by emulsion electrospinning: morphology characterization and preliminary release assessment[J]. Biomacromolecules, 2006, 7(8): 2327-2330.

[37] Crespy D, Friedemann K, Popa A M. Colloid-electrospinning: fabrication of multicompartment nanofibers by the electrospinning of organic or/and inorganic dispersions and emulsions[J]. Macromolecular Rapid Communications, 2012, 33(23): 1978-1995.

[38] Li L, Peng S, Lee J K Y, et al. Electrospun hollow nanofibers for advanced secondary batteries[J]. Nano Energy, 2017, 39: 111-139.

[39] Mccann J T, Li D, Xia Y. Electrospinning of nanofibers with core-sheath, hollow, or porous structures[J]. Journal of Materials Chemistry, 2005, 15(7): 735-738.

[40] Li D, Mccann J T, Xia Y. Use of electrospinning to directly fabricate hollow nanofibers with functionalized inner and outer surfaces[J]. Small, 2005, 1(1): 83-86.

[41] Zhao Y, Cao X, Jiang L. Bio-mimic multichannel microtubes by a facile method[J]. Journal of the American Chemical Society, 2007, 129(4): 764-765.

[42] Hong Y, Chen X, Jing X, et al. Fabrication and drug delivery of ultrathin mesoporous bioactive glass hollow fibers[J]. Advanced Functional Materials, 2010, 20(9): 1503-1510.

[43] Li Z, Zhang J T, Chen Y M, et al. Pie-like electrode design for high-energy density lithium-sulfur batteries[J]. Nature Communications, 2015, 6(1): 8850.

[44] Mai L, Sheng J, Xu L, et al. One-dimensional hetero-nanostructures for rechargeable batteries [J]. Accounts of Chemical Research, 2018, 51(4): 950-959.

[45] Wang H G, Yuan S, Ma D L, et al. Electrospun materials for lithium and sodium rechargeable batteries: from structure evolution to electrochemical performance[J]. Energy & Environmental Science, 2015, 8(6): 1660-1681.

[46] Sun X, Wang C, Gong Y, et al. A flexible sulfur-enriched nitrogen doped multichannel hollow carbon nanofibers film for high performance sodium storage [J]. Small, 2018, 14 (35): e1802218.

[47] Liu X, Jiang Y, Li K, et al. Electrospun free-standing N-doped C@ SnO_2 anode paper for flexible Li-ion batteries[J]. Materials Research Bulletin, 2019, 109: 41-48.

[48] Zhang C, Yan J, Song R, et al. Surface porous carbon nanofibers based on coaxial electrospinning with improved mechanical strength and cycle stability for freestanding anode in Li-ion batteries[J]. Journal of Materials Science, 2021, 56(36): 19996-20007.

[49] Xu Y, Zhu Y, Han F, et al. 3D Si/C fiber paper electrodes fabricated using a combined electrospray/electrospinning technique for Li-ion batteries[J]. Advanced Energy Materials, 2015, 5 (1): 1400753.

[50] Kong L, Yan Y, Qiu Z, et al. Robust fluorinated polyimide nanofibers membrane for high-performance lithium-ion batteries[J]. Journal of Membrane Science, 2018, 549: 321-131.

第 9 章　其他合成方法

9.1　引　　言

陶瓷能源材料在工程应用的众多领域，如电子、交通、生物、催化等方面都扮演着越来越重要的角色，但复杂的制备工艺限制了其广泛应用[1]。传统的高温烧结方法制备陶瓷材料，需要将生坯经过长时间高温处理，得到机械性能良好的材料。在高温处理时，材料内部会发生传质过程，颗粒之间首先形成黏结颈再实现晶粒生长和致密化，方可得到致密的陶瓷[2]。但受制于现有烧结炉较低的升降温速率（10～20℃/min），这种烧结方式温度高、时间长，造成巨大能量消耗。其次，传统烧结可能无法提供某些陶瓷材料完全致密化的超高温度，长时间的高温烧结，还可能会导致挥发性元素，如 Li、Na、K 等元素的挥发，降低陶瓷材料的电化学性能[3]。长时间的高温烧结还可能导致某些材料在烧结过程中出现不期望的相变。在降低能耗和加速新材料开发进程的需求下，亟需寻求一种新型烧结技术。

9.2　放电等离子体烧结

放电等离子烧结（spark plasma sintering，SPS）是一种快速、节能、环保的材料制备加工新技术。该技术是在前驱体粉末颗粒间直接通入脉冲电流进行加热烧结，又称等离子体活化烧结或脉冲电流热压烧结，是自 20 世纪 90 年代以来国外开始研究的一种快速烧结新工艺。

此技术最早起源于 1930 年美国科学家提出的脉冲电流烧结原理，但是直到 1965 年，脉冲电流烧结技术才在美国、日本等得到应用。20 世纪 60 年代初，日本井上洁博士就致力于放电烧结技术的研究，在他所著的《放电烧结加工》一书中称，可在多种形式（交流、直流或交流与直流叠加等）的电源下，在通电初始阶段，使粉末颗粒间产生火花放电而实施烧结。为实现工业生产，现今发展了第三代放电烧结技术。日本获得 SPS 技术的专利，并于 1988 年研制出第一台工业型 SPS 装置。近年来，国外许多大学和科研机构相继配备了 SPS 烧结系统，进行新材料的研究和开发。

9.2.1 SPS的烧结机理

传统的热压烧结主要由通电产生的焦耳热和加压使粉末颗粒产生塑性变形并进行致密化烧结，SPS除上述作用外，还利用在粉末颗粒间放电产生的等离子体使其自热而进行烧结。等离子体是物质在高温或特定激励下的一种状态，是除固态、液态和气态以外的第四种物质状态。等离子体是由大量正负带电粒子和中性粒子组成，并表现出集体行为的一种准中性电离气体。SPS烧结系统主要由轴向压力装置、水冷冲头电极、真空腔体、气氛控制系统、直流脉冲及冷却水、位移测量、温度测量和安全控制单元等组成。其中最主要的是通—断脉冲电源，通过通—断脉冲电源可以产生放电等离子体、焦耳热、放电冲击压和电场辅助扩散效应。目前关于SPS烧结机理系统的研究很少，较为流行的SPS烧结过程的定性分析为：脉冲电流由压头流入，流出的电流分成几个流向；经过石墨模具的电流产生大量的焦耳热，用于加热粉料；经过烧结体的电流，由于烧结初期颗粒之间存在间隙，相邻颗粒之间将产生火花放电，一些气体分子被电离，产生的正离子和电子分别向阴极和阳极运动，在颗粒之间放电形成等离子体；随着等离子体密度的不断增大，高速反向运动的粒子流对颗粒表面产生较大冲击力，不仅可吹散吸附的气体或破碎的氧化膜，而且能净化和活化颗粒表面，利于粉末的烧结；粉末颗粒在脉冲电场作用下未接触部位产生放电热，接触部位产生焦耳热，瞬间形成的高温场使颗粒表面发生局部融化；在加压的情况下，融化的颗粒相结合，热量的局部扩散使结合部位黏接在一起，形成烧结颈。SPS技术是在烧结初期利用脉冲电源在颗粒间放电，再利用形成的等离子体产生的放电热和焦耳热加热颗粒，升温速率很快，实现了低温高密度烧结，可以有效地解决传统烧结方法中致密度低和晶粒尺寸大的问题。完整的SPS过程可以分为颗粒密集期、颈部形成期、颈部组织长大到完全致密期等几个重要的烧结阶段，而在这几个阶段中，压力、火花放电和电流产生的焦耳热是各阶段的主要影响因素。

9.2.2 烧结特点

由于SPS技术的主要特点是快速升温烧结，考虑到实际烧结工艺，加热速率、烧结温度、外加压力、脉冲电流和保温时间等实验参数会对烧结过程产生影响。SPS烧结的一个重要特点就是加热速率快、加热范围宽，不同材料的加热速率规律并不相同，一些学者主要研究了烧结速率对烧结体致密度和晶粒尺寸的影响。加热速率越快，烧结试样的致密化速率越快，从而使烧结颈大量形成且形成时间提前，但加热速率的提高会导致烧结块体致密度下降。

上述现象可从晶粒生长动力学模型得到解释。晶粒生长动力学模型如下：

$$Dn-Dn_0=kt=k_0t\cdot\exp(-QRT) \tag{9-1}$$

式中，D 为经过 t 时间烧结后晶粒的平均粒径；D_0 为初始晶粒的平均粒径；n 为晶粒生长指数；k 为受扩散影响的晶粒生长速率常数；k_0 为指前因子；t 为烧结时间；Q 为晶粒生长活化能；R 为摩尔气体常数；T 为绝对温度。

从式（9-1）可以看出，烧结后晶粒的尺寸取决于晶粒生长活化能 Q、烧结温度 T 和烧结时间 t 的共同影响。晶粒生长活化能对晶粒尺寸增长的控制呈指数关系，烧结时间对晶粒尺寸的影响呈线性关系。当升温速率较小时，晶粒尺寸主要由烧结时间决定，则晶粒尺寸随着升温速率增加而减小；当升温速率较大时，晶粒尺寸由活化能决定，则晶粒尺寸随着升温速率的增加而增大。因此，在粉末烧结过程中找到一个合适的升温速率，对获得高性能的制品至关重要。

9.2.3 烧结温度

烧结温度是影响烧结过程的主要因素，烧结温度的高低直接影响致密化程度和晶粒的大小，进而影响试样的综合性能。铜/金刚石复合材料、纳米铜粉、MgAlON 尖晶石等材料的研究结果表明，烧结温度对烧结体性能的影响很大。陈玉勇等在研究等离子烧结温度对 TiAl 合金块体材料组织和性能的影响中发现，当烧结温度为 750℃时，烧结后块体的致密度很差，显微组织中存在大量孔洞。这是因为合金粉末在热扩散结合过程中由于温度较低，扩散运动进行缓慢，加之烧结时间较短，扩散运动不能完全进行，导致试样的致密度差。当温度升高到 850℃时，试样的致密度明显提高；当温度继续上升至 950℃时，试样的致密度接近完全致密化，观察不到明显的孔洞。这是因为在温度较高的烧结条件下，球磨后的粉末颗粒进行的扩散运动较为充分，可使试样的致密度快速提高。但当温度继续升高时，试样的致密度变化不大，晶粒尺寸有所长大。解迎芳等在研究放电等离子烧结温度对纳米硬质合金性能的影响中发现，随着烧结温度的提高，硬质合金制品综合性能也提高，但是当烧结温度升高到一定值时，合金的综合性能又开始下降。这主要是因为烧结温度是烧结时间的函数，即烧结时间随着烧结温度的提高而缩短，但烧结温度有一上限，当温度超过此限值时，合金晶粒就会长大变粗，出现空隙、晶粒变大和晶粒团聚等现象，导致制品综合性能下降。

9.2.4 烧结压力

初始烧结压力主要是在升温阶段烧结系统对粉末材料施加的压力大小，其对烧结体最终密度有很大的影响。研究表明，在烧结初期，压力直接影响颗粒的分布和聚集状态。粉末在松装的情况下，颗粒之间存在很多间隙，随后在脉冲电流作用下，粉末颗粒接触处形成“放电缩颈”，在放电热和焦耳热的共同作用下加快扩散，从而使粉末的致密化过程加快。较小的压力只能使颗粒之间发生相对移动和微小的变形，影响粉末的致密化；随着压力的增大，粉末直接产生塑性变形、断裂，空隙中大量的空气被排出，致密度大幅增加；当压力超过一定值时，与模具接触的粉末颗粒间的距离迅速变小，有些颗粒甚至会黏接在一起形成一定厚度的薄层，而在放电瞬间，电流会优先通过电阻最小的路径，故薄层的存在会造成模具内部脉冲电流的减少，颗粒间火花放电的概率降低，颈部组织的生成数量减少，从而导致制品的致密度较低。

Anselmi-Tamburini 等在研究纳米立方氧化锆的放电等离子烧结时发现，在低于 800MPa 的烧结压力范围内，随着压力的增大，得到相同致密度的块体材料所需的烧结温度下降；在 300MPa 以下的烧结压力范围内，块体材料晶粒尺寸的变化很大，但随着压力的继续升高，晶粒尺寸基本保持不变。

9.2.5　脉冲电流

脉冲电流是影响火花放电、等离子体形成的主要因素。脉冲电流能否产生火花放电，主要由电流密度和压力共同决定。一些学者研究了脉冲频率对烧结材料性能的影响，进而探讨脉冲电流在放电等离子烧结中的作用[4]。烧结铜粉的导电率随着脉冲频率的增加而提高，可能是因为脉冲电流能够有效地清除铜粉颗粒表面的杂质和氧化膜。脉冲频率对粉末致密度的影响主要体现在通电烧结初期，即脉冲电流可快速提高粉末在烧结初期的致密化速率，而在烧结后期脉冲频率的变化对烧结试样致密度的影响不大。在各烧结温度下，直流电流烧结材料的强度均低于脉冲电流烧结材料。在烧结温度相同的情况下，较大的脉冲电流能更好地提高颗粒的界面结合强度，促进烧结颈的生成与长大，但脉冲频率也不是越高越好。当烧结温度较高时，不同脉冲频率获得的烧结材料之间并无显著的硬度和显微组织差别。

9.2.6　保温时间

保温时间是影响晶粒长大的重要因素之一，合理的保温时间有利于得到晶粒尺寸小、致密度高的材料。张毓隽等通过 SPS 工艺制备铜/金刚石复合材料，结果表明，烧结体的致密度随着保温时间的延长缓慢增大，但是增幅并不大，最高致密度达到了 98.4%，而材料热导率却随着保温时间的延长明显增加。这可能是由于保温时间的延长促成了晶粒的长大和晶界的减少，有利于热量在基体中的传导。另外，晶体缺陷减少也有利于减少材料的导热障碍。在其他工艺参数相同的情况下，若保温时间在 0 ~ 5min 的范围内，晶粒尺寸随着保温时间的延长而增大，但致密度在 1 ~ 3min 保温时间内基本保持不变，而后缓慢增大。当保温时间较短（2min 之内）时，试样的相对密度、颈部数量及尺寸均随保温时间的延长而增加，但随着保温时间的继续延长，这些物理量的变化不大。本书作者认为，虽然保温时电流强度下降，粉末颗粒接触部位温度升高的幅度较小，不能熔化和气化材料，但颗粒接触部位温度随着保温时间的延长而慢慢升高，颗粒就会因屈服强度降低而发生少量的塑性变形和蠕变，再加上体积扩散的影响，故颗粒间的颈部尺寸和致密度仍可发生微小的变化。

9.2.7　SPS 技术发展趋势

(1) 产业化

与传统烧结方法相比，SPS 技术在节约能源和时间、提高生产效率、产品性能可控等诸多方面具有明显的优势，目前日本已实现 SPS 的产业化应用，主要用于生产磁性材料、硬质合金、梯度功能材料等。例如，日本太田精器已经实现了 100% WC 超硬材料的 SPS 量产，产品提供给日本国内外 40 多家电机、电子零部件、工具、模具等厂家。然而国内对于 SPS 技术仍处于实验室研究阶段，多用于新材料的制备和工艺的研究。陕西斯瑞新材料股份有限公司与合肥工业大学联合设计开发的一模多腔石墨模具，采用 LABOX-6020K 放电等离子烧结系统，一次成形多个 CuCr30 触头材料，其组织均匀、性能优异，实现了 SPS 的批量化生产，为 SPS 产业化起到了推动性的作用。该模具同样可用于其他材料的制备。同时，SINTER LAND 公司推出 JPX 放电等离子烧结系列，该系列采用三模腔设计，分为预热、烧结、冷却 3 个模腔，大大提高了设备使用效率，可满足工业化的使用要求。

(2) 烧结体形状多样化

SPS 制备的样品主要为简单的圆柱体。合理设计石墨模具，制备方形、凸台形、碗形、带斜面圆柱体等形状较为复杂的样品，致密度高且组织均匀，进一步节约了制备成本，少量机加工后即可作为成品使用，可应用于航空航天、精密器械、靶材等相关领域。

(3) 烧结模具的性能优化

石墨因其耐高温性、优良的导电导热性、化学稳定性、抗热震性以及良好的润滑和抗磨性而被作为 SPS 常用模具材料。然而，石墨材料强度低、寿命短且容易对烧结材料造成污染。目前已报道的有硬质合金模具、导电陶瓷模具、碳纤维石墨模具等，但存在高温易变形、价格昂贵等问题。因此，为了更好地利用 SPS 技术，需进一步开发强度更高、重复使用率高、无污染的新型模具材料。

(4) 结合有限元模拟的进一步发展

因 SPS 特殊工作环境，一般方法无法对烧结过程、成形机理、影响因素等方面进行准确分析，获取烧结过程中的温度、位移等参数变化也存在一定的误差，因此有限元模拟成为 SPS 新的研究手段之一。目前已有报道通过 ABAQUS、MATLAB 以及 MSC. MARC 等软件对烧结过程进行模拟，可获得烧结过程中的温度场分布及电场分布，分析各烧结参数对烧结过程的具体影响，对于 SPS 烧结机理的进一步研究、试验结果的前期预测、生产的理论指导具有重要的意义。

9.3 微波烧结

微波烧结概念由 Tinga 等于 20 世纪 50 年代提出，但直至 80 年代才受到重视。80 年代中后期微波烧结技术被引入材料科学领域逐渐发展成为一种新型的粉末冶金快速烧结技术。进入 90 年代该技术向基础研究、实用化和工业化发展，尤其在陶瓷材料领域成了研究热点。目前我国学者对微波烧结陶瓷的研究主要集中于结构陶瓷，而国外许多大学、研究机构及大公司同时开展了结构陶瓷和电子陶瓷等方面的微波烧结研究。与常规烧结相比，微波烧结具有烧结速度快、高效节能以及改善材料组织、提高材料性能等一系列优点。随着人们对纳米材料研究的重视，该技术在制备纳米块体金属材料和纳米陶瓷方面具有很大的潜力，该技术被誉为“21 世纪新一代烧结技术”。

微波烧结技术与传统的烧结工艺生产的工件相比，用微波烧结制成的工件具有较高的密度、硬度和强韧性[5]。短时间烧结产生均匀的细晶粒显微结构，内部孔隙很少，孔隙形状比传统烧结的圆，因而具有更好的延展性和韧性。由于微波对大多数粉末陶瓷材料有很大的穿透性，可以均匀地加热工件，减小高温烧结过程中的温度梯度，从而降低由膨胀不均匀产生的材料变形，使迅速升温成为可能，而且在高温下停留的时间可以大幅度缩短，抑制晶粒的长大，改善材料的物理、力学性能。

目前，很多固态电解质都利用微波烧结来制备。Zhang Xue 等采用微波烧结辅助固相反应法制备钠离子电池最有前途的固态电解质之一 NZSP（$Na_3Zr_2Si_2PO_{12}$）。其研究的 XRD 结果表明，NZSP 相可以通过在 1050℃下使用微波烧结 2h 形成。随着烧结温度的升高，NZSP 样品的密度和室温离子电导率逐渐提高。在 1125℃微波烧结后，获得了室温离子电导率为 5.26×10^{-4} S/cm 的 NZSP 电解质。

9.3.1 微波烧结原理

微波是一种高频电磁波，其频率范围为 0.3～300GHz。但在微波烧结技术中使用的频率主要为 2.45GHz。微波烧结是利用微波电磁场中，陶瓷材料的介质损耗，使材料整体加热至烧结温度，而实现烧结和致密化。在微波电磁场作用下，陶瓷材料会产生一系列的介质极化，如电子极化、原子极化、偶极子转向极化和界面极化等。参加极化的微观粒子种类不同，建立或消除极化的时间周期也不一样。由于微波电磁场的频率很高，使材料内部的介质极化过程无法跟随外电场的变化，极化强度矢量 P 总是滞后于电场 E，导致产生与电场同相的电流，从而构成材料内部的耗散在微波波段，主要是偶极子极化和界面极化产生的吸收电流构成材料的介质耗散。在绝热环境下，当忽略材料在加热过程中的潜能（如反应热、相变热等）变化时，单位体积材料在微波场作用下的升温速率为：

$$\frac{\mathrm{d}T}{\mathrm{d}t}=2\pi f\varepsilon_0\varepsilon' E^2/C_p\rho \tag{9-2}$$

式中，f为微波工作频率；ε'为材料介电损耗；ε_0为空间介电常数；E为微波电场强度；C_p为材料热容；ρ为材料密度。式（9-2）给出了微波烧结陶瓷材料时微波炉功率与微波腔内场强的关系以及微波场强的大小对加热速度的影响。微波烧结的功率决定了微波烧结场强的大小，升温速率与烧结场强、材料热容和材料密度密切相关。

与常规烧结相比，微波烧结具有如下特点：

①烧结温度大幅度降低，与常规烧结相比，最大降温幅度可达500℃左右。

②比常规烧结节能70%~90%，降低烧结能耗费用。由于微波烧结的时间大大缩短，尤其对一些陶瓷材料，烧结过程从过去的几天甚至几周降低到用微波烧结的几个小时甚至几分钟，大大提高了能源的利用效率。

③安全无污染。微波烧结的快速烧结特点，使得在烧结过程中作为烧结气氛的气体的使用量大大降低，这不仅降低了成本，也使烧结过程中废气、废热的排放量得到降低。

④使用微波法快速升温和致密化，可以抑制晶粒组织长大，从而制备纳米粉末、超细或纳米块体材料。以非晶硅和碳混合料为原料，采用微波烧结法可以制备粒度为20~30nm的β-SiC粉末，而用普通方法时制备的粉末粒度为50~450nm。采用微波烧结制备的WC-Co硬质合金，其晶粒粒度可降低到100nm左右。

⑤烧结时间缩短，相对于传统的辐射加热过程致密化速度加快，微波烧结是依靠材料本身，吸收微波能转化为材料内部分子的动能和势能，材料内外同时均匀加热，这样材料内部热应力可以减少到最小。其次在微波电磁能作用下，材料内部分子或离子的动能增加，使烧结活化能降低、扩散系数提高，可以进行低温快速烧结使细粉来不及长大就被烧结。

⑥能实现空间选择性烧结。对于多相混合材料，由于不同材料的介电损耗不同，产生的耗散功率不同，热效应也不同，可以利用这点来对复合材料进行选择性烧结，研究新的材料产品和获得更佳的材料性能。微波烧结可降低烧结活化能、增强扩散动力和扩散速率，从而实现迅速烧结。高纯Al_2O_3常规烧结的活化能575kJ/mol，而在28GHz的微波场下对高纯Al_2O_3进行微波烧结所需的活化能为160kJ/mol，当微波频率进一步提高到82GHz时所需活化能降低到100kJ/mol。Janney采用示踪原子研究比较采用微波烧结和常规烧结在O^{18}和Al_2O_3单晶中的

扩散速率，结果发现在微波内部的 O^{18} 的扩散速率远大于在常规加热试样中的速率。在以上研究的基础上，Janney 认为微波增强扩散机制与以下 3 个因素有关：①自由表面的影响；②晶界与微波耦合的影响；③晶体内部缺陷与微波耦合的影响。

9.3.2　微波烧结设备特点

微波烧结设备主要由微波发生器、谐振腔（加热腔体）、保温系统、温度控制系统组成，如图 9-1 所示。

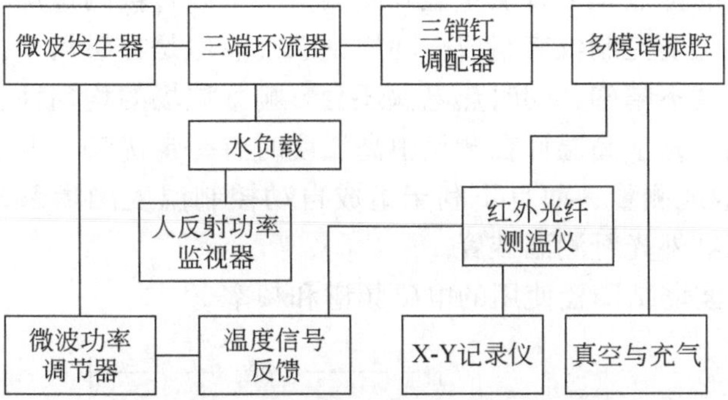

图 9-1　微波烧结设备结构示意图

目前使用的加热腔有谐振式和非谐振式两种。谐振式加热腔又有单模谐振腔和多模谐振腔之分。单模谐振腔的特点是场强集中，适合烧结介质损耗因子较小的材料。多模谐振腔的特点是结构简单，适用各种加热负载，但由于腔内存在多种谐振模式，加热均匀性差，而且很难精确分析，对不同的材料进行微波烧结，需要不断通过试验调节烧结炉的参数。为改善多模谐振腔的均匀性，一般采用两种方式：一种是在烧结过程中不断移动试样，使试样各部分所受到的平均电场强度均匀；另一种是在微波入口处添加模式搅拌器，搅乱电场的分布。在多模腔中获得大均匀场的方法是通过对场形的设计，来获得大的均匀场烧结区域。微波烧结过程中由于升温速度很快和微波场强不均匀很容易导致在样品内部产生温度梯度，从而导致烧结产品出现裂纹。解决这种问题的一种方法是在样品周围加入保温层。它可以起到减小热损失、预热低损耗材料和防止加热腔中发生微波打火现象等多种作用。保温材料的选择要求具有不吸收或少吸收微波能、绝缘性好、耐热、高温下不与被烧结材料发生反应等特点。常用的保温材料 Al_2O_3 和 ZrO_2 等对微波有很好的透过深度，不会影响被烧结材料对微波能的吸收。保温层形式主要有埋粉式和篮框式，为防止保温材料与被烧结材料发生黏连，还应进行隔离层设计，通常是在保温层与烧结体之间夹入一层烧结体材料的介质。保温层的结构设计对微波烧结有较大的影响。在高温下通过胚体表面的热传导和辐射方式，导致的热量散失较为严重，在设计中应尽量减小胚体与保温层之间的间隔，加大保温层的厚度，这样有利于改善加热的均匀性。

采用辅助加热可以对烧结工艺进一步改进。这种方法又分为两种方法：一是将材料预先加热到临界温度后，然后将陶瓷材料送入微波烧结炉中继续加热；另一种方法是在微波烧结炉中加入辅助加热系统，材料在临界温度点以下主要是利用辅助热。温度精确控制对微波烧结过程非常重要。

目前主要的温度控制手段包括热电偶测温、光学高温计测温、红外光纤测温。热电偶测温的优点是可以从室温开始测量，可以直接测量烧结试样内部的温度，而且便于和温度控制仪表组成自动控制系统。但是在磁场中，热电偶自身会发热引起测量温度不精确，同时热电偶还会影响微波场的均匀性，引起烧结腔体发生电弧等缺陷。光学高温计在测量很高温度时有一定优势，但是它在温度低于600℃时不能有效地测量，而且不利于组成自动控制温度测量系统。现在大多数微波烧结炉使用红外光纤测温装置。

图 9-2 为微波烧结陶瓷使用的电磁频谱和频率。

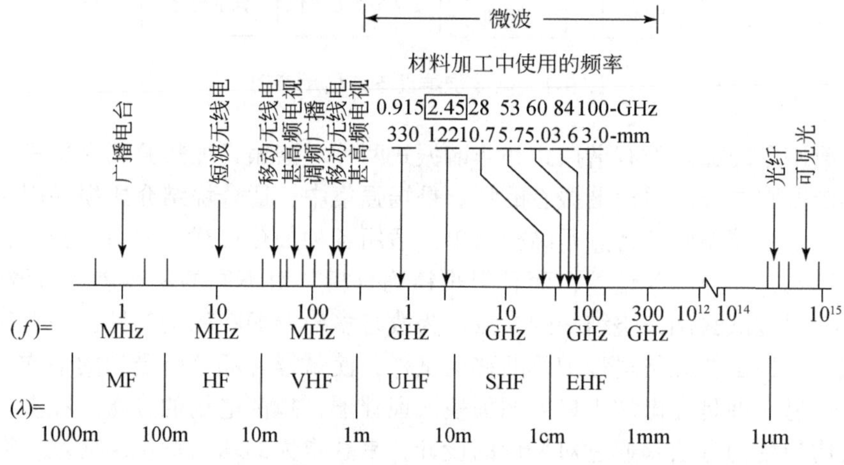

图 9-2　微波烧结陶瓷使用的电磁频谱和频率

9.3.3　微波烧结过程中的主要工艺参数

微波烧结的一系列优点使微波烧结技术广泛地应用于烧结许多精细陶瓷。目前已采用微波炉烧结技术成功地制备出 SiO_2、Fe_3O_4、ZrO_2、Al_2O_3、SiC、Si_3N_4、Al_2O_3-TiC、BC、Y_2O_3-ZrO_2 和 TiO_2 等烧结体。影响微波烧结效果的因素主要有：所使用的微波频率、烧结时间、烧结升温速度、材料本身的介电损耗特性。使用高的微波频率对烧结过程有两方面的影响：可以改善微波烧结的均匀性，加快烧结过程；提高频率对改善微波加热的均匀性有一定的作用。一方面由于具有更高频率微波的波长更短，在谐振腔内更容易得到更均匀的微波场，从而使得微波加热的均匀性得以提高。另一方面使用的微波频率越高，在单位时间内样品吸收的能量越多，烧结致密化速度越快。烧结时间和加热速度对烧结体的组织性能有很大的影响。高温快烧和低温慢烧均会造成组织晶粒尺寸不均匀、孔隙尺寸过大等现象。过快的加热速度会在材料内部形成很大的温度梯度，产生的热应力过大会导致材料开裂。材料本身的特性也对微波烧结有很大的影响。微波烧结是利用材料对微波的吸收转化为材料内部的热量而使材料升温，因而存在材料吸收微波能力的问题。烧结工艺与具体的微波装置、每一种材料本身特性有关。对于介电损耗高、介电特性也不随温度发生剧烈变化的陶瓷材料，微波烧结的加热过程比较稳定，加热过程容易控制。但是大多数陶瓷材料存在一个临界温度，在室温至临界温度以下介电损耗较低，升温较困难。一旦材料温度高于临界温度，材料的介电损耗急剧增加，升温就变得十分迅速甚至发生局部烧熔现象。

传统的烧结过程是通过热传导从材料的外部到内部的烧结方式。而在微波烧结过程中，是由材料吸收能量，从而产生热量，热量在材料内部产生并传递到外部。这种加热方式能够确保最终烧结产物具有均匀的纳米微观结构，从而提高材料的机械性能。此外，微波加热还有其他优点，例如减少长时间的烧结，因而能耗更低，加工成本降低，且具有非常高的加热速率（>400℃/min），实现高度致密化的能力，并提高最终产品的机械性能。除了机械性能的改进，微波加热作为一种有前途的烧结技术，还具有提高新型高温材料的物理性能和制备质量，同时有助于快速开发先进功能材料。

微波烧结作为一种新兴的烧结方式，还存在一些问题，例如微波烧结机理还不明确；如何获得更大的均匀微波场；最高烧结温度为2000℃左右，无法满足超高温材料的烧结制备等。

9.4 闪 烧

闪烧技术（flash sintering）是电场辅助烧结技术（field- assisted sintering technique，FAST）的一种，是指通过施加压力和电流快速生产含有导电金属相的金属陶瓷。最早在2010年由科罗拉多大学 Rishi Raj 教授提出的一种新的烧结理念，指的是材料无需在室温下导电，陶瓷生坯直接在一定温度和临界电场下，在极短的时间内，实现生坯的低温极速致密化。闪烧是一种新型陶瓷致密化技术，它可以在低温下几秒钟内烧结陶瓷，且是一种典型的电场辅助无压烧结技术，此项烧结技术可以显著降低陶瓷部件的制备成本，实现高能效制造。自2010

年以来，闪光烧结已成功应用于制造大批量陶瓷。近年来，闪烧技术已应用于反应性闪烧烧结、微结构改性、接头制造，以及陶瓷部件的塑性变形等方面[8]。

9.4.1　闪烧技术

闪烧烧结装置如图 9-3 所示，在置于加热装置内的狗骨状生坯试样两端连接上电极，再将电极与外部电源相连，就构成了一套简单的闪烧实验装置。也有研究者在闪烧实验中使用条状、棒状或圆柱状试样。陶瓷生坯在合适的温度和电场条件下就能发生闪烧。常用管式炉或箱式炉加热生坯来达到发生闪烧所需的起始温度。对于能够在低温下发生闪烧的样品，可用加热板或加热套来替代高温炉。如果样品在室温下即能发生闪烧[9]，就可以完全去掉加热装置。外部电源为生坯发生闪烧提供所需的起始电压，常用的设备是直流电源，闪烧所需的电场强度一般从几伏/毫米到几百伏/毫米，远低于电火花放电（electric discharge）或电弧放电（arc discharge）烧结的电场强度（约几千伏/毫米到几万伏/毫米），又明显高于放电等离子烧结（spark plasma sintering）所施加的电场强度（一般为<5V/mm 的直流脉冲电场）。

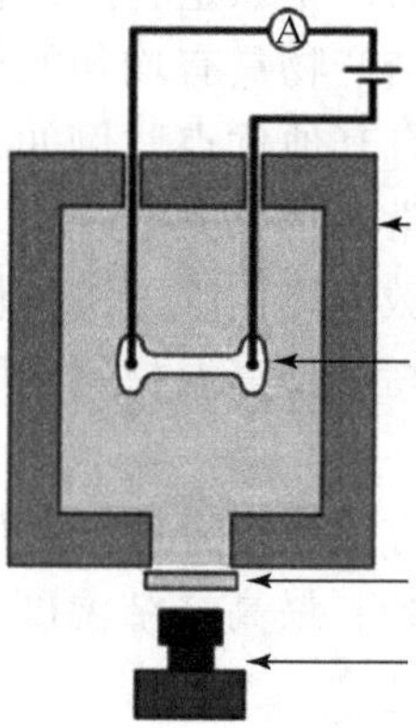

图 9-3　闪烧烧结装置简易示意图

根据如图 9-4 所示的闪烧过程的电场强度、电流密度和功率密度随时间变化曲线，一般可以将整个过程分为三个阶段，分别对应孕育阶段（incubation）、突变或闪烧阶段（transient）和稳态（steady-state）阶段。①孕育阶段：发生在闪烧之前，此阶段电源受电压控制，功率缓慢增加，持续时间受电场强度和炉温影响；②闪烧阶段：电流密度会超过设定值，功率急剧增加，电源从电压控制转为电流控制，试样在极短时间内实现致密化，并可以观察到电致发光的现象；③稳定阶段：电源仍处于电流控制，电致发光现象仍然存在，此阶段的致密化过程相比第二阶段要缓慢得多。

闪烧过程往往伴随非线性电导、快速致密化和发光现象[11]。离子导体、电子导体、半导体、混合导体，甚至某些绝缘体都可以发生闪烧现象[12-15]，但是不同材料的致密化行为存在较大差异，例如，纯 SiC 闪烧后并不能获得高密度；纯 ZnO 和掺杂的 Al_2O_3 样品在闪烧瞬间的线收缩非常有限。因此，对于不同材料体系，是否具有统一的闪烧机理尚无定论。目前，氧化钇稳定氧化锆陶瓷是闪烧研究中使用最广泛且最具代表性的材料体系，也是闪烧机理研究中最受关注的材料。此外，致密的陶瓷样品在合适的温度和电场作用下也能出现非线性电导和发光现象。毋庸置疑，闪烧拓展了传统的认知边界，电场与物质的相互作用还有许多尚未被认知的机理。

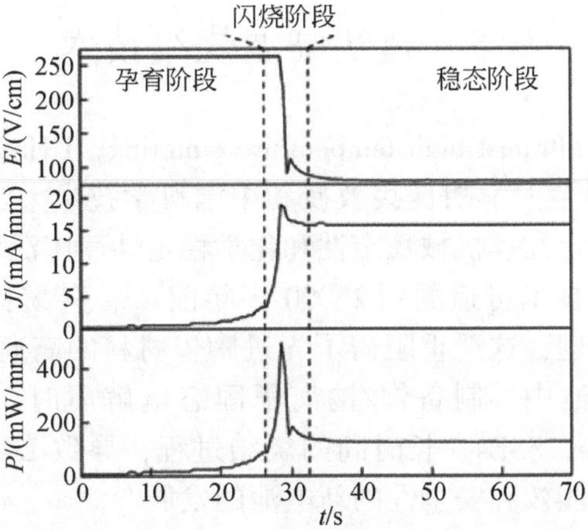

图 9-4 闪烧过程的电场强度、电流密度和功率密度随时间的变化曲线

9.4.2 闪烧技术的发展

FS 作为一种新兴的烧结技术，目前还处于研究阶段。从 2010 年第一篇论文到目前，相关研究工作已发表论文 88 余篇。此种烧结技术已扩展到导电材料、绝缘体、半导体、金属等领域。目前，FS 烧结过程的机制以及各个处理参数/变量的调控及烧结机理仍旧处于研究阶段。目前关于闪烧烧结技术研究领域涉及初始粉末样品的制备到最终闪烧烧结的成品过程中，每个烧结阶段的电、热及化学行为，尤其是有待明晰烧结过程实时输入参数和输出参数的调控机制以及闪烧过程实时变量的记录。主要着眼于以下两个方面：一是精确测量闪烧试验的各种参数，通过现象的对比和归纳来探究闪烧的机理；二是扩大闪烧技术的适用范围，探索闪烧可能应用的新领域。目前相关研究的大多数论文都习惯使用电场强度（E_{crit}）、截止电流和闪烧点（T_{onset}）作为变量参数。但是，这些参数显示出很强

的可变性，并且和烧结样品尺寸及其他过程变量，例如烧结气氛、烧结电流频率和样品几何形状等密切相关，不具有普适性。

FS 烧结加热速率高达 $10^3 \sim 10^5$℃/min，快速的加热过程导致烧结温度和其他参数难以监测，因此很难确定烧结机制。一些研究工作通过量化每个处理变量来探索 FS 烧结机理，以便形成普适的烧结机制。在宏观尺度上，FS 烧结过程可以简化为样品的欧姆行为，生坯样品的电导率及其温度依赖性基本决定了闪烧事件的发生。闪烧烧结的普适烧结机理基于：①生坯样品上施加快速的焦耳热，可能会产生局部热定位效应（即晶格、晶界、位错）；②弗伦克尔对的成核；③电化学还原效应。

9.5 超快高温烧结技术

超快高温烧结（ultrafast high temperature sintering，UHS）是一种新型的烧结技术。2020 年由马里兰大学胡良兵教授和中国科学技术大学王成威教授共同提出。陶瓷因其高热稳定性、机械稳定性和化学稳定性而广泛用于电子、储能和极端环境。陶瓷的烧结技术可追溯到 26000 多年前[10]。传统固相烧结法烧结陶瓷通常需要数小时的处理，这严重阻碍了先进陶瓷材料的高通量筛选和发展进程。尤其在锂/钠离子电池中，制备锂/钠离子固态电解质时，陶瓷基固态电解质（solid state electrolytes，SSEs）长时间的烧结过程，导致 Li 和 Na 元素的剧烈挥发，严重制约着更高能效和安全性的新电池的发展[6]。

为了解决这一难题，一些创新性的烧结技术被发展起来，例如微波辅助烧结、火花等离子体（SPS）烧结和闪烧（FS）烧结。微波辅助陶瓷烧结取决于材料的微波吸收性能或烧结过程中使用的基底。SPS 烧结技术在陶瓷烧结时，需要使用石墨磨具进行热压，难以满足复杂三维（3D）结构样品的快速制备。此外，SPS 通常一次烧结过程只能制备一个样品，如果需要一次烧结多个样品，需要定制特别的模具，增加生产成本。新开发的一些烧结方法，如闪烧烧结、光子烧结和快速热退火（RTA）烧结等，加热速率高达 $10^3 \sim 10^4$℃/min。但是，闪烧烧结通常需要昂贵的铂电极，并且只能烧结特定的材料。闪光烧结虽然可以烧结多种陶瓷，但是闪光烧结条件很大程度上取决于材料的电气特性，这限制了此方法在探索性能未知的新型材料的高通量开发和筛选进程。光子烧结温度较低，不适用于高温陶瓷材料的制备。RTA 烧结方法已成功用于 ZnO 陶瓷，但这种方法的烧结温度只有约 1200℃，且烧结设备价格昂贵，成本较高。

为了满足现代陶瓷的发展，加快材料创新，2020 年 5 月，美国马里兰大学胡良兵教授和中国科学技术大学王成威教授共同报告了一种称为超快高温烧结（UHS）的陶瓷合成方法，其特点是温度分布均匀、加热速率高（约 $10^3 \sim 10^4$℃/min）、冷却速率高（最高至 10^4℃/min）、烧结温度高（高达 3000℃）。超高加热速率和温度可将传统固相法烧结陶瓷时间由十几个小时，甚至几十个小时，缩短至约 10s，实现高温陶瓷的超快烧结（图 9-5），远远超过大多数传统窑炉。超快高温烧结技术装置中，将一个由陶瓷前驱体粉末压制成的胚体片夹在两个焦耳加热碳条之间，通过辐射快速加热，并且传导形成均匀的高温环境，实现快速合成（固态反应）和反应性烧结（图 9-5）。在惰性气氛中，这些碳加热元件可以提供约 3000℃的烧结温度，足以合成和制备几乎任何陶瓷材料。较短的烧结时间也有助于防止挥发性元素的损失和多层界面间的元素扩散。该技术普适性较高，可以快速实现几乎所有种类陶瓷的合成和烧结。UHS 烧结技术还可以和陶瓷前驱体的 3D 打印技术相结合，实现陶瓷材料复杂结构制造。此外，UHS 还可以和理论计算相结合，实现理论计算新材料预测和快速实验验证完美结合，加快高性能材料的发展。基于溶液打印的超快高温技术（printable, rapid high temperature sintering）还可以应用于高温材料薄膜及器件的制备。

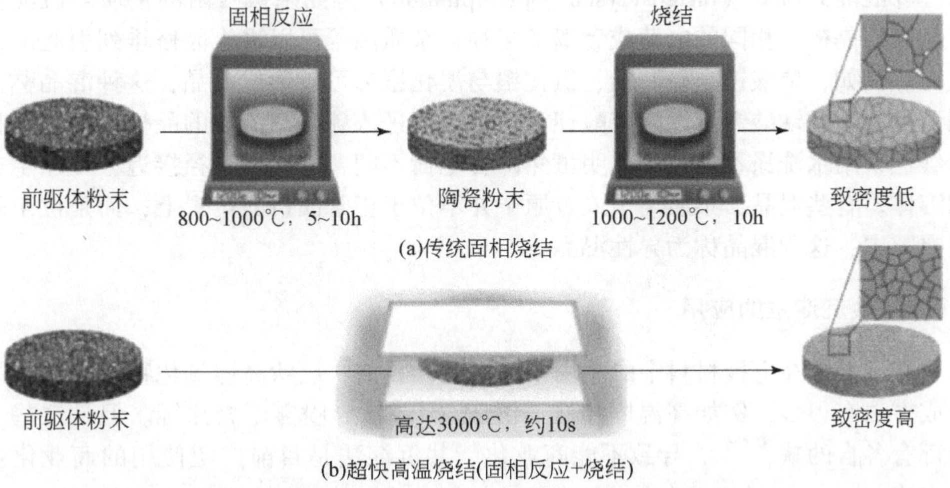

图 9-5　传统固相烧结和超快高温烧结方法对比示意图

9.6 共　沉　淀

共沉淀（coprecipitation）指一种沉淀从溶液中析出时，引起某些共存的可溶性物质一起沉淀的现象[16]。

9.6.1 产生共沉淀的原因

①吸附共沉淀（adsorption coprecipitation）是由于沉淀表面吸附引起的共沉淀。在沉淀晶格内部，正负离子按照一定的顺序排列，离子都被异电荷离子所饱和，处于静电平衡状态。而处于沉淀表面棱角的离子电荷未达到平衡，它们的残余电荷吸引了溶液中带相反电荷的离子。沉淀颗粒越小，表面积越大，吸附溶液里异电荷离子的能力就越强。

②包埋共沉淀（occlusion coprecipitation）是由于沉淀形成速度快，吸附在沉淀表面的杂质或者母液来不及离开，被随后长大的沉淀所覆盖，包藏在沉淀内部引起的共沉淀。例如，生成硫酸钡时，在沉淀中包埋大量的阴离子。由于硝酸钡的溶解度小于氯化钡，因此硝酸钡被包藏的量一般更多。晶体成长过程中，由于晶面缺陷和晶面生长的各项不均匀性，也可将母液包埋在晶格内部的小孔穴中而共沉淀。

③混晶共沉淀（mixed crystal coprecipitation）是如果被吸附的杂质与沉淀具有相同的晶格、相同的电荷或者离子半径，杂质离子可以进入晶格排列引起的共沉淀。例如，硫酸钡与硫酸铅、氯化银与溴化银都可以形成混晶，这种混晶称为同形混晶。高锰酸钾可以随硫酸钡沉淀形成而进入硫酸钡沉淀的晶格，使沉淀显粉红色，用水洗涤不褪色，说明虽然两者电荷不同，但离子半径接近，可以生成固溶体。有些混晶，杂质离子或者原子并不位于正常晶格的位置上，而是位于晶格空隙中，这种混晶称为异性混晶。

9.6.2 共沉淀法的应用

共沉淀法在电极材料中的应用十分广泛。目前，层状高镍氧化物正极材料的合成方法有很多，例如高温固相法、溶胶-凝胶法、喷雾干燥法等。但是这些方法都有各自的缺点[17]，导致不能商业化。共沉淀法是目前广泛使用的商业化生产方法。

9.7 其他合成方法在新能源材料中的应用

放电等离子烧结是制备功能材料的一种全新技术，具有升温速度快、烧结时间短、节能环保等突出优点，也是等离子体技术在材料制备领域的应用。李文龙等[18]以硝酸镁［$Mg(NO_3)_2 \cdot 4H_2O$］、醋酸锆［$Zr(CH_3COOH)_2$］、磷酸氢二铵［$(NH_4)_2HPO_4$］为原料，首次通过放电等离子烧结法烧结制备得到 $Mg_{0.5}Zr_2(PO_4)_3$ 固态电解质材料，并通过调整 SPS 烧结的时间和温度，得到最优时间、温度参数，从而获得最高的 $Mg_{0.5}Zr_2(PO_4)_3$ 固态电解质镁离子电导率。$Mg_{0.5}Zr_2(PO_4)_3$ 固态电解质样品通过X射线衍射（XRD）、扫描电子显微镜（SEM）、电化学交流阻抗（EIS）三种方式进行了表征：采用SPS烧结在750℃烧结10min制备得到的$Mg_{0.5}Zr_2(PO_4)_3$固体电解质致密度最高，达到理论密度的95%，室温总电导率达到最大，为8.05×10^{-6} S/cm，此时，样品的激活能最小为0.086eV。$Na_3Zr_2Si_2PO_{12}$（标记为NZSP）材料是最有前途的固态钠离子电池固态电解质之一[19]。Zhang Xue等采用微波辅助固相反应法制备NZSP电解质，研究了不同烧结温度（1050～1150℃）对NZSP样品的相组成、微观结构、致密化和离子电导率的影响[20]。XRD结果表明NZSP相可以通过在1050℃下使用微波烧结2h形成。随着烧结温度的升高，NZSP样品的密度和室温离子电导率逐渐提高。在1125℃微波烧结后，获得了室温离子电导率为5.26×10^{-4}S/cm的NZSP电解质。固态电解质$LiZr_2(PO_4)_3$（LZP）具有较高的体离子电导率（约10^{-4}S/cm）和在0～5.5V之间的宽电化学稳定性窗口。该材料在50℃以下就会由菱面体相转变为三斜相（约10^{-8}S/cm）。Lai等通过微波烧结工艺制备了在室温下具有高总锂离子电导率（2.8×10^{-6}S/cm）的菱面体结构的α-LZP。此外，这种方法实现了烧结温度从典型的1200℃到900℃的显著降低，仅需4h的保温时间。使用这种方法，他们们还成功合成了离子电导率为1.7×10^{-5}S/cm的掺钙$Li_{1.2}Ca_{0.1}Zr_{1.9}(PO_4)_3$（LCZP）。$Na_3Zr_2(SiO_4)_2(PO_4)$是一种典型的固态电解质材料，在700℃下通过闪烧在几秒钟内制成[21]。在直流电场下，由于电化学反应，钠氧化物沉积在阴极侧，从而在块体内产生杂质（$Na_2ZrSi_2O_7$和m-ZrO_2）。没有杂质的纯$Na_3Zr_2(SiO_4)_2(PO_4)$块体可以在交流电场下烧结，其离子电导率可以达到10^{-3}～10^{-4}S/cm。这些研究表明闪烧可用于合成和致密化含有挥发性复合材料的陶瓷，为高效制造固态电解质提供一条新途径。研究人员提出了一种逐步限流闪烧工艺（SCFS工艺）来致密化$La_{0.8}Sr_{0.2}Ga_{0.8}Mg_{0.2}O_{3-\delta}$（LSGM）电解质。在100V/cm的电场下，在690℃下获得了LSGM样品的致密微结构。通过SCFS工艺在0.9A下烧结30min的LSGM样品的电导率在850℃下达到0.072S/cm，这与常规烧结LSGM样品在1400℃下10h的值大致相同。这些结果证明SCFS工艺实现了易控性，有望实现SCFS工艺在工业上的应用[22]。

参考文献

[1] Vandiver P B, Soffer O, Klima B, et al. The origins of ceramic technology at dolni vecaronstonice, czechoslovakia[J]. Science, 1989, 246(4933): 1002-1008.

[2] Rabinovich E M. Sol-gel processing of silica nuclear waste glasses[J]. Journal of Materials Science, 1985, 20: 4259-4297.

[3] Zhang Z. New horizons for inorganic solid state ion conductors[J]. Energy Environment Science, 2018, 11: 1945-1976.

[4] Manthiram A, Yu X, Wang S. Lithium battery chemistries enabled by solid-state electrolytes[J]. Nature Reviews Materials, 2017, 2: 16103.

[5] Reddy M V, Adams S. Molten salt synthesis and characterization of fast ion conductor $Li_{6.75}La_3Zr_{1.75}Ta_{0.25}O_{12}$[J]. Solid State Electrochem, 2017, 21: 2921-2928.

[6] fenninger R, Struzik M, Garbayo I, et al. A low ride on processing temperature for fast lithium conduction in garnet solid-state battery films[J]. Nature Energy, 2019, 4: 475-483.

[7] Oghbaei M, Mirzaee O. Microwave versus conventional sintering: A review of fundamentals, advantages and applications[J]. Alloys Compd, 2010, 494: 175-189.

[8] Guillon O. Field-assisted sintering technology/spark plasma sintering: Mechanisms, materials, and technology developments[J]. Advanced Engineering Materials, 2014, 16: 830-849.

[9] Cologna M, Rashkova B, Raj R, et al. Flash sintering of nanograin zirconia in <5s at 850℃[J]. Journal of the American Ceramic Society, 2010, 93: 3556-3559.

[10] Thangadurai V, Narayanan S, Pinzaru D. Carnet-type solid-state-fast Li-ion conductors for Li batteries: Critical review[J]. Chemical Society Reviews, 2014, 43(13): 4714-4727.

[11] Jin Y. An intermediate temperature garnet-type solid electrolyte-based molten lithium battery for grid energy storage[J]. Nature Energy, 2018, 3: 732-738.

[12] Albertus P, Babinec S, Litzelman S, et al. Status and challenges in enabling the lithium metal electrode for high-energy and low-cost rechargeable batteries[J]. Nature Energy, 2018, 3: 16-21.

[13] Taylor N J. Demonstration of high current densities and extended cycling in the garnet $Li_7La_3Zr_2O_{12}$ solid electrolyte[J]. Power Sources, 2018, 396: 314-318.

[14] Zhu Y, He X, Mo Y, et al. Strategies based on nitride materials chemistry to stabilize Li metal anode[J]. Advanced Science, 2016, 4: 3253-3266.

[15] Kuang X. Grayscale digital light processing 3D printing for highly functionally graded materials[J]. Science Advanced, 2019, 5: eaav5790.

[16] 王志鸿, 朱华威, 余海峰, 等. 共沉淀法制备高镍氧化物正极材料前体研究进展[J]. 化工进展, 2021, 40(09): 5097-5106.

[17] Zhang X, Wang J X, Wen J W, et al. Improvement of ionic conductivity and densification of $Na_3Zr_2Si_2PO_{12}$ solid electrolyte rapidly prepared by microwave sintering[J]. Ceramics International, 2022, 18(13): 18999-19005.

[18] 李文龙, 刘欢, 杨利青, 等. 放电等离子烧结法制备 $Mg_{0.5}Zr_2(PO_4)_3$ 固态电解质及其性能研究[C]. 第十八届全国等离子体科学技术会议摘要集, 2017: 539.

[19] Zhang X, Wang J, Wen J, et al. Improvement of ionic conductivity and densification of $Na_3Zr_2Si_2PO_{12}$ solid electrolyte rapidly prepared by microwave sintering[J]. Ceramics International, 2022.

[20] Y L A, Zhen S A, L J A, et al. Rapid sintering of ceramic solid electrolytes $LiZr_2(PO_4)_3$ and $Li_{1.2}Ca_{0.1}Zr_{1.9}(PO_4)_3$ using a microwave sintering process at low temperatures-ScienceDirect[J]. Ceramics International, 2019, 45(8): 11068-11072.

[21] Ren K, CaoY, Chen Y, et al. Flash sintering of $Na_3Zr_2(SiO_4)_2(PO_4)$ solid-state electrolyte at furnace temperature of 700℃[J]. Scripta Materialia, 2020, 187: 384-389.

[22] Jing ZA, Yz A, Jq A, et al. An easily controllable flash sintering process for densification of electrolyte for application in solid oxide fuel cells[J]. International Journal of Hydrogen Energy, 2020, 45(35): 17824-17832.